经典毛细管数曲线理论发展及其应用

戚连庆　尹彦君　王宏申　等著

石油工业出版社

内 容 提 要

经典毛细管数曲线是化学驱油技术的理论基础，但实际应用中存在欠缺，作者实验做出"化学复合驱毛细管数实验曲线 QL"，补充和完善了经典毛细管数曲线；依据渗流力学基本理论和定义，分析研究实验曲线 QL 的实验数据，建立了驱油实验岩心微观空间油水分布特征模型，深化了对油层微观构造、油水分布规律的认识；将理论创新成果写入数值模拟软件和应用于模拟计算，创建了"数字化驱油试验研究"方法。

本书可供从事提高采收率研究的科技人员、工程技术人员以及石油院校相关专业的师生参考使用。

图书在版编目（CIP）数据

经典毛细管数曲线理论发展及其应用 / 戚连庆等著．—北京：石油工业出版社，2018.6

ISBN 978-7-5183-2638-9

Ⅰ．①经… Ⅱ．①戚… Ⅲ．①毛细管－实验－研究 Ⅳ．① O657.8-33

中国版本图书馆 CIP 数据核字（2018）第 110064 号

出版发行：石油工业出版社
　　　　　（北京安定门外安华里 2 区 1 号　　100011）
　　　　　网　　址：www.petropub.com
　　　　　编辑部：（010）64523535　　图书营销中心：（010）64523633
经　　销：全国新华书店
印　　刷：北京中石油彩色印刷有限责任公司

2018 年 6 月第 1 版　　2018 年 6 月第 1 次印刷
787×1092 毫米　开本：1/16　印张：10.75
字数：260 千字

定价：70.00 元
（如出现印装质量问题，我社图书营销中心负责调换）

序　言

　　戚连庆先生是我在提高石油采收率研究工作中结识的老朋友。1980 年戚先生从大连来到大庆油田后，一直从事化学驱提高石油采收率数值模拟研究工作，这部论文集是戚连庆先生与他的团队近 20 年来化学复合驱油技术研究成果的总结。

　　书中包含多个重要成果。经典毛细管数实验曲线是美国科学家 20 世纪中叶首先提出的，作者在学习、研究美国学者成果的基础上发现数值模拟计算的毛细管数曲线上有一个奇异的变化现象难以用经典理论解释，由此入手用了近 10 年的时间潜心研究，实验得到"毛细管数实验曲线 QL"这一成果，给予经典毛细管数曲线以补充和完善；之后，依据渗流力学基本理论和定义，分析研究毛细管数实验曲线 QL 的实验数据，严格推理分析建立了化学驱油实验岩心微观空间油水分布特征模型，给出了岩心微观孔隙空间的构造和油水的分布状况。微观模型的建立解释了毛细管数曲线的形态变化，是对毛细管数曲线的深化认识，使得化学复合驱驱油实验（试验）的研究深入油层微观空间。

　　在理论研究成果的基础上，作者提出了"数字化驱油试验"研究方法。应用这一研究方法，研究了大庆油田四个采油厂的化学复合驱工业性应用试验，研究了美国 Oklahoma 州 Sho-Vel-Tum 油田的特超低界面张力体系矿场试验，对油田驱油方案的段塞结构、体系界面张力、体系地下黏度、注液速度等多项要素进行了"敏感性"分析。通过成千上万次"数字化驱油试验"，针对大庆油田提出了两级优化方案：高黏超低界面张力体系驱油方案，采出目标是原存于油层微观纯油空间 V_o 中的原油，相对水驱提高采收率可达到 30% 以上；高黏特超低界面张力体系驱油方案，采出目标扩大到孔径更细小的微观油水共存空间，采收率可再提高 2%。

　　本书虽然论文篇数不多，但是，篇篇都有独到之处。希望本书的出版能给同行研究者以启示，将创新成果能早日应用于现场，服务于油田开发，为提高化学复合驱技术的研究应用水平做贡献。

2018 年 3 月

···◆ 前　　言 ◆···

20 世纪中期，美国科学家提出毛细管数概念，并由实验给出了毛细管数与残余油之间的关系曲线，揭示出随着毛细管数增大，对应残余油饱和度呈下降变化，到达极限毛细管数后残余油饱和度不再减少。这一重要成果奠定了化学驱提高石油采收率的理论基础。学者们在此基础上，写出化学驱数值模拟软件 UTCHEM。我在进行化学复合驱油的数值模拟研究过程中发现，在毛细管数高于极限毛细管数的情况下，出现毛细管数增大而残余油饱和度也增大的变化，同时通过驱油实验验证了这种情况。采用数值模拟方法计算得到"毛细管数'计算'曲线"，给出毛细管数曲线相对完整的描述形态；在此基础上，实验做出了有别于经典毛细管曲线的"化学复合驱毛细管数实验曲线 QL"；基于"化学复合驱毛细管数实验曲线 QL"，写出了相应的"化学复合驱相对渗透率曲线 QL"描述式，并由实验测出相应的相对渗透率曲线相关参数。新的研究成果解除了先前的疑惑，更开阔了新的研究视野。依据理论研究创新成果，同软件专家戴家林一起攻关研制具有自主知识产权的化学驱软件 IMCFS，将"化学复合驱毛细管数实验曲线 QL"和"化学复合驱相对渗透率曲线 QL"写入软件中，使软件化学复合驱驱油机理描述更加完善，为化学复合驱技术研究应用提供有效技术支持。

应用软件 IMCFS，采用与化学驱模拟配套的地质结构模型作为数值模拟计算模型，对大庆油田杏二西矿场试验进行拟合计算——将矿场试验数字化，建立包括主要油藏地质信息和化学复合驱信息的数字化地质模型平台，并在此平台上进行方案计算——数字化驱油试验，对矿场驱油试验进行深入研究，给出了优化驱油方案，这一研究方法可称为"数字化驱油试验研究"，对于开展过化学复合驱矿场试验的油田，都可采用这一研究方法；针对适合于化学复合驱而没有开展过矿场试验的油田，可在结合具体油层条件制作的三维模型上完成水驱、化学复合驱驱油实验，这相当于完成微型矿场试验，以微型矿场试验为基础，建立数字化研究地质模型平台，开展"数字化驱油试验研究"，加速化学复合驱油技术在油田的研究与应用。

依据渗流力学基本理论和定义，分析研究毛细管数实验曲线 QL 实验数据，严格推理分析，建立了驱油实验岩心微观空间油水分布特征模型：以孔径由大到小排序，依次为"纯油"空间 V_o、"纯水"空间 V_w、"油水共存"空间等。这是一项重要研究成果，它揭示了油层岩心微观孔隙空间的结构和油水分布状况，使得对于毛细管数实验曲线认识更加深刻：毛细管数实验曲线 QL 上的极限毛细管数 N_{cc}，是水驱和聚合物驱的极限毛细管数，水驱和聚合物驱采出的原油是原存于"纯油"空间 V_o 中孔径相对较大的子空间 V_{o1} 中的原油，残余油饱和度极限值为 S_{or}^L；毛细管数高于 N_{cc} 转为化学复合驱，采出的原油是原存于"纯油"空间 V_o 中孔径相对较小的子空间 V_{o2} 中的原油；毛细管数增大到极限毛细管数 N_{ct2}，残余油饱和度达到极限值 S_{or}^H；毛细管数继续增大，驱替进入"纯水"空间 V_w，残余油不再变化；毛细管数高于极限毛细管数 N_{ct1}，驱替进入油水并存空间，驱替过程中有纯油子空间 V_{ow} 中原油获释采出，又有

纯水子空间 V_{wo} 捕获流动油转化为"束缚油",毛细管数曲线呈现复杂变化形态。微观空间油水分布特征模型在油田勘探开发中潜在着重要的应用价值。

采用数字化实验研究方法,研究得到由多条曲线组合的"毛细管数'数字化'实验曲线",确认每一条毛细管数实验曲线都是在一个确定的驱替条件下毛细管数 N_c 与残余油饱和度 S_{or} 对应关系曲线。在毛细管数小于极限毛细管数 N_{cc} 情况下驱替时,有且只有一条毛细管数曲线;在毛细管数界于极限毛细管数 N_{cc} 和 N_{ct1} 间时,在不同 v/μ_w 值的驱替条件下驱替,得到一簇有序排列的毛细管数曲线,而毛细管数实验曲线 QL 是这簇曲线的包络线,经典毛细管数实验曲线是对应于曲线簇中的一条曲线,它的驱替条件 v/μ_w 值相对较大,它的极限毛细管数 N_{ct} 处在毛细管数实验曲线 QL 上的极限毛细管数 N_{ct2} 和 N_{ct1} 之间;在毛细管数高于极限毛细管数 N_{ct1} 条件下,在不同 v/μ_w 值的驱替条件下驱替,也得到一簇有序排列的毛细管数曲线。"毛细管数'数字化'实验曲线"的做出,深化、完善了对于毛细管数实验曲线的认识。

应用数字化驱油试验研究方法,对于大庆油田化学复合驱矿场试验做了成千上万次"驱油试验",采用"敏感性分析"方法,优化研究了驱油方案中各项要素,获取优化方案:高黏超低体系驱油方案,采出的目标是目前存在于油层微观空间 V_o 和空间 V_w 中原油,它可通过对目前油田实施方案调整改正实现,有着很好的可操作性,相对水驱提高采收率可提高 30% 以上,吨相当聚合物增油 55t 以上;高黏特超低体系驱油方案,采出的目标扩大到采出油层微观油水共存空间,又可相对高黏超低体系驱油方案采收率提高 2%,值得关注研究。

本书包括 7 篇论文,汇集了我和我的团队 18 年的奋战结果,详细阐述了化学复合驱油技术研究中的重要成果,同时向读者展现在研究历程中的"创新思维方式"。

大庆油田化学复合驱油矿场应用技术是可贵的财富,驱油实践成功经验与我们研究团队的研究成果相融合,实现"高质量"开发,创建完美的"中国技术";应用"中国技术",开发好大庆油田、辽河油田、新疆油田等国内油田,服务于海外油田开发。本书论文充满创新研究成果,深信能引起国内外同行们关注,在化学复合驱油技术研究中得到应用,取得成效,共同努力,翻开复合驱油技术研究应用新的一页!

戚连庆

2018 年 3 月

目录 Contents

化学复合驱提高石油采收率经典毛细管数实验曲线补充和完善

戚连庆[1]　刘宗昭[2]　杨承志[3]　尹彦君[4]　侯吉瑞[5]　张　健[6]　黄　波[4]　史锋刚[4]

（1. 中国石油大庆油田有限责任公司勘探开发研究院；2. 中联煤层气有限责任公司；3. 中国石油勘探开发研究院；4. 中海油能源发展股份有限公司工程技术分公司；5. 中国石油大学采收率研究院；6. 中海油研究总院）

摘　要：20 世纪中期，美国科学家提出毛细管数概念，并由实验给出了毛细管数与残余油之间的关系曲线，揭示出随着毛细管数增大，对应残余油饱和度呈下降变化，到达极限毛细管数后残余油饱和度不再减少。这些重要成果奠定了化学驱提高石油采收率的理论基础。学者们在此基础上，写出化学驱数值模拟软件 UTCHEM。笔者在进行化学复合驱油的数值模拟研究过程中发现，在毛细管数高于极限毛细管数情况下残余油饱和度随着毛细管数的变化异于经典毛细管数曲线情况。驱油实验证实经典毛细管数实验曲线存在欠缺，有必要修补和完善。采用数值模拟方法计算得到"毛细管数'计算'曲线"，给出毛细管数曲线相对完整的描述形态；在此基础上，实验做出了有别于经典毛细管曲线的"化学复合驱毛细管数实验曲线 QL"；基于"化学复合驱毛细管数实验曲线 QL"，写出了相应的"化学复合驱相对渗透率曲线 QL"表达式，并由实验测出相应的相对渗透率曲线相关参数；进一步驱油实验研究认识了毛细管数曲线出现"奇异"变化的原因。将"化学复合驱毛细管数实验曲线 QL"和"化学复合驱相对渗透率曲线 QL"写入复合驱软件 IMCFS，为化学复合驱技术研究应用提供有效技术支持。

关键词：数值模拟；驱动状况；界面张力；毛细管数；复合驱油；表面活性剂浓度；润湿性转化。

1　经典毛细管数实验曲线和化学驱数值模拟软件 UTCHEM

20 世纪中期 Moore[1]，Taber[2] 和 Foster[3] 等为了研究和描述驱油过程中"被捕集的残余油投入流动的水动力学力与毛细管滞留力之间的关系"，先后提出了水动力学力与毛细管力比值的概念，称其为毛细管数，其定义式为：

$$N_c = \frac{v\mu_w}{\sigma_{ow}}$$

（1）

式中：N_c 是毛细管数；v 是驱替相渗流速度，m/s；μ_w 是驱替相黏度，mPa·s；σ_{ow} 是驱替相与被驱替相间界面张力，mN/m。进一步由实验给出了毛细管数与残余油之间的对应关系曲线，通常简称为"毛细管数曲线"，学者们从不同角度出发研究得到了不同形态的曲线，图 1 是由 Moore 和 Slobod 完成的实验曲线。

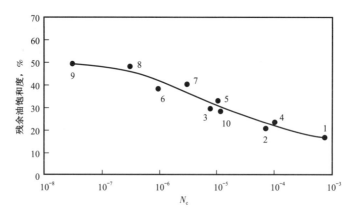

图 1　残余油饱和度与毛细管数的关系曲线

配合室内实验研究,得克萨斯大学(UT)的学者们研制了著名的化学驱数值模拟软件——UTCHEM。该软件中毛细管数曲线的数学描述式为[4]:

$$S_{lr} = S_{lr}^{H} + \frac{S_{lr}^{L} - S_{lr}^{H}}{1 + T_l N_{cl}} \qquad (l = \text{w, o}) \qquad (2)$$

式中:T_l 是常数;S_{lr}^{L} 和 S_{lr}^{H} 分别是低毛细管数和理想高毛细管数下液相(l)的剩余饱和度。

相剩余饱和度的变化将引起相对渗透率曲线发生改变,变化后的 l 相相对渗透率曲线描述式是:

$$K_{lr} = K_{lr}^{0} \left(S_{nl} \right)^{n_l} \qquad (l = \text{w, o}) \qquad (3)$$

式中,S_{nl} 是相的"归一化"饱和度。

$$S_{nl} = \frac{S_l - S_{lr}}{1 - S_{lr} - S_{i'r}} \qquad (l=\text{w, o; } l'=\text{o, w}) \qquad (4)$$

端点值 K_{lr}^{0} 和指数值 n_l 的计算表达式分别是:

$$K_{lr}^{0} = K_{lr}^{L} + \frac{S_{l'r}^{L} - S_{l'r}}{S_{l'r}^{L} - S_{l'r}^{H}} \left(K_{lr}^{H} - K_{lr}^{L} \right) \qquad (l = \text{w, o; } l' = \text{o, w}) \qquad (5)$$

$$n_l = n_l^{L} + \frac{S_{rl'}^{L} - S_{rl'}}{S_{rl'}^{L} - S_{rl'}^{H}} \left(n_l^{H} - n_l^{L} \right) \qquad (l = \text{w, o; } l' = \text{o, w}) \qquad (6)$$

式中:K_{lr}^{L} 是低毛细管数相对渗透率曲线端点值;n_l^{L} 是低毛细管数相对渗透率曲线指数值;K_{lr}^{H} 是理想高毛细管数相对渗透率曲线端点值;n_l^{H} 是理想高毛细管数相对渗透率曲线指数值。

毛细管数(N_c)概念的提出和毛细管数与残余油饱和度关系实验曲线的做出,奠定了化学复合驱油技术研究的理论基础,开启了化学复合驱油技术研究与应用,目前中国、美国等多个国家都在开展室内实验和矿场试验研究,其中中国大庆油田走在前面,已进入工业化试验阶段。软件 UTCHEM 的研发推动了复合驱油技术的研究和应用。

2 数值模拟研究发现化学复合驱油过程中存在两种不同驱动状况

选用美国 Grand 公司在软件 UTCHEM 基础上开发的软件,对大庆油田杏二西化学复合驱矿场试验进行深入的模拟计算研究。研究发现化学复合驱油过程中存在两种不同驱动状况,驱油实验和现场试验分析确认化学复合驱油过程中存在两种不同驱动状况,文献 [5] 和文献 [6] 做了比较详细介绍,这里简要说明。

2.1 模拟计算研究的条件和结果

模拟计算的地质模型:三维模型,$N_x=N_y=9$,$N_z=3$(N_x、N_y、N_z 分别表示 x 方向、y 方向和 z 方向的网格数),平面均质、纵向上非均质,三层段渗透率从上到下分别为 100mD,210mD 和 525mD;二维平面模型,$N_x=N_y=9$,$N_z=1$,渗透率为 450mD;一维模型,$N_x=9$,$N_y=N_z=1$,渗透率为 450mD。参考大庆油田地质及流体特征,确定模拟计算所需地质、流体相关数据。

计算研究中驱油方案都以油井综合含水 98% 为方案终止条件。表面活性剂、碱、聚合物三元复合驱方案以化学复合驱过程中油井含水下降之后再回升到 98% 时采出程度定义为三元复合驱采出程度,它与对应水驱方案在油井含水 98% 时采出程度之差为三元复合驱的增采幅度,即提高石油采收率幅度。

在三维、二维平面和一维模型上计算都发现驱油效果相同的变化规律:驱油过程中,在毛细管数相对低情况下,随着毛细管数增大驱油效果改善,表面活性剂吸附比例(方案终止时表面活性剂吸附量占总注入量的百分数)取得相对很小的数值,可称为处于"Ⅰ类"驱动状况下;在驱油过程中油层内毛细管数超过一个确定极限毛细管数后,转化为"Ⅱ类"驱动状况,油层中发生压力相对增高,水相流速相对加快,体系中表面活性剂吸附比例出现明显增大变化,驱油效果相对变差;进而再提高体系黏度增大毛细管数,高黏度体系抑制水相突进,驱油效果又得到改善。

表 1 列出一维模型计算结果。"特超低"一组方案注液速度取 0.15PV/a,体系界面张力取特超低值 1×10^{-4}mN/m;"特高速、特超低"一组方案取 0.3PV/a 特高注液速度,取特超低体系界面张力。由表中结果看到,"特超低"一组方案在体系黏度高于 38.5mPa·s 后驱油效果出现转折性变化,"特高速、特超低"一组方案在体系黏度高于 18.4mPa·s 后发生驱油效果转折性变化。注意到这里的计算方案是在采出液含水 98% 情况下结束的,方案剩余油饱和度的变化,可近似地反映残余油饱和度的变化。由此出发,将两组数据转换为"残余"油饱和度与毛细管数间对应关系补列于表 1 中。

表 1　一维模型上特定条件下驱油方案终止时相应数据表

方案类型	项目	体系黏度 μ,mPa·s							
		6.19	9.80	14.0	18.4	23.8	30.5	38.5	46.3
特超低	R,%	88.27	92.66	94.59	95.61	96.17	96.65	96.98	85.66
	Ads,%	0.18	0.17	0.15	0.13	0.15	0.20	0.20	6.17

续表

方案类型	项目	体系黏度 μ, mPa·s							
		6.19	9.80	14.0	18.4	23.8	30.5	38.5	46.3
特超低	N_c	0.019	0.032	0.046	0.061	0.079	0.102	0.129	0.140
	S_{or}	0.096	0.060	0.044	0.036	0.031	0.027	0.025	0.117
特高速特超低	R, %	91.06	94.56	96.05	96.72	86.27	86.30	87.49	89.01
	Ads, %	0.32	0.31	0.25	0.16	5.71	5.88	6.45	6.48
	N_c	0.039	0.064	0.093	0.123	0.145	0.186	0.237	0.289
	S_{or}	0.073	0.044	0.032	0.027	0.112	0.112	0.102	0.090

注:R—采收率;Ads—表面活性剂吸附比例;N_c—毛细管数;S_{or}—残余油饱和度。

分析表中毛细管数与残余油饱和度关系看到,毛细管数在 0.129 与 0.140 之间有一个极限值 N_{ct},毛细管数小于毛细管数极限值 N_{ct} 时,残余油饱和度随着毛细管数增大而呈减小变化,极限毛细管数 N_{ct} 对应最低的残余油饱和度值,在此之后,随着体系黏度增加毛细管数增大,残余油饱和度首先出现增大变化,进而又转向下降变化。

对比看到,图 1 绘出的经典毛细管数实验曲线没有给出高于极限毛细管数情况下毛细管数与残余油饱和度对应关系。

2.2 驱油实验考证

采用驱油实验方法验证计算得到的毛细管数与残余油饱和度对应关系。考虑到二维剖面模型高渗透层上有着更高的渗流速度,驱油实验更容易看到驱油过程中的两种不同驱动状况,因此选择了二维剖面模型完成了一批驱油实验。实验选用的人造岩心尺寸为 4cm×4cm×30cm,纵向上分为等厚三层,各层段平面均质、纵向非均质,自上而下渗透率分别为 260mD,710mD 和 1200mD;又考虑到一维均质岩心驱油实验能够更准确地计算驱油过程中毛细管数值,又完成两组一维岩心驱油实验,岩心尺寸为 4cm×4cm×30cm,第一组岩心的气测渗透率在 1100mD 左右,第二组岩心的气测渗透率在 2600mD 左右。驱油实验岩心两端加设消除"末端效应"的装置,选择 30cm 长的岩心保证了装置有效发挥作用。驱油过程尽量做到用复合体系段塞充分驱替,即连续注入复合驱段塞直至产出液不含油,并持续一段足够长时间,没有后续水驱过程。

图 2 给出了 4 个二维剖面岩心在驱油实验完成后的剖切照片,岩心排列自上而下驱油过程中毛细管数逐渐增大。从中清楚看到,岩心 W1-1 驱替效果相对最差,岩心 1-5-3 驱替效果相对有所改善,岩心 W1-6 驱替效果最好,岩心 W1-3 上看到驱替液沿高渗透层位发生突进,高渗透层位驱替效果非常好,而中低渗透

图 2　4 组实验完成后岩心剖切照片

层位留有大量剩余油。

一维岩心驱油实验结果列于表2。由岩心组1实验看到,随着驱油实验毛细管数增大,残余油饱和度降低,在毛细管数约为0.108处,取得相对低的残余油饱和度20.4%,毛细管数继续增大,出现残余油饱和度增大,进而又转向减小变化;岩心组2的实验尽管少,但是显示了相同的变化规律。岩心组2的渗透率相对高,实验得到的最低残余油饱和度相对低些。

表2 一维模型驱油实验结果

岩心组	实验序号	界面张力 mN/m	体系黏度 mPa·s	注入速度 mL/min	渗流速度 m/s	采出程度 %	毛细管数 N_c	残余油饱和度 %
1	1.1	1.29×10^{-2}	15.8	0.6	2.03×10^{-5}	66.6	2.48×10^{-2}	25.3
	1.2	1.29×10^{-2}	22.0	0.6	1.89×10^{-5}	68.1	3.22×10^{-2}	22.8
	1.3	1.29×10^{-2}	20.0	1.2	3.81×10^{-5}	72.4	5.90×10^{-2}	21.1
	1.4	2.48×10^{-3}	12.8	0.6	2.10×10^{-5}	73.0	1.08×10^{-1}	20.4
	1.5	2.48×10^{-3}	16.2	0.6	1.92×10^{-5}	64.9	1.26×10^{-1}	26.4
	1.6	2.48×10^{-3}	21.9	0.6	1.9×10^{-5}	69.5	1.68×10^{-1}	22.7
	1.7	2.48×10^{-3}	16.1	1.2	3.82×10^{-5}	71.1	2.48×10^{-1}	21.9
	1.8	2.48×10^{-3}	20.0	1.2	3.87×10^{-5}	70.9	3.12×10^{-1}	21.9
2	1.9	1.29×10^{-2}	22.3	0.6	1.54×10^{-5}	75.0	2.66×10^{-2}	19.6
	1.10	1.29×10^{-2}	21.7	1.2	3.07×10^{-5}	77.4	5.17×10^{-2}	17.5
	1.11	2.48×10^{-3}	11.9	0.6	1.49×10^{-5}	68.0	7.17×10^{-2}	24.7
	1.12	2.48×10^{-3}	16.4	0.6	1.52×10^{-5}	73.8	1.00×10^{-1}	20.4
	1.13	2.48×10^{-3}	22.2	0.6	1.56×10^{-5}	70.6	1.40×10^{-1}	23.2

实验结果证实模拟计算得到的高毛细管数条件下残余油饱和度与毛细管数对应变化规律是正确的,而经典毛细管数实验曲线没有给出超越极限毛细管数后残余油饱和度变化特征的描述,这是它的欠缺。

3 高毛细管数条件下驱替过程中毛细管数曲线形态计算研究

得益于数值模拟研究发现:化学复合驱油过程中存在两种不同驱动状况,进而又通过驱油实验给予证实,从而看到软件 UTCHEM 相对准确地描述毛细管数曲线。受此启发,有必要采用数值模拟方法,对毛细管数曲线做以更为细致深刻研究,对于高毛细管数条件下毛细管数曲线形态变化规律给以认识,这将有益于指导毛细管数驱油实验和复合驱后残余油饱和度变化规律的研究分析。

通常毛细管数的实验都要求在一维"均质"岩心上实验完成,计算研究前首先对于一维"均质"岩心进行结构分析。岩心是由不同孔喉半径孔隙组成,其中还存在一定量的微细孔道,即使在低张力体系驱情况下,这些微细孔隙也将留有相对高的残余油饱和度;模拟计算中,应将一维岩心模型视为"大中小"三种孔隙半径的平行毛细管组合模型进行计算研究。三种孔隙半径毛细管实质代表岩心三个分选级别微细孔道的平均渗透率,不同级别孔隙所占比例不同,岩心总体渗透率不同,低渗透率部分所占比例越小,总体平均渗透率越高。在此设计思想指导下,设计出三个总体渗透率不同岩心,表3列出它们的三级细分数据。

表 3   不同渗透率岩心三级细分数据表

模型	三级平均渗透率及对应层段厚度百分比,%			平均渗透率 mD
	1mD	100mD	1000mD	
A	33.33	33.33	33.33	367
B	25.00	37.50	37.50	413
C	16.67	41.67	41.67	459

计算研究选用的模型为 $9 \times 1 \times 3$ 网格, $\Delta X = \Delta Y = 22.098$m, Z 方向三层厚度按表3各模型对应渗透率级别厚度百分比给出。由于这里要研究三元体系驱替后残余油的变化情况,驱油过程设计为:水驱 0.6PV 之后转复合驱,总注液量为 14.42PV,方案终止要求基本不出油。

依据计算结果绘出高毛细管数条件下毛细管数与残余油饱和度关系曲线如图3所示。

图 3 中标记的第一列数字为体系的界面张力,单位为 mN/m,第二列为方案注液速度,单位为 m³/d。

从图 3 中看到毛细管数曲线整体形态。模拟计算从变速水驱开始,初始几个计算点呈水平状态,在高速水驱及聚合物驱情况下,出现残余油饱和度转折变化,得到极限毛细管数 N_{cc}。从该点出发,随着毛细管数增大,对应的残余油饱和度呈明显下降变化,约在毛细管数值为 0.001 附近处,出现一个新的毛细管数极限点。从它出发毛细管数再增大,对应的残余油饱和度不再减小,呈平直变化,这样的变化持续到极限毛细管数 N_{ct} 处,再往后毛细管数增大对应残余油饱和度呈现复杂变化形态,毛细管数进一步增大,出现残余油值大幅度增加变化,由图 3 中清楚地看到,对于同一毛细管数值,对应多个残余油饱和度值,即随着毛细管数增大对应多条残余油饱和度变化曲线,它们有规律的分布:对于同一界面张力、同一注液速度,不同体系黏度方案残余油饱和度值在一条曲线上,体系黏度增加,毛细管数增大,残余油饱和度增加到某一最大值后再呈下降变化;同一界面张力,不同注液速度情况下的残余油饱和度值对应的曲线近于呈平行状况,速度高者在下方;界面张力数量级降低,相应曲线族向右方平行移动。

注意到毛细管数曲线出现一平直段,极限毛细管数 N_{ct} 对应于曲线平直段右端点,平直

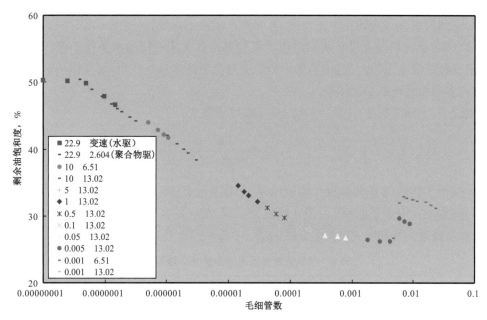

图 3　模型 A 毛细管数与残余油饱和度关系曲线

段左端点对应于一个新发现的毛细管数的极限点,为方便说明,以后将原毛细管数极限点 N_{ct} 改称为毛细管数极限点 N_{ct1},而称另一点为毛细管数极限点 N_{ct2},两极限点间,对应着相对低的残余油饱和度数值,称它为对应于极限毛细管数 N_{ct1}(或 N_{ct2})的残余油饱和度 S_{or}^{H},这里计算结果约为 26.11%。

在模型 B 和模型 C 上也进行相应的计算研究,三曲线有着近于相同的形态,三曲线上对应的残余油饱和度 S_{or}^{H} 值分别为 26.11%,19.66% 和 13.10%,与三岩心组平均渗透率依次升高对应,与前节中两组渗透率不同的一维岩心驱油实验结果吻合。

4　毛细管数与残余油饱和度对应关系实验曲线再研究

4.1　毛细管数与残余油饱和度对应关系实验曲线测试

驱油实验选用一维模型人造岩心,对驱油实验岩心的要求是:每个岩心都要有良好的均质性,不同岩心间有着很好的可比性;岩心两端必须加设消除"端面效应"装置;岩心尺寸为 4cm×4cm×30cm。特别说明,将达西公式代入毛细管数定义公式得到:

$$N_c = \frac{V \cdot \mu_w}{\sigma_{ow}} = \left(\frac{KK_{rw}}{\mu_w} \cdot \frac{\Delta p}{L} \right) \frac{\mu_w}{\sigma_{ow}} = \frac{KK_{rw}}{\sigma_{ow}} \cdot \frac{\Delta p}{L} \qquad (7)$$

从式(7)中可见,当岩心长度相对较小时,很难控制毛细管数数值在相对较宽的范围内变化。

驱油实验研究确认,饱和油水后的岩心,没有经历过化学复合驱油过程,在这样的情况下，实验测定化学复合驱的残余油饱和度与化学复合驱前水驱程度无关，由此确定驱油实验一般先水驱到含水90％再转化学复合驱，直驱到产出液不含油，并持续一段时间，终止实验，没有后续水驱，特殊情况下没有水驱过程。实验都是在大庆油田油水条件下进行的。驱油实验毛细管数跨度范围较大，选用了水驱和多种复合驱油体系复合驱，复合体系有含碱的三元体系，更多采用无碱的二元体系。

特别说明，毛细管数值计算中渗流速度 v 取以下算式：

$$v = \frac{Q}{A \times (1 - S_{or})} \quad (8)$$

表4列出了实验的基本参数和实验结果，依据实验结果绘出的"高毛细管数条件下毛细管数与残余油对应关系曲线"由图4给出，为了与前人的实验曲线相区别，命名新曲线为"毛细管数与残余油饱和度关系实验曲线 QL"。

表4 毛细管数曲线驱油实验基本数据

岩心编号	注入速度 mL/min	体系黏度 mPa·s	界面张力 mN/m	渗流速度 10^{-5}m/s	前期水驱采出程度 %	最终采收率 %	毛细管数	残余油饱和度 %	曲线标记
3-9	1.00	0.60	2.25×10^1	0.109	60.5	60.50	2.91×10^{-8}	28.6	
3-16	1.00	0.60	2.25×10^1	0.109	63.1	63.10	2.91×10^{-8}	28.7	
3-94	0.70	5.30	1.50×10^0	3.010	44.4	64.32	1.06×10^{-4}	28.4	
3-8	0.60	6.40	1.20×10^0	2.350	41.6	67.31	1.25×10^{-4}	26.2	
3-10	0.60	3.56	1.11×10^{-1}	2.150	37.2	70.29	6.89×10^{-4}	23.3	
3-73	0.60	3.56	1.11×10^{-1}	2.200	37.2	68.50	7.04×10^{-4}	24.1	
3-84	0.60	20.40	1.70×10^{-1}	2.150	45.6	75.00	2.58×10^{-3}	19.2	
3-89	0.60	20.40	1.70×10^{-1}	2.340	46.1	77.61	2.81×10^{-3}	19.9	
3-51	0.80	23.60	8.80×10^{-2}	2.800	0①	76.52	7.51×10^{-3}	18.3	I
3-63	0.80	23.60	8.80×10^{-2}	2.920	0①	76.54	7.83×10^{-3}	18.7	
3-35	0.80	17.90	5.83×10^{-2}	2.700	46.3	74.78	8.29×10^{-3}	19.1	
3-61	0.70	24.00	6.50×10^{-2}	2.330	46.3	75.40	8.59×10^{-3}	17.8	
3-29	0.60	11.90	6.40×10^{-3}	2.050	56.7	76.41	3.81×10^{-2}	18.3	
3-70	1.00	11.50	9.80×10^{-3}	3.650	51.1	75.91	4.28×10^{-2}	19.3	
3-83	1.00	11.50	9.80×10^{-3}	3.640	50.8	75.70	4.27×10^{-2}	19.4	
3-30	0.70	24.10	1.00×10^{-2}	2.500	48.1	75.00	6.03×10^{-2}	19.5	
3-27	0.55	26.40	7.20×10^{-3}	1.940	47.9	75.81	7.12×10^{-2}	18.6	

续表

岩心编号	注入速度 mL/min	体系黏度 mPa·s	界面张力 mN/m	渗流速度 10^{-5}m/s	前期水驱采出程度 %	最终采收率 %	毛细管数	残余油饱和度 %	曲线标记
3-44	0.60	24.00	7.20×10^{-3}	2.160	44.5	74.00	7.20×10^{-2}	20.1	II_1
3-45	0.60	24.00	7.20×10^{-3}	2.170	44.3	73.43	7.25×10^{-2}	21.1	
3-18	0.60	24.30	7.20×10^{-3}	2.270	52.6	74.02	7.65×10^{-2}	20.5	
3-53	0.60	29.20	6.80×10^{-3}	2.327	44.6	70.24	9.99×10^{-2}	22.3	
3-11	0.80	16.50	5.00×10^{-3}	2.860	46.3	69.50	9.43×10^{-2}	24.0	
3-14	0.55	26.40	7.20×10^{-3}	2.250	45.6	64.38	8.23×10^{-2}	27.8	
3-15	0.80	16.50	5.00×10^{-3}	3.080	37.2	66.25	1.02×10^{-1}	27.9	
3-72	0.90	19.50	6.80×10^{-3}	3.290	44.4	71.94	9.44×10^{-2}	20.8	II_2
3-23	0.90	28.60	6.80×10^{-3}	3.391	47.1	68.20	1.43×10^{-1}	23.6	
3-85	0.90	38.20	6.80×10^{-3}	3.495	44.4	66.50	1.96×10^{-1}	25.0	
3-54	0.90	38.30	6.80×10^{-3}	3.566	44.4	65.38	2.01×10^{-1}	26.9	
3-17	0.90	53.50	6.80×10^{-3}	3.513	35.7	70.32	2.76×10^{-1}	22.9	
3-62	0.90	53.50	6.80×10^{-3}	3.388	42.1	70.48	2.67×10^{-1}	22.2	
3-5	0.60	10.90	1.50×10^{-3}	2.420	44.8	67.84	1.76×10^{-1}	25.1	II_3
3-69	0.60	10.90	1.50×10^{-3}	2.350	45.7	67.48	1.71×10^{-1}	25.7	
3-81	0.60	15.10	1.50×10^{-3}	2.160	42.3	73.12	2.17×10^{-1}	20.0	
3-31	0.60	15.10	1.50×10^{-3}	2.210	41.2	73.64	2.22×10^{-1}	20.6	
3-3	0.60	21.90	1.70×10^{-3}	2.260	41.0	68.40	2.91×10^{-1}	23.7	
3-48	0.60	21.90	1.70×10^{-3}	2.240	44.5	68.77	2.89×10^{-1}	23.9	
3-1	0.60	37.40	1.70×10^{-3}	2.190	49.3	74.49	4.81×10^{-1}	19.6	
3-26	0.60	37.40	1.70×10^{-3}	2.080	50.3	78.71	4.57×10^{-1}	15.9	
3-50	0.90	7.20	1.50×10^{-3}	3.220	40.0	71.27	1.55×10^{-1}	22.2	II_4
3-21	0.90	11.10	1.50×10^{-3}	3.580	53.3	69.67	2.65×10^{-1}	23.0	
3-82	0.90	17.30	1.50×10^{-3}	3.230	40.1	71.49	3.72×10^{-1}	22.1	
3-57	0.90	17.30	1.50×10^{-3}	2.460	40.4	68.59	2.83×10^{-1}	25.2	
3-68	0.90	24.10	1.50×10^{-3}	2.990	46.8	77.90	4.80×10^{-1}	17.3	

① 这两实验数据为测试相渗透率曲线实验时获取的实验数据,没有前期水驱过程。

　　图4中曲线段"Ⅰ"左端起点毛细管数值为1.09×10^{-6},对应的残余油饱和度值在28.7%左右。随着毛细管数的不断增大,残余油饱和度略有降低,当毛细管数在1.15×10^{-4}附近时,残余油饱和度在27.3%左右,这期间一般是在水驱情况下;由此出发转化学复合驱,毛细管数进一步增大,残余油饱和度急剧下降。当毛细管数在2.7×10^{-3}附近时,对应的残余油饱和度值在18.5%左右,毛细管数进一步增大直到线段"Ⅰ"右端点毛细管数约为7.15×10^{-2}处,残余油饱和度处于几乎不增不减的平稳情况。曲线段"Ⅰ"上的点对应驱油过程为"Ⅰ类"驱动状况,残余油饱和度值是毛细管数的"单值"函数。曲线上水驱转复合驱的转换点、化学复合驱过程中残余油饱和度由减少变化到基本不变的转化点和曲线"Ⅰ"右端点依次为"水驱临界毛细管数N_{cc}""极限毛细管数N_{ct2}""极限毛细管数N_{ct1}"。

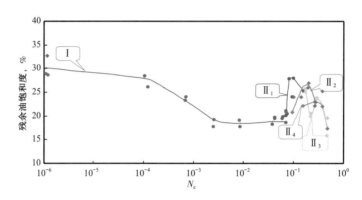

图4　毛细管数与残余油关系实验曲线 QL

　　毛细管数由N_{ct1}值出发继续增大,驱油过程转化为"Ⅱ类"驱动状况。由实验结果看到,有多个残余油值对应同一个毛细管数值。曲线Ⅱ₁显示当毛细管数出发开始增大时,首先出现残余油值突然增大的变化,在达到相应的最大值后,又出现随毛细管数增大,残余油值对应减小的变化;曲线Ⅱ₂(注液速度0.9mL/min,界面张力6.8×10^{-3}mN/m)、曲线Ⅱ₃(注液速度0.6mL/min,界面张力1.5×10^{-3}mN/m)、曲线Ⅱ₄(注液速度0.9mL/min,界面张力1.5×10^{-3}mN/m)都是在固定体系界面张力、固定注液速度,变换体系黏度条件下得出的,其中曲线Ⅱ₃与曲线Ⅱ₄对应的驱油实验的驱油体系界面张力相近,后者实验的注液速度比前者高,两曲线形态相近,后者曲线位于下方,可以看出注液速度的相对影响;曲线Ⅱ₂与曲线Ⅱ₄相对应的实验注液速度相同,曲线Ⅱ₂相对应的体系界面张力高,曲线位置相对曲线Ⅱ₄偏左,可以看出界面张力变化的相对影响。可以推断,若变换条件,还可以做出类似的曲线,这样的曲线有无数条,有规律地分布在一定的区域内。

4.2　毛细管数实验曲线关键变化点重复考核实验

　　将毛细管数曲线 QL 与经典毛细管数曲线比较,差异明显,其主要表现是毛细管数曲线 QL 在毛细管数极限点N_{ct2}之后,在极限毛细管数N_{ct2}和N_{ct1}间有一对应相同残余油饱和度S_{or}^H值的平直段,在毛细管数高于毛细管数极限点N_{ct1}情况下,出现对应残余油增大变化。为重现这一实验结果,考核驱油机理新认识的正确性,也为了探讨实验曲线关键参数的影响因素,另取两组岩心完成驱油实验。实验同样是在大庆油田油水条件下完成的,其中一组仍为一维均质岩心,水相渗透率平均为 460mD,为了同时考核岩心形状对实验结果影响,这组实验取圆柱状岩心;通常人们一般要求毛细管数曲线实验在一维均质岩心上完成,这里有意同时考核剖面非均质影响,取一组层间渗透率级差相对小的剖面非均质方型岩心实验,三层段渗透率分别为 200mD,600mD 和 1200mD,实验测试水相渗透率平均为 784mD。每组分别完成 5 对平行有效的驱油实验,表 5 列出实验数据结果。

表 5 毛细管数曲线驱油实验基本数据

岩心编号	气测渗透率 mD	注入速度 mL/min	体系黏度 mPa·s	界面张力 mN/m	渗流速度 m/s	水驱采收率 %	最终采收率 %	毛细管数 N_c	残余油饱和度 %
Y19–49	1315	0.7	11.8	1.46×10^{0}	7.29×10^{-5}	41.03	52.4	5.89×10^{-4}	37.31
Y19–87	1331	0.7	11.8	1.46×10^{0}	7.02×10^{-5}	37.41	52.2	5.67×10^{-4}	34.88
Y19–25	1213	0.5	6.0	1.95×10^{-1}	4.35×10^{-5}	40.98	60.0	1.34×10^{-3}	30.50
Y19–8	1269	0.5	6.0	1.95×10^{-1}	4.54×10^{-5}	41.80	59.05	1.40×10^{-3}	32.66
Y19–5	1245	0.5	16.0	6.80×10^{-2}	4.3×10^{-5}	37.88	60.91	1.01×10^{-2}	31.46
Y19–64	1294	0.5	16.0	6.80×10^{-2}	4.28×10^{-5}	40.50	57.54	1.01×10^{-2}	32.86
Y19–78	1284	0.5	22.3	6.80×10^{-3}	4.61×10^{-5}	43.28	59.02	1.51×10^{-1}	31.93
Y19–3	1251	0.5	22.0	6.20×10^{-3}	4.27×10^{-5}	36.77	60.65	1.51×10^{-1}	30.12
Y19–18	1232	0.7	32.5	1.04×10^{-2}	6.82×10^{-5}	33.67	51.0	2.13×10^{-1}	37.22
Y19–60	1306	0.7	22.3	6.80×10^{-3}	7.08×10^{-5}	30.49	52.13	2.32×10^{-1}	37.92
S2–25	2357	0.9	21.8	1.60×10^{0}	4.45×10^{-5}	25.37	53.53	6.06×10^{-4}	35.10
S2–28	2345	0.9	21.8	1.60×10^{0}	4.34×10^{-5}	24.11	54.38	5.91×10^{-4}	34.76
S2–23	2369	0.9	10.0	1.86×10^{-1}	3.88×10^{-5}	26.46	66.50	2.09×10^{-3}	23.62
S2–29	2342	0.9	10.0	1.86×10^{-1}	3.90×10^{-5}	27.45	65.69	2.10×10^{-3}	24.62
S2–12	2358	0.9	10.0	1.15×10^{-1}	3.82×10^{-5}	25.47	66.32	1.02×10^{-2}	24.29
S2–16	2355	0.9	10.0	1.15×10^{-1}	3.52×10^{-5}	27.50	66.40	9.40×10^{-3}	24.00
S2–20	2375	0.6	18.6	5.50×10^{-3}	3.38×10^{-5}	26.41	69.25	1.11×10^{-1}	24.14
S2–22	2376	0.8	5.00	2.00×10^{-3}	4.35×10^{-5}	25.29	60.47	1.04×10^{-1}	24.78
S2–27	2375	0.7	4.60	9.60×10^{-4}	3.29×10^{-5}	47.60	53.37	1.62×10^{-1}	36.19
S2–21	2375	0.9	4.60	9.60×10^{-4}	4.18×10^{-5}	36.91	55.09	2.08×10^{-1}	35.80

由表 5 数据可以清楚看到,两组实验都能测得毛细管数极限点 N_{ct2} 和 N_{ct1},在毛细管数小于极限毛细管数 N_{ct2} 时,对应相对高的残余油饱和度 S_{or},在高于极限毛细管数 N_{ct1} 的情况

下,实验也得到相对高的残余油饱和度。为了进一步认识不同渗透率岩心实验结果的不同之处,表6汇总了三组实验结果测得的极限毛细管数 N_{ct2} 和 N_{ct1} 的残余油饱和度 S_{or} 数值。

表6 不同岩心组毛细管数曲线驱油实验关键数据汇总表

岩心组号	平均渗透率 K, mD		N_{ct1}		N_{ct2}		S_{or} %
	气测	水测	上限	下限	上限	下限	
1	2839	871	7.12×10^{-2}	7.20×10^{-2}	7.04×10^{-4}	2.58×10^{-3}	18.67
2	2375	784	1.11×10^{-1}	1.62×10^{-1}	5.91×10^{-4}	2.09×10^{-3}	24.24
3	1274	460	1.51×10^{-1}	2.13×10^{-1}	5.89×10^{-4}	1.34×10^{-3}	31.59

圆柱形岩心的实验中并没有看到奇特变化情况,解除了有人对于方形岩心实验结果的怀疑;令人高兴的是,从剖面非均质岩心的实验结果可以看出它与"均质"岩心相近的实验结果,再细心观察,2号岩心组平均渗透率数据更靠近1号岩心组,但三项数据都更偏向3号岩心组,这显然是因为2号岩心组是剖面非均质岩心,加重了岩心的非均质性。

考核实验验证了渗透率不同的岩心实验毛细管数曲线有着基本相同的形态,从而可以认为:毛细管数实验曲线 QL 比较正确地反映了驱油实验过程中毛细管数与残余油饱和度的对应关系。

4.3 高毛细管数条件下出现高的残余油饱和度原因的深入研究

采用压汞法对毛细管数实验曲线 QL 实验岩心测试得到非润湿相饱和度与岩心喉道半径对应关系曲线由图5绘出。

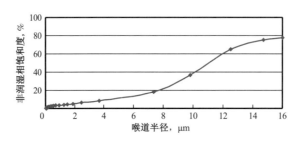

图5 毛细管数实验曲线 QL 驱油实验岩心压汞曲线图

从4.1节实验中取部分孔隙体积相近岩心实验数据列于表7。表7中1组中7个实验驱油过程毛细管数介于极限毛细管数 N_{ct1} 和 N_{ct2} 之间,化学复合驱采出原油量相近,平均值为99.31mL。复合体系驱油,在高的毛细管数条件下,被毛细管力束缚的原油活化进而被驱走,一般来说,毛细管数越大,可被驱走原油孔喉半径越小。参照图5中曲线分析,若以 V 表示岩心中半径高于 $7.0\mu m$ 的孔喉空间,V 的体积值约为100mL,可见本组实验化学复合驱将各岩心的 V 空间中的原油驱出。2组、3组和4组实验驱油过程毛细管数高于极限毛细管数 N_{ct1},驱油过程终止残余油饱和度最低值22.2%,表中产油量数据明显偏低。以3–53号岩心实验数据为例分析,该实验驱油过程毛细管数为0.0999,它理应将其 V 空间中的原油驱出,产油量至少在100 mL左右,而这里产油量仅为86.4mL,相对一组实验产油量平均值99.31mL低12.91 mL;再从产水量情况分析,驱油过程总注液量557.6mL,若V空间中的原油驱出,该处应滞留约为99.31mL注入液,另外458.29mL注入液应产出,其余12.91 mL产出液只能是油层水。由V空间中驱走的油为何没有产出,又留在何处,产出液中油层水又由何处而来,值得追究。

表7 毛细管数实验曲线QL实验部分岩心实验数据

组	岩心编号	残余油饱和度 %	孔隙体积 mL	注液量 mL	产油量 mL	相对少产油量 mL	产水量 mL	产出注入液量 mL	产出油层水量 mL
1	3-84	19.2	167	651.3	96.0		555.3		
	3-89	17.8	169	659.1	104.0		555.1		
	3-61	17.8	164	672.4	95.4		577.0		
	3-70	19.7	165	924.0	100.2		823.8		
	3-83	19.4	165	924.0	102.0		821.8		
	3-30	19.6	168	621.6	99.6		522.0		
	3-27	18.6	168	520.8	97.8		423.0		
2	3-53	24.0	164	557.6	86.4	12.91	471.2	458.29	12.91
	3-14	27.8	164	508.4	82.4	16.91	426.0	409.09	16.91
3	3-23	24.1	169	811.2	89.0	10.31	722.2	711.89	10.31
	3-85	25.9	168	823.2	85.0	14.31	738.2	723.89	14.31
	3-54	26.9	167	718.0	85.0	14.31	633.0	618.69	14.31
	3-17	22.9	161	740.6	87.2	12.11	653.4	641.29	12.11
	3-62	22.2	165	742.5	87.4	11.91	655.1	643.19	11.91
4	3-5	25.1	160	592.0	84.8	14.51	507.2	492.69	14.51
	3-69	25.7	165	610.5	88.4	10.91	522.1	511.19	10.91
	3-3	23.7	168	621.6	86.2	13.11	535.4	522.29	13.11
	3-48	23.9	170	629.0	89.4	9.91	539.6	529.69	9.91

研究其他岩心实验情况近于相同,共同特征是产油量明显相对减少,最小减少量为9.91mL,对应产出同体积油层水。

分析研究认为:在高于极限毛细管数N_{ct1}情况下驱油过程,已驱替到微细孔道油水共存孔喉区,在高毛细管数驱替条件下,部分水湿孔喉发生润湿性转化,孔喉中的束缚水被活化而驱走,驱走的活化水即为产出的油层水,这部分孔喉转化为油湿,它捕捉了流动中的原油成为"束缚油",使得产出油量减少,从而加大了驱油后残余油饱和度。

可以进一步分析,这种润湿性转化现象在毛细管数高于 N_{ct2} 情况下已经开始出现,只是在毛细管数介于 N_{ct1} 和 N_{ct2} 之间时,由于毛细管数增大新启动束缚油的空间体积与润湿性转化为油湿的空间体积相当,与新增释放的原油等量的原油被新增润湿性转化空间扑获,驱油过程终止,残余油饱和度没有增减变化,毛细管数曲线呈现"平直段";在毛细管数高于 N_{ct1} 之后,出现毛细管数增大新启动束缚油的空间体积小于润湿性转化为油湿空间,获释放原油增量小于被扑获原油增量,出现毛细管数增大,同时残余油饱和度也增大的情况;伴随油水间界面张力 σ_{ow} 的降低,被活化束缚油水的孔喉半径缩小,在一定的油水界面张力条件下,被活化束缚油、水的孔喉半径一定,被活化的束缚油量一定,而对于释放了束缚水的空间部分转化为油湿空间,它们将从原油可流动空间中捕获流动的原油转为束缚油,原油可流动空间中可流动的原油数量决定了被捕获原油量,可流动空间中流动的原油量首先取决于驱动相——水相的渗流速度 v,渗流速度高则被驱走的油量多,存留于可流动空间油量相对少,被捕获原油量也相对为少,对应的残余油饱和度相对为低,在相同的渗流速度下,水相黏度 μ_w 调节流度比,也改变流走的油量,同样影响被捕获原油量,不同黏度驱替体系形成不同残余油饱和度,从而获得定体系界面张力、定渗流速度条件下毛细管数曲线。这就是毛细管数曲线分支、有规律变化原因。

5 化学复合驱相对渗透率曲线再研究

随着毛细管数与残余油关系实验曲线 QL 的做出,对于毛细管数与残余油之间关系有了更为清晰的认识;然而,只认识到残余油饱和度的变化还是不够的,还应该进一步认识化学复合驱油过程中相对渗透率曲线的变化。许多文献[7-13]从不同角度研究了研究化学复合驱相渗曲线问题,这里在毛细管数实验曲线 QL 研究的基础上,研究化学复合驱相对渗透率曲线,给出化学复合驱油过程相对渗透率曲线的数学描述,并由实验测出描述式中的关键参数。

5.1 化学复合驱相对渗透率曲线描述式的确定

以毛细管数与残余油关系实验曲线 QL 为基础,借鉴软件 UTCHEM 相渗透率曲线的数学描述,以驱油实验和模拟计算研究相配合,写出新的化学复合驱相对渗透率曲线的描述式。

以 S_{or} 表示相应的残余油饱和度,在水相饱和度 S_w 满足于 $S_{wr}^L \leqslant S_w \leqslant 1-S_{or}$ 的情况下,水相"归一化"饱和度 S_{nw} 可由如下算式计算:

$$S_{nw} = \frac{S_w - S_{wr}^L}{1 - S_{wr}^L - S_{or}} \qquad (9)$$

水、油两相相对渗透率曲线可分别写为:

$$K_{rw} = K_{rw}^0 \left(S_{nw}\right)^{n_w} \qquad (10)$$

$$K_{ro} = K_{ro}^0 \left(1 - S_{nw}\right)^{n_o} \tag{11}$$

对应毛细管数 N_c 的不同变化范围,关键参数的取值:

残余油饱和度 S_{or}

$$S_{or} = \begin{cases} S_{or}^L & (N_c < N_{cc}) \\ S_{or}^L - \dfrac{N_c - N_{cc}}{N_{ct2} - N_{cc}}(S_{or}^L - S_{or}^H) & (N_{cc} \leqslant N_c < N_{ct2}) \\ S_{or}^H & (N_{ct2} \leqslant N_c < N_{ct1}) \\ S_{or}^L / (1 + T_o \times N_c) & (N_c \geqslant N_{ct1}) \end{cases} \tag{12}$$

l 相相对渗透率曲线端点值 K_{lr}^0(l=w,o)

$$K_{rl}^0 = \begin{cases} K_{rl}^L & (N_c < N_{cc}) \\ K_{rl}^L + \dfrac{N_c - N_{cc}}{N_{ct2} - N_{cc}}(K_{rl}^H - K_{rl}^L) & (N_{cc} \leqslant N_c < N_{ct2}) \\ K_{rl}^H & (N_c \geqslant N_{ct2}) \end{cases} \tag{13}$$

l 相相对渗透率曲线指数值 n_l(l=w,o)

$$n_l = \begin{cases} n_l^L & (N_c < N_{cc}) \\ n_l^L + \dfrac{N_c - N_{cc}}{N_{ct2} - N_{cc}}(n_l^H - n_l^L) & (N_{cc} \leqslant N_c < N_{ct2}) \\ n_l^H & (N_c \geqslant N_{ct2}) \end{cases} \tag{14}$$

将上述化学复合驱相对渗透率曲线数学描述式与 1 中给出的软件 UTCHEM 相应描述式对比看到,它继承了前者的优点,又与它有着重要区别,这里仅给出"水相驱替"情况,以毛细管数实验曲线 QL 为基础给出水相驱替情况下毛细管数与残余油饱和度关系,继而给出对应的相对渗透率曲线,这样处理不仅合乎情理,而且大大简化计算。

5.2 相对渗透率曲线参数测试

随着相对渗透率曲线描述式的确定,相对渗透率曲线参数的实验测定方法也确定:极限毛细管数 N_{cc},N_{ct1} 和 N_{ct2} 可由"毛细管数曲线 QL"中得到,其余参数都可由驱油实验测得。取测试"毛细管数曲线 QL"选用的岩心,在油藏温度下采用常压下非稳态相对渗透率曲线测试方法,测得水驱相对渗透率曲线和化学复合驱相对渗透率曲线。水驱实验应尽可能取相对较高的注液速度,使得驱油过程毛细管数尽可能靠近极限毛细管数 N_{cc},表 4 中岩心 3-9 和 3-16 为测试水驱相对渗透率曲线实验数据;复合驱实验测试中,驱油过程中的毛细管数要严格控制在极限毛细管数 N_{ct2} 和 N_{ct1} 之间,岩心 3-51 和 3-63 为测试化学复合驱相对渗透率曲线的实验数据,它们没有前期水驱过程。对测得的相对渗透率曲线参数有关数据回归分析得到相对渗透率曲线端点值和指数值的数值。

表8给出7组相对渗透率曲线数据,其中N_{cc}=0.0001,N_{ct1}=0.0712,N_{ct2}=0.0025,这是由"毛细管数曲线QL"中得到的。7组参数中,第1和第4组为实验测得,第2和第3组由插值计算得到,后3组是结合实验结果和计算研究确定参数T_o值后计算得到。图6绘出前4组相对渗透率曲线,因后3组与4组仅在残余油饱和度S_{or}上有所差别而没有绘出。

表8 相对渗透率曲线参数表

N_c	S_{wr}^L	S_{or}	K_{ro}	n_o	K_{rw}	n_w
$N_c \leqslant N_{cc}$	0.24	0.285	1	1.95	0.255	3.75
N_c=0.001	0.24	0.2475	1	1.92	0.534	4.35
N_c=0.00175	0.24	0.21625	1	1.895	0.767	4.85
$N_{ct2} \leqslant N_c \leqslant N_{ct1}$	0.24	0.185	1	1.87	1	5.35
N_c=0.1	0.24	0.254	1	1.87	1	5.35
N_c=0.4	0.24	0.192	1	1.87	1	5.35
N_c=0.5	0.24	0.178	1	1.87	1	5.35

为表示与"毛细管数曲线QL"相对应,将配套的相对渗透率曲线命名为"化学复合驱相对渗透率曲线QL"。

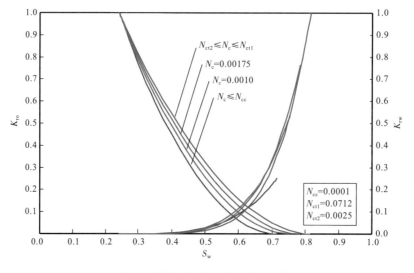

图6 化学复合驱相对渗透率曲线

5.3 相对渗透率曲线的两种描述

前文给出了"化学复合驱相对渗透率曲线QL"的描述是将"束缚水饱和度视为常量"的描述版本,在4.3节研究之后又给出相对渗透率曲线另一种描述——在一定的毛细管数范围内,动态描述束缚水饱和度值。这一描述可以在前描述基础上略加修正得到:

（1）在驱油过程中毛细管数高于极限毛细管数 N_{ct1} 且对应的残余油饱和度 S_{or} 值高于 S_{or}^H 情况下，对式（9）束缚水饱和度 S_{wr}^L 值修正，其减少量与残余油饱和度相对 S_{or} 值相对 S_{or}^H 增量相当。

（2）要考虑驱替历程变化，若某部位目前驱替毛细管数处于在极限毛细管数 N_{ct1}、N_{ct2} 之间，但其前期经历过毛细管数高于极限毛细管数 N_{ct1} 且残余油饱和度高于 S_{or}^H 的"Ⅱ类"驱动状况驱替，则它的束缚水饱和度 S_{wr}^L 和残余油饱和度 S_{or} 也应相对应变化。

6 化学复合驱软件 IMCFS

依据相对渗透率曲线 QL 和对应的毛细管数曲线研制出化学复合驱软件 IMCFS（Improved Mechanism of Compound Flooding Simulation）。考虑到油层不同区域或不同层段，油层性质不同，由此而来，它们应有着不同的毛细管数曲线和不同的相对渗透率曲线，由此软件在对油层的描述中，设置若干个"池"，每个"池"有自己的毛细管数曲线数据和相对渗透率曲线数据。

软件已成功用于化学复合驱矿场试验研究和室内实验研究，取得重要成果，后续的文章将介绍主要成果。

7 结论

（1）毛细管数概念的提出奠定了化学复合驱油提高石油采收率技术研究应用的理论基础，毛细管数实验曲线的做出和化学驱数值模拟软件 UTCHEM 的研发推动了化学复合驱油技术的研究和应用。

（2）通过实验研究和矿场试验分析看到：在高毛细管数条件下残余油饱和度与毛细管数的关系是复杂的，经典毛细管数实验曲线没有描述高毛细管数值条件下毛细管数与残余油饱和度的复杂关系，本研究弥补了这一欠缺，并进行了完善。

（3）模拟计算研究得到了毛细管数与残余油饱和度关系曲线形态的完整描述，为正确做出实验毛细管数曲线提供了重要参考依据。

（4）在计算得到的毛细管数曲线导引下，实验得到了毛细管数实验曲线，命名为"毛细管数实验曲线 QL"，它充分弥补了经典毛细管数实验曲线在高毛细管数条件下描述的欠缺。

（5）驱油过程中在毛细管数高于极限毛细管数 N_{ct1} 情况下，油层中孔喉半径相对小的油水共存区中出现润湿性转化，部分亲水孔喉转为亲油孔喉，束缚水被释放驱走，捕获流动油为束缚油，由此残余油量相对增大。

（6）以"毛细管数实验曲线 QL"为基础，借鉴软件 UTCHEM 相对渗透率曲线的数学描述，以驱油实验和模拟计算研究相配合，写出了化学复合驱相对渗透率曲线的描述式，并由驱油实验测出相关参数，得到相配套的"化学复合驱相对渗透率曲线 QL"。

（7）依据"毛细管数实验曲线 QL"和"化学复合驱相对渗透率曲线 QL"写出化学复合驱软件 IMCFS，软件的应用将进一步推动化学复合驱油技术的研究应用。

符号说明

l——"相"标记符号,取"w"标记水相,取"o"标记油相;

S_{nw}——"规一化"的水相饱和度;

T_o——润湿性转化影响参数,可通过试验或实验拟合求得;

K_{lr}^0——l相相对渗透率端点值;

K_{lr}^L——毛细管数 $N_c \leqslant N_{cc}$ 情况下 l 相相对渗透率曲线端点值;

K_{lr}^H——毛细管数高于极限毛细管数 N_{ct2} 情况下对应的 l 相相对渗透率曲线端点值;

n_l——l 相相对渗透率曲线指数值;

n_l^L——毛细管数 $N_c \leqslant N_{cc}$ 情况下 l 相相对渗透率曲线指数值;

n_l^H——毛细管数高于极限毛细管数 N_{ct2} 情况下对应的 l 相相对渗透率曲线指数值;

v——驱替速度,m/s;

μ_w——驱替相黏度,mPa·s;

σ_{ow}——驱替相与被驱替相间的界面张力,mN/m;

K——岩心绝对渗透率,D;

K_{rw}——水相相对渗透率;

K_{ro}——油相相对渗透率;

Δp——渗流压差,MPa;

L——渗流距离,m;

Q——单位时间通过岩心的流量,cm³/s;

A——岩心截面的孔隙面积,cm²;

N_c——毛细管数值;

N_{cc}——水驱后残余油开始流动时的极限毛细管数;

N_{ct1}——复合驱油过程中驱动状况发生转化时的极限毛细管数;

N_{ct2}——处于"Ⅰ类"驱动状况下化学复合驱油过程对应的残余油值不再减小变化时的极限毛细管数;

S_{or}——与毛细管数值 N_c 相对应的残余油饱和度;

S_{wr}^L——束缚水饱和度;

S_w——水相饱和度;

S_{or}^L——低毛细管数条件下,即毛细管数 $N_c \leqslant N_{cc}$ 情况下驱动残余油饱和度;

S_{or}^H——"Ⅰ类"驱动状况下化学复合驱油过程最低的残余油饱和度,即处于极限毛细管数 N_{ct2} 和 N_{ct1} 之间毛细管数对应的残余油饱和度;

"Ⅰ类"驱动状况——毛细管数小于或等于极限毛细管数 N_{ct1} 情况下驱替;

"Ⅱ类"驱动状况——毛细管数高于极限毛细管数 N_{ct1} 情况下驱替。

参 考 文 献

[1] Moore T F, Slobod R C. The Effect of Viscosity and Capillarity on the Displacement of Oil by Water[J]. Producers Monthly.1956,20：20–30.

[2] Taber J J. Dynamic and Static Forces Required To Remove a Discontinuous Oil Phase from Porous Media Containing Both Oil and Water[J]. Soc. Pet. Eng. J.,1969,9（1）：3–12.

[3] Foster W R. A Low Tension Waterflooding Process Empolying A Petroleum Sulfonate, Inorganic Salts, And a Biopolymer[J]. SPE 3803,1972.

[4] Mojdeh Delshad. UTCHEM VERSION6.1 Technical Documentation, Center for Petroleum and Geosystems Engineering[D]. Austin, Texas：The University of Texas at Austin,781712,1997.

[5] 戚连庆,刘宗昭,陈礼,等 . 数值模拟发现复合驱油过程存在两种不同驱动状况 [J]. 大庆石油地质与开发,2009,28（4）：84–90.

[6] 戚连庆,石勇,王宏申,等 . 复合驱油过程存在两种不同驱动状况 [J]. 大庆石油地质与开发,2009,28（4）：84–90.

[7] Harbert L W. Low Interfacial Tension Relative Permeability[C].SPE 12171,1983.

[8] Bardon C, Longeron D. Influence of very Low Interfacial Tensions on Relative Permeability[J]. SPE Journal,1980,20（5）：391–401.

[9] Ronde Hidde. Relative Permeability at Low Interfacial Tension[C]. SPE 24877,1992.

[10] 刘福海,黄延章 . 界面张力对相渗曲线的影响 [J]. 大庆石油地质与开发,2002,24（3）：50–52.

[11] 卢广钦,王玉斗,陈月明,等 . 低界面张力体系对相对渗透率影响实验研究 [J]. 油田化学,2003,20（1）：54–57.

[12] 叶仲斌,彭克宗,吴小玲,等 . 克拉玛依油田三元复合驱相渗曲线研究 [J]. 石油学报,2000,21（1）：49–54.

化学复合驱矿场试验数字化研究

戚连庆[1]　王宏申[2]　窦宏恩[3]　刘全刚[2]　王锦林[2]　于　涛[4]　王晓超[2]　沈　思[2]

（1. 中国石油大庆油田有限责任公司勘探开发研究院；2. 中海油能源发展股份有限公司工程技术分公司；3. 中国石油勘探开发研究院；4. 中国石油辽河油田勘探开发研究院）

摘　要： 应用描述化学复合驱驱油机理更完善的软件 IMCFS，采用简化结构地质模型和模拟计算模型，建立了数字化驱油试验研究方法——对大庆油田杏二西矿场试验进行模拟计算，将矿场试验数字化，建立包括主要油藏地质信息和化学复合驱信息的数字化地质模型平台，在此平台上进行方案计算——数字化驱油试验，对矿场驱油试验进行深入的数字化驱油试验研究，针对大庆化学复合驱技术研究应用主要四个采油厂工业性矿场试验，建立数字化研究地质模型平台，采用数字化驱油试验研究方法优化驱油方案，优化方案可以得到提高采收率在 28% 以上的良好效果。

关键词： 驱油试验数字化；数字化地质模型；数字化驱油试验；注入压力界限；高黏超低界面张力体系

美国在 20 世纪 80 年代就开始了化学复合驱矿场试验研究，先后开展了西 Kiehl 油田驱油试验[1]，Cambridge 油田三元复合驱矿场试验[2]，Oklahoma 州 Sho-Vel-Tum 油田的 Warden 单元 ASP 驱矿场试验[3]。中国大庆油田紧随其后，在深入的室内研究基础上，从 90 年代开始，由先导性试验做起，取得成功后开展了扩大性试验，进而扩大到工业性应用矿场试验，文献 [4] 比较详细地介绍了大庆油田矿场试验情况；近年来，中国胜利油田开展了表面活性剂、聚合物二元驱矿场试验。驱油试验是化学复合驱油技术研究中难得而可贵的财富，有好的效果，也有经验教训。

文献 [5] 介绍了毛细管数实验曲线 QL 和化学复合驱软件 IMCFS 的研发，实验曲线 QL 完善了对于化学复合驱驱油机理的认识，软件 IMCFS 为研究总结化学复合驱矿场试验提供了有效的研究手段。采用数值模拟研究方法，对大庆油田等国内外矿场试验进行深入研究，考核检验化学复合驱理论研究的新成果，总结矿场驱油试验的经验和教训，提出更加完善合理高效驱油方案，推动化学复合驱技术研究和应用。

1　大庆油田采油四厂杏二区西部化学复合驱试验数值模拟研究

1.1　杏二西化学复合驱试验数值模拟计算研究

由文献 [6] 得到大庆杏北油田二区西部化学复合驱矿场试验技术资料：井位示意图见图 1，试验区面积为 $0.3km^2$，砂岩厚度为 7m，有效厚度为 5.8m，有效渗透率为 0.675D，油层渗透率变异系数为 0.65,全区共有 4 口注入井,9 口采油井,注采井距为 200m。表 1 给出实施方案结构和详细数据,由文献[6]给出资料确认驱油试验地下体系界面张力约为 1.25×10^{-3} mN/m,工作黏度在 30mPa·s 左右,驱油试验年注液速度 0.24PV。

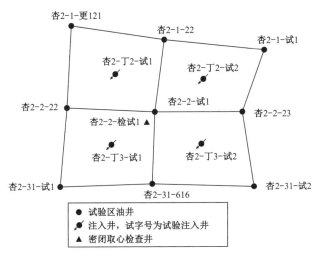

图 1 杏二区西部三元复合驱试验区布井方案图

表 1 杏二西化学复合驱试验实施方案数据表

项目	前置段塞	主段塞	副段塞	后续聚合物段塞		
				1	2	3
注入孔隙体积倍数,PV	0.0376	0.351	0.10	0.05	0.10	0.05
碱,%		1.2	1.2			
表面活性剂浓度,%		0.3	0.1			
聚合物浓度,mg/L	1500	2300	1800	1000	700	1000

采用文献[7]提出的简化地质结构模型描述不同非均质变异系数油层:油层平面均质,纵向非均质三层结构,油层非均质变异系数不同,对应层段有着相应的渗透率,层段渗透率的不同排列组合确定了油层不同的沉积类型。

杏二西试验是一前期实验,采用五点法井网布井"一注四采",模拟计算研究选用图 2 所示结构计算模型,为五点法井网四分之一井组,含一注一采两口井,为了能够充分反映油层中化学物质的变化情况和流体的流动状况,平面上取 9×9 个网格,油水井间相隔 8 个网格。

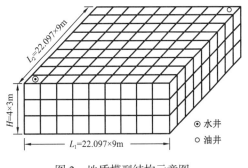

图 2 地质模型结构示意图

选用化学复合驱数值模拟软件 IMCFS 对杏二西驱油试验进行拟合计算研究。计算中需要的"毛细管数实验曲线 QL"相关参数、"相对渗透率曲线 QL"相关参数都是在大庆油田采油四厂油水条件下实验测定的。

杏二西驱油试验是在特高含水条件下进行的。首先拟合水驱过程，微调油层分层渗透率和相对渗透率曲线相关数据——分层水驱残余油饱和度，拟合水驱采收率指标，油井产出液含水 98% 时采出程度为 47.20%，与现场生产数据吻合，确定油藏基本物性参数，三层段渗透率修正为 100mD，215mD 和 525mD；继续注水至油井含水 99.82%、采出程度达 52.80% 时转注聚合物前置段塞，复合驱油过程开始，对三个层段残余油饱和度参数 S_{or}^H、聚合物溶液黏浓曲线剪切率做出修正，拟合化学复合驱过程油井含水变化和增采幅度变化曲线，图 3 给出现场驱油试验、拟合计算油井含水变化曲线及采出程度变化曲线，两者高度吻合。驱油试验拟合取得高精度的满意结果。

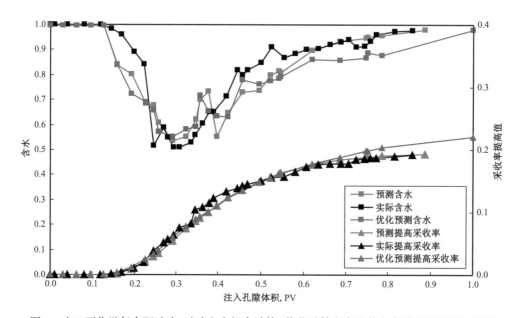

图 3　杏二西化学复合驱试验、试验方案拟合计算、优化计算方案油井含水采出程度变化曲线

表 2 列出了驱油试验结束后低渗透油层剩余油饱和度分布和表面活性剂浓度分布数据，可以看到，仅在左上角水井一方近半个层面上，有着相对低的含油饱和度，前方大范围内网格上有着高的含油饱和度，那里是由后方驱来的原油在此汇集的"油墙"，又从对应的表面活性剂浓度分布看到，"油墙"部位对应着高的表面活性剂浓度，复合体系段塞主体最后滞留在这里。

特别注意到主流线上油井后方"第二个"网格处，有着比邻近网格更高的含油饱和度，那里是油墙的"峰值点"，文献 [8] 介绍了杏二西试验结束后，在主流线上距油井 50m 处密闭取心井"杏 2-2- 检试 1 井"岩心中发现高饱和度原油，检查井刚好处在模拟计算油墙的"峰值点"处，模拟计算认识了检查井岩心存有高饱和度原油的原因。

表2 杏二西化学复合驱油试验结束时低渗透层剩余油分布和表面活性剂浓度分布表

杏二西（复）		1	2	3	4	5	6	7	8	9
剩余油饱和度%	1	15.7	15.8	16.0	16.2	16.8	19.2	34.2	39.5	50.6
	2	15.8	15.9	16.0	16.3	16.8	19.4	32.8	39.8	50.3
	3	16.0	16.0	16.2	16.5	17.0	20.5	32.6	40.4	49.7
	4	16.2	16.3	16.5	16.8	17.5	23.2	33.6	41.4	49.5
	5	16.8	16.8	17.0	17.5	19.8	25.9	35.9	42.4	49.2
	6	19.1	19.3	20.4	23.1	26.0	32.0	40.2	43.7	48.9
	7	34.0	32.6	32.4	33.4	35.9	40.9	44.0	43.6	48.6
	8	39.5	39.8	40.3	41.2	42.4	43.7	43.6	44.0	47.3
	9	50.6	50.3	49.6	49.4	49.2	48.9	48.7	47.4	47.8
表面活性剂浓度%	1	0.001	0.002	0.01	0.03	0.063	0.115	0.131	0.113	0.037
	2	0.002	0.005	0.017	0.032	0.073	0.116	0.132	0.117	0.053
	3	0.010	0.018	0.031	0.043	0.089	0.122	0.133	0.121	0.061
	4	0.031	0.032	0.045	0.079	0.099	0.116	0.125	0.123	0.066
	5	0.06	0.073	0.087	0.100	0.098	0.090	0.113	0.125	0.071
	6	0.110	0.117	0.119	0.115	0.088	0.085	0.103	0.124	0.079
	7	0.131	0.132	0.128	0.12	0.107	0.098	0.112	0.122	0.08
	8	0.114	0.118	0.12	0.123	0.124	0.120	0.119	0.116	0.082
	9	0.038	0.056	0.064	0.071	0.074	0.079	0.082	0.081	0.065

试验过程中油井含水大幅下降后转回升,油井含水回升至98%时试验终止,采出程度为72.45%,相对转注时刻采出程度提高19.65%,与现场实际情况吻合,相比水驱油井含水98%时采出程度提高25.25%。通常人们以"转注复合体系油井含水先下降后回升,油井含水回升到98%时采出程度确定为化学复合驱的采收率,它相对水驱油井含水98%时采出程度的差值为复合驱的增采幅度,也可称提高采收率幅度",依据这样定义,试验提高采收率应为25.25%,文献[4]采用"以化学复合驱的最终采出程度相对试验开始时刻水驱采出程度差值为驱油试验采收率提高值",标定该试验提高采收率幅度为19.6%。采用双重标准定义得到两个提高采收率指标,为正确评价试验带来困难,有必要统一到通用定义下,按照通用定义,杏二西试验提高采收率幅度应是25%。由此看来,杏二西试验是一个驱油效果理想的早期驱油试验。

1.2 数字化驱油试验研究平台和数字化驱油试验

拟合计算得到满意的拟合结果,由此确定了油层地质数据和化学复合驱相对应的信息数据,建立了油层化学复合驱数据数字化地质模型平台。在数字化地质模型平台上可以计算驱油方案,拟合试验计算的最后方案又可看成是在地质模型平台上计算的首个驱油方案,方案计算有着相对高的精度,计算考证,在这一平台上计算的驱油方案都有着相对高的精度,基于方案计算的高精度结果,可将驱油方案计算视为"数字化驱油试验"。数字化驱油试验提供丰富的驱油试验地面和地下数据信息,由于软件 IMCFS 采用"毛细管数实验曲线 QL"和相对应的相对渗透率曲线,给出了高毛细管数条件下毛细管数与残余油饱和度关系详细描述,依据数字化驱油试验得到的数据信息可以更清楚地认识驱油试验,深化数字化驱油试验研究,获取高效可行驱油方案,推动化学复合驱油技术研究应用。

1.3 杏二西驱油试验取得成功重要技术特征——高黏超低界面张力复合体系

杏二西试验拟合计算过程确认试验过程中油层高渗透层位局部范围毛细管数 N_c 最大值达到 0.1687,高于极限毛细管数 N_{ct1} 值 0.072,表明驱动过程处于"Ⅱ类"驱动状况;提高试验方案体系界面张力计算"对比"方案,控制驱油过程中油层最大毛细管数值略低于极限毛细管数 N_{ct1} 值 0.072,驱油过程处于"Ⅰ类"驱动状况,表 3 列出试验方案和对比方案相关参数和驱油结果数据,从中看到试验方案三层段都有着相对低的剩余油饱和度值,总体有着相对高的采收率提高幅度。

表 3 对比方案特性参数和驱油效果数据

方案	方案实施时间 d	复合体系参数			方案终止分层剩余油 %			采收率 %	采收率提高幅度 %	增油量 t	驱动状况类型
		界面张力 10^{-3}mN/m	最大黏度 mPa·s	最大毛细管数值	上层	中层	下层				
试验	1567	1.25	31.04	0.1687	31.92	17.96	14.32	72.45	25.25	16307	Ⅱ类
对比	1507	3.00	30.06	0.0701	33.18	18.98	14.50	71.39	24.19	15622	Ⅰ类
优化	1450	1.25	22.93	0.1121	28.87	17.51	14.45	73.90	26.70	17243	Ⅱ类

表 4 列出杏二西试验方案和比较方案高渗透层在相应时刻油层网格毛细管数数值和方案终止时刻剩余油饱和度分布数据。A 时刻——转注复合体系 0.345PV,可以看到,此时驱油试验在高渗透层水井附近部位出现小片"红色字"标记区域,这些网格毛细管数值高于极限毛细管数 N_{ct1} 值 0.072,网格上处于"Ⅱ类"驱动状况下,它们对应着相对高的残余油饱和度,水相流速相对为快,驱替效果不佳,然而,前方大片区域网格用"绿色字"标记,毛细管数值范围在极限毛细管数值 N_{ct2} 与极限毛细管数 N_{ct1} 值之间,它们对应着"残余油饱和度" S_{or}^H,驱动处于"Ⅰ类"驱动状况下驱油效果最佳毛细管数值范围,以上部位是复合体系波及部位,在其前方用浅蓝色字标记的是复合体系段塞没有到达的前方区域,毛细管数值极低;B 时

刻——转注复合体系后 0.460 PV，油层高渗透层的"Ⅱ类"驱动状况网格已消失，可见"Ⅱ类"驱动状况没有持续很久，绝大部分网格处于驱替效果最佳"Ⅰ类"驱动状况下。对比"比较"方案油层高渗透层网格毛细管数数据，该方案没有经历"Ⅱ类"驱动状况，对比分析 B 时刻毛细管数数值看到，两方案处于驱油效果最佳"Ⅰ类"驱动状况毛细管数值范围基本相同，从数值上比较，试验方案对应网格上数值普遍有着相对较大数值，特别是在主流线两翼部位网格更明显相对为大，显示出试验方案在高毛细管数下驱替扩大波及效果。分析表中给出方案终止时高渗透层段网格剩余油分布数据，比较方案在大面积范围内都有着低的剩余油饱和度，驱替效果良好；杏二西试验方案在短时期内处于高毛细管数下"Ⅱ类"驱动状况驱替，仍然是由"Ⅰ类"驱动状况驱动为主控制总体驱油效果，而且它的"Ⅱ类"驱动状况驱替带来的扩大波及效果为主流线两翼部位带来驱替效果的相对改善，它有着相对略好驱油效果。

表 4　杏二西试验不同方案不同时刻油层网格毛细管数与剩余油饱和度分布数据表

杏二西		1	2	3	4	5	6	7	8	9
试验方案 A 时刻高渗透层毛细管数	1	0.1687	0.0881	0.0565	0.0403	0.0294	0.0194	0.0080	0	0
	2	0.0881	0.0688	0.0513	0.0388	0.0289	0.0192	0.0071	0	0
	3	0.0565	0.0513	0.0429	0.0347	0.0267	0.0176	0.0009	0	0
	4	0.0403	0.0388	0.0347	0.0295	0.0226	0.0116	0	0	0
	5	0.0294	0.0289	0.0267	0.0226	0.0177	0.0003	0	0	0
	6	0.0194	0.0192	0.0176	0.0116	0.0003	0	0	0	0
	7	0.0081	0.0072	0.0009	0	0	0	0	0	0
	8	0	0	0	0	0	0	0	0	0
	9	0	0	0	0	0	0	0	0	0
试验方案 B 时刻高渗透层毛细管数	1	0.0031	0.0304	0.0385	0.0305	0.0248	0.021	0.0155	0.0088	0.0012
	2	0.0304	0.042	0.0371	0.0304	0.026	0.0224	0.0173	0.0116	0.0017
	3	0.0391	0.0374	0.0331	0.0294	0.027	0.0238	0.0194	0.0147	
	4	0.0313	0.031	0.0297	0.029	0.0276	0.0248	0.0213	0.0172	0.001
	5	0.0259	0.027	0.0278	0.0281	0.0273	0.0255	0.0232	0.0198	0.0003
	6	0.0223	0.0237	0.0252	0.026	0.0263	0.0262	0.0247	0.0237	0.0001
	7	0.0169	0.0188	0.021	0.0232	0.0252	0.026	0.0262	0.0164	0.000
	8	0.0098	0.0129	0.0165	0.0201	0.0233	0.0245	0.0233	0.0045	0.000
	9	0.0014	0.0016	0.0019	0.0014	0.0007	0.0004	0.0005	0.0005	0.0005

杏二西		1	2	3	4	5	6	7	8	9
试验方案终止时刻高渗透层剩余油饱和度%	1	4.7	13.9	14.1	14.2	14.1	14.0	14.0	14.3	16.8
	2	13.9	14.0	14.2	14.2	14.0	13.9	14.0	14.2	15.9
	3	14.1	14.2	14.3	14.1	13.9	13.9	14.0	14.2	16.1
	4	14.2	14.2	14.1	13.9	13.9	13.9	14.0	14.2	16.2
	5	14.1	14.0	13.9	13.9	13.9	13.9	14.0	14.2	16.i
	6	14.0	13.9	13.9	13.9	13.9	13.9	14.0	14.2	15.9
	7	14.0	14.0	14.0	14.0	14.0	14.0	14.0	14.1	15.6
	8	14.2	14.2	14.2	14.2	14.2	14.1	14.1	14.1	15.2
	9	16.7	15.9	16.1	16.1	16.0	15.7	15.4	15.0	15.4
比较方案B时刻高渗透层毛细管数	1	0.0025	0.016	0.0163	0.0129	0.0104	0.0088	0.0064	0.0037	0.0008
	2	0.016	0.0179	0.0157	0.0128	0.0109	0.0093	0.0072	0.0048	0.0013
	3	0.0166	0.0159	0.014	0.0123	0.0113	0.010	0.008	0.006	0.0015
	4	0.0133	0.0131	0.0125	0.0122	0.0116	0.0104	0.0088	0.0071	0.0008
	5	0.011	0.0114	0.0117	0.0118	0.0115	0.0107	0.0095	0.008	0.0003
	6	0.0094	0.01	0.0106	0.011	0.0111	0.0109	0.0103	0.0097	0.0001
	7	0.0071	0.0079	0.0089	0.0099	0.0105	0.0109	0.011	0.0088	0.0000
	8	0.0041	0.0054	0.007	0.0085	0.0098	0.0103	0.0104	0.0039	0.0000
	9	0.001	0.0016	0.002	0.0013	0.0006	0.0004	0.0004	0.0004	0.0004
比较方案终止时刻高渗透层剩余油饱和度%	1	13.5	13.6	13.6	13.7	13.8	13.8	14.0	14.5	24.4
	2	13.6	13.6	13.6	13.7	13.8	13.8	14.0	14.3	16.6
	3	13.6	13.6	13.7	13.7	13.8	13.9	14.0	14.2	15.6
	4	13.7	13.7	13.7	13.8	13.8	13.9	14.0	14.2	15.6
	5	13.8	13.8	13.8	13.8	13.9	13.9	14.0	14.2	15.9
	6	13.8	13.8	13.9	13.9	13.9	13.9	14.0	14.2	15.9
	7	14.0	14.0	14.0	14.0	14.0	14.0	14.0	14.2	15.7
	8	14.5	14.3	14.2	14.2	14.2	14.2	14.1	14.2	15.3
	9	24.1	16.4	15.6	15.5	15.8	15.8	15.5	15.1	15.7

研究得到,杏二西驱油试验采用超低界面张力高黏体系保证了驱油试验获得相对较高提高采收率效果。

1.4 杏二西驱油试验方案的进一步优化

表 2 给出了试验终止时刻滞留在低渗透油层中油墙部位和复合体系溶液段塞主体部分部位,告诉人们进一步挖潜的目标——低渗透层的剩余油,采取的措施——将进入低渗透油层的复合体系溶液进一步向前推进,要实现这一目标,主体段塞后方的聚合物段塞黏度不能低于主体段塞的黏度,而且段塞必须有足够大的长度,只有这样才能抑制高渗透层突进,保持和延续低渗透层位良好驱动势头,使得低渗透部位有更多的油被采出,从而获得更好的驱替效果。

依据这一分析,参考美国油田试验方案[1,2],设计"两级结构"优化模式驱油方案:复合体系段塞体积 0.3PV,表面活性剂浓度 0.3%,后续聚合物段塞体积 0.558PV,两级段塞聚合物浓度同为 1830mg/L。以表面活性剂价格为聚合物价格 1.5 倍计算,这一方案化学剂费用与计算的矿场试验方案基本相同。表 3 给出杏二西优化模式方案主要技术、经济指标,需要说明,以下均采用"吨相当聚合物增油量"为"化学驱"试验经济效果评价指标,将"试验化学剂费用相当的聚合物用量"定义为"试验相当聚合物用量",单位为"t",将"试验相对水驱增采油量"与试验"相当聚合物用量"之比定义为"吨相当聚合物增油量",单位为"t/t"。这里两对比方案化学剂费用基本相同,"试验相当聚合物用量"相近于 235t,对比试验方案数据看到,优化方案采收率提高幅度高出 1.45%,总体相对增油 936 t,吨相当聚合物增油相对增加近 4 t,此方案可以认为是一个相对优化的驱油方案。图 3 中绘出了优化方案油井含水下降变化曲线和增采幅度变化曲线,显示优化方案增采效果,然而又注意到优化"模式"驱油方案驱替后低渗透层上仍留有 28% 以上的剩余油,仍有增采的潜力。

1.5 几个非常值得重视的技术数据

1.5.1 安全注入压力界限

化学复合驱试验现场注入高黏的体系有着一定的安全注入压力界限 p,现场试验安全注入的复合体系主段塞聚合物浓度高达 2300mg/L,拟合驱油试验过程结束,得到高黏复合体系段塞和聚合物段塞注完后油层最大平均压力值 p_1,它与现场安全注入压力界限 p 对应,确定 p_1 为模拟计算注入压力界限。

1.5.2 驱油体系地下黏度保留率和驱油试验增采的经济指标

杏二西试验拟合计算选用的黏浓关系曲线"黏度保留率"为 30%,获取满意拟合结果,确认矿场试验聚合物溶液地下黏度保留率为 30%。聚合物溶液地下黏度保留率的确定保证了方案计算和现场试验聚合物用量一致,取表面活性剂价格为聚合物价格 1.5 倍,把表面活性剂用量折算成相当的聚合物用量,计算得到化学剂总体用量相当的聚合物用量和评价复合驱增采效果的经济指标"吨相当聚合物增油量"。依据驱油效果良好的大庆杏二西试验得到"吨相当聚合物增油"60.13t,确定"吨相当聚合物增油60t"为大庆油田复合驱试验经济效果良好的参考标准。

1.5.3 化学复合驱表面活性剂稳定时间要求

由表2中列出低渗透油层表面活性剂浓度分布数据看到,方案终止时刻复合体系段塞主体部位前沿刚刚到达油井,段塞主体还滞留在低渗透层段中前方部位,拟合计算是在化学剂稳定情况下计算的,注意分析油井含水变化曲线拟合计算情况,两曲线后期吻合非常理想,驱油试验油井含水变化曲线与计算曲线良好吻合表明试验后期没有发生表面活性剂失效情况,否则将会因表面活性剂失效试验效果降低油井含水上升加快曲线上翘情况,提高采收率变化曲线也没有发生异常情况。分析驱油过程中油层表面活性剂浓度变化情况看到,表面活性剂溶液是循序渐进的,若在某时刻在某部位发生表面活性剂溶液稳定性时间超过而失效,后续到来的溶液必然超时失效,所以必须保证整个试验过程不发生表面活性剂溶液超时失效。杏二西试验实施时间约为1570天,试验考核证明表面活性剂体系可以做到在这一时间范围内在地下保持稳定。依据这一试验结果给出试验表面活性剂稳定性时间界限要求——不能超过1570天。

2 化学复合驱驱油试验方案优化设计

在杏二西试验数字化地质模型平台上,对于驱油方案基本要素进行"敏感性"研究,深入研究驱油试验方案优化设计。优化方案计算结果列于表5。

表5 优化驱油方案计算结果

方案号	段塞体积,PV		方案实施时间 d	地下最大黏度 mPa·s	油层最大平均压力比值	采出程度 %	增采幅度 %	分层剩余油,%			表面活性剂用量 t	试验相当聚合物用量 t	吨相当聚合物增油量 t/t
	复合体系	聚合物						上层	中层	下层			
1.1	0.30	0.20	2260	32.45	1.010	69.19	22.03	35.58	21.09	15.13	86.32	296.8	73.84
1.2	0.15	0.18	1561	39.34	0.871	60.66	13.50	40.28	30.91	20.47	32.81	134.9	99.56
1.3	0.30	0.60	785	25.67	0.992	75.11	27.87	27.10	16.75	14.15	31.93	111.1	62.34
2.1	0.30	0.60	783	25.62	0.985	74.84	27.60	27.68	16.81	14.14	31.93	112.0	61.24
3.1	0.30	0.60	1170	33.35	0.997	76.74	29.50	24.39	15.92	13.88	32.00	123.2	59.50
4.1	0.20	0.70	1100	31.16	0.997	74.87	27.63	27.69	16.78	14.09	21.29	103.3	66.47
4.2	0.45	0.45	1133	34.70	0.995	77.56	30.32	22.61	15.86	13.82	47.97	149.5	50.40
5.1	0.45	0.45	1123	33.26	0.995	75.61	28.37	26.77	16.17	13.88	31.98	123.1	57.27
5.2	0.20	0.70	1153	32.77	0.994	77.09	29.85	23.56	15.92	13.92	31.94	122.4	60.60

| 方案号 | 段塞体积，PV | | 方案实施时间 d | 地下最大黏度 mPa·s | 油层最大平均压力比值 | 采出程度 % | 增采幅度 % | 分层剩余油，% | | | 表面活性剂用量 t | 试验相当聚合物用量 t | 吨相当聚合物增油量 t/t |
	复合体系	聚合物						上层	中层	下层			
6.1	0.30	0.60	1115	32.23	0.998	74.32	27.08	28.25	17.42	14.17	32.00	121.1	55.57
6.2	0.30	0.60	1048	31.98	0.999	70.61	23.37	32.10	21.56	14.83	32.00	120.8	48.07
7.1	0.30	0.50	1053	34.80	0.990	76.00	28.76	25.99	16.06	13.87	32.00	117.2	60.98
7.2	0.30	0.70	1220	32.02	0.995	77.08	29.84	23.57	15.89	13.93	32.00	129.0	57.48

2.1 井网井距的优化设计

大庆油田实践证明，五点法井网是适宜于化学驱的井网，其关键在于每口生产井收益于4口复合体系注入井的驱油效果。注采井距是化学复合驱方案设计中一个重要问题。在注采井距为250m情况下计算驱油方案1.1，复合体系段塞体积0.3PV，表面活性剂浓度0.3%，后续聚合物段塞体积0.2PV，驱油过程中油层最大平均压力低于压力界限 p_1，大庆油田化学驱采用统一的注液速度——注液强度相等于注采井距250m、注液速度为0.15PV/a情况下注液强度，以下称这一注液速度为"第一注液速度"，本方案取第一注液速度，由表5中看到，方案最大问题是实施时间2260天，超过方案实施要求时间近两年；调整段塞体积计算方案1.2，表中看到，方案实施时间缩短到1561天，满足体系稳定性要求，方案增采幅度降为13.5%；再将注采井距缩小到125m，计算驱油方案1.3，由表5中看到，方案实施时间达标，增采幅度上升到27.87%。

从大庆油田现场传来信息，注采井距125m工业性试验获得良好效果。基于理论研究和现场效果，推荐化学复合驱技术研究应用取合适的小井距。

2.2 驱油方案段塞结构设计

由文献[4]看到大庆油田杏二西试验之后的试验复合体系段塞前都加设聚合物前置段塞，目的是"聚合物前置段塞有着'调剖'效果，增加低渗透层复合体系进入，改善驱油效果"，而在美国就不见这样段塞结构设计。在方案1.3基础上，在复合体系段塞前加设体积为0.05PV前置段塞计算驱油方案2.1，计算结果表明驱油效果不及方案1.3。由模拟计算研究看到，聚合物前置段塞增采效果并不明显，不设置聚合物前置段塞，将省下的聚合物用到后续的"保护"段塞中会得到更好的驱油效果。据此，不推荐驱油方案设置聚合物前置段塞。

2.3 驱油方案的注液速度设计

由深入研究看到，渗流速度与体系黏度在驱油过程中的贡献不同，渗流速度的贡献仅有驱替作用，而体系黏度的提高不仅能够抑制驱替液突进扩大波及，改善油层平面主流线两翼部位和低渗透层的驱替效果，而且能够改善油水流度比，有利于油的流动和产出，对于驱油效果提高有着突出贡献。取"第二注液速度"——2/3×"第一注液速度"——重新计算驱油方案1.3，结果列于方案3.1。从表5中清楚看到，方案地下工作黏度最大值为33.35 mPa·s，相对方案1.3提升7mPa·s以上，采收率提高1.63%，方案实施时间1170天，满足稳定性要求，相对方案1.3有所延长，对于小井距方案来说，没有困难反有一定好处，使得设备更充分地利用。在相对小的井距条件下优化驱油方案，推荐采用"第二注液速度"。

2.4 复合体系段塞体积优化

在方案3.1基础上，调整复合体系段塞体积计算两方案，方案4.1段塞体积为0.20PV，方案4.2段塞体积为0.45PV。由表5中看到，方案4.1相对方案3.1，复合体系段塞减小0.10PV，增采幅度降低1.87%，增采效果不佳，方案4.2相对方案3.1，复合体系段塞增大0.15PV，增采幅度提高0.82%，注意到方案4.2耗用过多价格高贵的表活剂，致使成本提高，吨相当聚合物增油仅为50.40t。研究得到，复合体系段塞优化体积约在0.30PV左右。

2.5 复合体系段塞表面活性剂浓度优化

同时调整方案3.1中复合体系段塞体积和表面活性剂浓度计算两方案，方案5.1段塞体积为0.45PV，表面活性剂浓度为0.2%，方案5.2段塞体积为0.20PV，表面活性剂浓度为0.45%，三方案复合体系表活剂体积用量同为900mg/L·PV。方案5.1相对方案3.1增采幅度减少1.13%，方案5.2相对方案3.1增采幅度增加0.35%，从中看到，高表面活性剂浓度方案增采效果相对为好，这是由于浓度高扩散效果好所致。推荐采用已经经过大量试验考验的段塞表面活性剂浓度0.30%方案，推荐表面活性剂浓度0.45%方案为优先试验考核方案。

2.6 复合体系段塞体系界面张力优化

方案3.1复合体系界面张力为 1.25×10^{-3}mN/m，变化体系界面张力为 5.0×10^{-3}mN/m 和 9.5×10^{-3}mN/m 计算方案6.1和方案6.2。方案6.1增采幅度相对方案3.1减少2.42%，方案6.2增采幅度相对方案3.1减少6.13%。三方案体系界面张力都满足国内石油行业技术标准——复合体系驱油体系界面张力小于 10^{-2}mN/m，增采幅度相差如此之大，更应看到，这少采的原油很可能永远废弃在地下，要高标准要求，要尽可能选用相对更低界面张力体系驱油，不仅要取得更高的提高采收率指标，更要看遗留更低值原油于地下。

2.7 后续聚合物段塞体积优化

变化方案3.1后续聚合物段塞体积计算两方案。方案7.1后续聚合物段塞体积为0.4PV，相比方案3.1增采幅度低0.74%，吨相当聚合物增油60.98t，高于方案3.1；方案7.2后续聚合物段塞体积为0.7PV，增采幅度29.84%，高于方案3.1，方案实施时间1753天，超标半年，吨相当聚合物增油57.48t。

优化驱油方案应是"在生产技术安全可行、在经济指标可以接受情况下，选取增采指标最佳方案"，依据指导思想，取方案3.1为推荐优化方案。

3 工业井网条件下驱油试验研究

3.1 大庆四采油厂工业化试验数字化

大庆油田在取得复合驱先导性试验、扩大试验等前期试验成功之后开展了工业性矿场试验,文献 [4] 介绍了大庆油田由南向北杏二中试验、南五区试验、北一区断东、北三西试验等工业性矿场试验,从参考文献中提取试验主要数据由表6列出,文献发表时因有的试验仍在进行中,其给出的采收率提高值为预测值。

表 6 大庆油田四采油厂化学复合驱工业性试验方案数据

| 试验方案 | 井数,口 | | 注采井距 m | 前置段塞 | | 复合体系段塞(主) | | | 复合体系段塞(副) | | | 聚合物段塞 | | 试验采收率提高值 % |
	注	采		聚合物浓度 mg/L	体积 PV	表面活性剂浓度 %	聚合物浓度 mg/L	体积 PV	表面活性剂浓度 %	聚合物浓度 mg/L	体积 PV	浓度 mg/L	体积 PV	
杏二中试验	17	27	250	1400	0.128	0.2	1000	0.354	0.2	1000	0.116	1150	0.2	18.05
南五区试验	29	39	175	1200	0.0617	0.2	1650	0.378	0.2	1650	0.048	1200	0.2	18.10
北一断东试验	49	63	125	1300	0.054	0.2	1900	0.429	0.2	1650	0.150	1000	0.2	18.42
北三西试验	13	14	250	800	0.018	0.1	1580	0.351	0.1	1580	0.104	1200	0.2	18.22

首先从杏二中试验看到一个值得重视的问题,该试验与前期杏二西试验同在采油四厂杏二区,试验目的层相邻,杏二中试验是在杏二西试验基础上的扩大试验,杏二西试验复合体系段塞聚合物浓度高达 2300mg/L,而杏二中试验复合体系段塞聚合物浓度仅为 1000mg/L,从现场了解到原方案设计是高浓度,实施过程中因注入困难而被迫改用低浓度。不难认识两个试验聚合物段塞注入情况有着显著差别的原因,如图1所示,杏二西试验是在"四注九采"井网条件下进行的,每口复合体系注入井都与外围注水井相邻,段塞注入过程中,4 口注入井合围的中心区域高的油层压力可向外围邻近低压区域卸放,由此保证了注入井有着相对高注液能力,在相同的注液量条件下,注入液可以有着更高的聚合物浓度;图 4 绘出工业性试验井网中心区域部分井位示意图,该区域每口复合体系注入井都不与注水井相邻,完全由复合体系注入井包围,中心区域是一个"闭合性"区域,在复合体系注入过程中,没有压力外卸条件,区域内地层压力上升相对加快,注入井注液能力大幅度降低,在保证注液量不变情况下,不得不改用低浓度段塞注入。

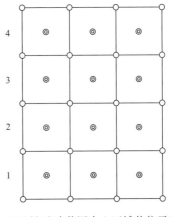

图 4 工业性试验井网中心区域井位示意图

　　由图 2 所示含 9×9×3 节点"一注一采"模型向右方延长得到含 49×9×3 节点"四注三采"模型,4 口注入井同在前边一排,其中 2 口为"角井",3 口采油井处在里边一排,皆为"边井"。在拟合杏二西试验建立的数字化地质模型上,采用"四注三采"模型,运行了杏二中试验方案和对应水驱方案,计算结果列于表 7,图 5 绘出试验中心区油井含水变化曲线(部分)和计算曲线,可以看到两者吻合良好,图中给出增采幅度变化曲线,计算采收率提高值17.91%,相近于文献给出值 18.05%,特别说明,计算得到的油层平均最大压力值 p_2 基本相近于杏二西试验得到的油层最大平均压力值 p_1,两者之比为 0.9909,p_2 略微偏小,同一油区相邻油层应该有相同的平均最大压力值,这里平均压力值 p_1 和 p_2 高精度吻合表明驱油方案计算是正确的,也表明计算中选用的模型是可信的。

表 7　大庆油田四采油厂化学复合驱工业性试验方案数字化试验结果数据

试验方案	驱动方式	方案实施时间 d	油层最大平均压力比值	驱替相最大黏度 mPa·s	采出程度 %	增采幅度 %	分层剩余油,%			表面活性剂用量 t	聚合物用量 t	试验相当聚合物用量 t	吨相当聚合物增油量 t/t
							上层	中层	下层				
杏二中试验	水驱			0.6	47.27		46.08	41.20	35.59				
	化学复合驱	2746	1	14.42	65.18	17.91	39.14	25.46	16.53	802.1	750.3	1953.5	49.64
南五区试验	水驱			0.6	45.51		46.92	42.66	37.38				
	化学复合驱	962	0.8887	17.84	64.08	18.57	41.31	26.18	16.22	193.7	281.5	572.1	86.11
北一断东试验	水驱			0.6	43.72		48.53	43.94	38.68				
	化学复合驱	635	0.8968	23.12	69.70	25.98	37.13	19.70	14.12	223.9	257.7	593.6	59.23
北三西试验	水驱			0.6	42.36		50.56	44.51	39.24				
	复合驱	1865	0.7046	18.12	59.73	17.37	45.33	31.33	17.17	352.6	598.3	1127	83.44

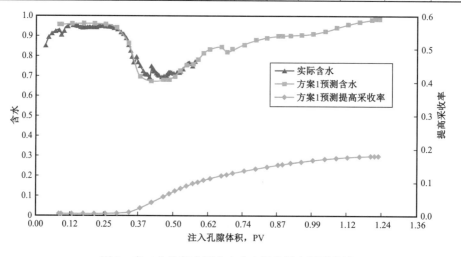

图 5　杏二化学复合驱中心井实际及拟合预测曲线

　　直接采用"四注三采"计算模型计算研究了采油二厂南五区试验、采油一厂北一区断东试验,采油三厂北三西试验,将驱油试验数字化,建立相应的数字化地质模型,表7补充列出3个采油厂试验相关结果数据,表8给出了4个工业化试验地质模型相关信息数据。由表8地质数据看到,由南部杏二区逐渐向北到北三西,油层非均质性逐渐增强,与复合驱效果相关化学复合驱残余油饱和度 S_{or}^{H} 值也呈规律变化。由表7看到,水驱采出程度由南向北逐渐减少,化学复合驱采收率一厂北一区断东高出文献给出值7.56%,与现场驱油效果利好信息对应,其余各厂试验采收率提高值文献给出值和计算值相近在18%左右。

表8　大庆油田四采油厂化学复合驱工业性试验数字化地质模型关键数据

试验方案	分层渗透率 mD			束缚水饱和度 %			水驱残余油饱和度 %			化学复合驱残余油饱和度 S_{or}^{H} %		
	上层	中层	下层	上层	中层	下层	上层	中层	下层	上层	中层	下层
杏二区试验	100	215	525	24.0	22.0	21.0	36.5	34.5	32.5	15.50	14.50	13.50
南五区试验	100	230	600	24.0	22.0	21.0	37.0	36.0	34.5	15.50	14.45	13.35
北一断东试验	100	250	750	24.0	22.0	21.0	38.0	37.0	36.0	15.50	14.40	13.20
北三西试验	100	275	825	24.0	22.0	21.0	38.5	38.0	37.0	15.50	14.35	13.05

　　表7中有两数据需要说明:一是杏二区试验、北三西试验都是在注采井距250m情况下实施的,实施时间都"超标",因没有试验完整的油井含水变化曲线,难以确定驱油过程中是否出现表面活性剂失效问题;二是南五区试验、北一断东试验、北三西试验拟合计算体系黏度保留率取30%,计算得到驱油过程油层最大平均压力值,表中给出它们与杏二中试验相应压力值的比值。后续计算中,表面活性剂稳定性问题由杏二西试验确定的安全实施时间限定,体系黏度保留率取30%,拟合计算得到的油层最大平均压力值取作该油层驱油试验注入压力界限。

3.2　大庆四采油厂工业化试验优化驱油方案研究

　　采用拟合驱油试验建立的数字化地质模型,采用"四注三采"结构模型,采用拟合试验确定的油层注入压力界限值,采用前节研究得到优化驱油方案技术指标:两级结构优化段塞:前级为复合体系段塞,若表面活性剂浓度取0.3%,段塞体积为0.3PV,后级为聚合物保护段塞,体积为0.6 PV,注采井距125m,注液速度为0.40PV/a。计算结果列于表9。从表中看到,所有方案实施时间都不超过1570天,达到试验方案实施时间要求,试验油层平均最大压力都低于相应的安全压力界限值,采收率提高幅度都在28%以上,其中采油一厂北一区断西试验区提高幅度最高,达到30%,方案的吨相当聚合物增油量都高于60 t。

　　清醒认识,化学复合驱后留在地下的剩余油的采出将十分困难,大庆油田各采油厂,结合油田情况采用相应优化驱油方案,获取尽可能高的原油采收率,使得尽可能少的原油残留于地下。

表9 大庆油田四采油厂化学复合驱工业性试验优化方案结果数据（注采井距125m）

试验方案	驱动方式	方案实施时间 d	油层最大平均压力比值	段塞聚合物浓度 mg/L	驱替相最大黏度 mPa·s	采出程度 %	增采幅度 %	分层剩余油,%			表面活性剂用量 t	试验相当聚合物用量 t	吨相当聚合物增油量 t/t
								上层	中层	下层			
杏二中试验	水驱				0.6	47.39		45.55	41.22	35.82			
	化学复合驱	1052	0.9982	2030	27.26	75.66	28.27	26.15	16.40	14.16	174.1	614.6	60.47
南五区试验	水驱				0.6	45.55		46.69	42.68	37.50			
	化学复合驱	1045	0.8832	1999	26.48	74.15	28.60	29.47	16.70	14.08	174.1	617.7	60.87
北一断东试验	水驱				0.6	43.73		48.51	43.93	38.67			
	化学复合驱	1029	0.8946	2185	30.44	74.04	30.31	30.44	16.38	13.68	174.1	641.6	62.11
北三西试验	水驱				0.6	42.39		49.90	44.76	39.56			
	化学复合驱	1013	0.7036	1950	25.62	71.35	28.96	35.61	17.43	13.77	174.1	600.7	63.34

4 结论

（1）创建数字化驱油试验研究方法——采用对于化学复合驱油机理描述更为准确的软件,采用描述油层主要地质特征和化学复合驱相关信息的简化模型,拟合计算矿场驱油试验,将驱油试验数字化,建立数字化地质模型平台,进而在数字化地质模型平台上,计算驱油方案——运行数字化驱油试验,对于矿场试验深入研究、优化驱油方案。

（2）杏二西试验数字化研究获得重要成果:确认杏二西化学复合驱油试验相对水驱提高采收率25%左右,这是一个成功试验;研究确认超低界面张力、高黏体系保证了试验取得高的增采效果。通过试验研究认识到采用合适的复合体系段塞配合高黏度长体积聚合物段塞进一步提高低渗透层原油的采出程度,实现进一步提高化学复合驱采收率技术目标。

（3）在成功的化学复合驱试验基础上,建立化学复合驱数字化地质模型,确定方案的关键技术参数,从毛细管数曲线技术原理出发,深入研究井距、注液速度、体系黏度、界面张力等因素对于驱油效果影响,设计优化驱油方案;在拟合采油四厂、采油二厂、采油一厂、采油三厂化学复合驱工业性矿场试验建立的相应的数字化地质模型上,在注采井距125m下,运行优化驱油方案,获得稳妥可以达到的提高采收率技术指标:4个采油厂相对水驱提高采收率都可达到28%以上,采油一厂增采幅度最高可达到30%,方案的吨相当聚合物增油量都高于60t。

（4）高水平的研究成果证实毛细管数实验曲线 QL 比较完整更为准确地描述了化学复

合驱过程中毛细管数与残余油饱和度对应关系,软件 IMCFS 采用"毛细管数实验曲线 QL"和"相对渗透率曲线 QL"更为准确地描述了化学复合驱的驱油机理和化学复合驱油过程中油水相对运动规律,大幅度提升化学驱数值模拟研究的精度,计算得到更加丰富适用的信息建立了化学复合驱数字化地质模型平台,使得化学驱方案计算研究由"定性研究"跨进"定量研究"门槛,由此可以将化学驱矿场试验"数值模拟研究"称为"数字化驱油试验研究",称谓的改变是对于研究工作提出更高的要求目标。

符 号 说 明

v——驱替速度,m/s;

μ_w——驱替相相黏度,mPa·s;

σ_{ow}——驱替相与被驱替相间的界面张力,mN/m;

N_c——毛细管数值;

N_{ct1}——化学复合驱油过程中驱动状况发生转化时的极限毛细管数;

N_{ct2}——处于"Ⅰ类"驱动状况下化学复合驱油过程对应的残余油值不再减小变化时的极限毛细管数;

S_{or}^{H}——处于"Ⅰ类"驱动状况下化学复合驱油过程最低的残余油饱和度,即处于极限毛细管数 N_{ct2} 和 N_{ct1} 之间毛细管数对应的残余油饱和度;

"Ⅰ类"驱动状况——毛细管数小于或等于极限毛细管数 N_{ct1} 情况下驱替;

"Ⅱ类"驱动状况——毛细管数高于极限毛细管数 N_{ct1} 情况下驱替。

参 考 文 献

[1] Meyers J J, Pitts M J, Wyatt Kon. Alkaline-Surfactant-Polymer Flood of the West Kiehl, Minnelusa Unit[C]. SPE 24144, 1992: 423–435.

[2] Jay Vargo, Jim Turner, et al. Alkaline-Surfactant-Polymer Flooding of the Cambridge Minnelusa Field[C].SPE 55633, 1999: 1–6.

[3] Felber B J. Selected U.S. Department of Energy's EOR Technology Applications[C].SPE 84904, 2003: 1–11.

[4] 王凤兰,伍晓林,陈广宇,等.大庆油田三元复合技术进展[J].大庆石油地质与开发,2009,28(5):154–162.

[5] Qi L Q, Liu Z Z, Yang C Z, et al. Supplement and Optimization of Classical Capillary Number Experimental Curve for Enhanced Oil Recovery by Combination Flooding[J].Sci.China Tech.Sci.,2014,57:2190–2203.

[6] Wang Demin, Cheng Jiecheng, Wu Junzheng, et al. Summary of ASP Pilots in Daqing Oil Field[C].SPE 57288, 1999.

[7] 戚连庆.聚合物驱油工程数值模拟研究[M].北京:石油工业出版社,1998.

[8] 李士奎,朱焱,赵永胜,等.大庆油田三元复合驱试验效果评价研究[J].石油学报,2005,26(3):56–63.

化学复合驱室内驱油实验数字化研究

戚连庆[1]　叶仲斌[2]　尹彦君[3]　王成胜[3]　刘春天[1]　许关利[4]　陈士佳[3]　李　峰[3]

（1. 中国石油大庆油田有限责任公司勘探开发研究院；2. 西南石油大学化学化工学院；3. 中海油能源发展股份有限公司工程技术分公司；4. 中国石化石油勘探开发研究院）

摘　要：本文介绍了一种新型的化学复合驱驱油实（试）验研究方法。在结合具体油层条件制造的三维模型上完成水驱、化学复合驱驱油实验，这相当于完成微型矿场试验，选取驱油机理完善的化学复合驱软件，采用数值模拟研究方法，在现场油层条件下对驱油实验"等效拟合"，将驱油实验数字化，建立包含水驱信息、化学复合驱信息的"数字化"油藏地质模型平台。在这样的平台上，通过"数字化"驱油试验——驱油方案计算，进行驱油方案的优化设计研究，考核证明，在"数字化"驱油模型上高水平"数字化"驱油试验结果可以十分接近于现场试验实际结果；由此，在数字化驱油模型上，可以完成大量的数字化驱油试验，研究内容广泛而深刻，采用这一研究方法可以大量减少化学复合驱室内驱油实验，设计优化驱油方案，提升矿场试验方案质量，加快化学复合驱研究应用步伐。

关键词：化学复合驱；驱油实验；数值模拟；等效拟合；数字化；驱油试验

室内驱油实验是目前化学复合驱主导的室内研究方法。人们通常采用在物理模型上进行驱油实验探索驱油机理新的认识，完成配方优化选择、驱油方案优化研究。配方优化选择、驱油方案优化研究的驱油实验主要在"二维剖面模型"上完成，"二维剖面模型"为人造三层纵向非均质长方体岩心；由于在"二维剖面模型"上驱油实验不能反映地下油层主流线两翼部位的驱替效果，驱油实验只能做定性的比较研究。戚连庆等《化学复合驱矿场试验数字化研究》开创了一种新型研究方法——通过对化学复合驱矿场试验拟合计算研究，建立数字化驱油试验平台，在数字化驱油试验平台上，通过数字化驱油试验，深入开展化学复合驱油技术研究。对于没有开展过化学复合驱试验的油田，迫切需要研究建立相应的数字化驱油试验平台，开展数字化驱油试验研究。数字化驱油实验研究，解决了这一问题，在结合油层岩心条件制造的"三维"模型上，完成水驱、化学复合驱油实验——微型"矿场试验"，进而在现场油层条件下对于"微型"矿场试验"等效拟合"，将驱油实验数字化，建立数字化地质模型。

1　化学驱条件下室内驱油实验与现场试验的"等效"条件探讨

为建立室内驱油实验与现场驱油试验"等效"关系的条件，结合多年的研究工作，这里给出模型设计和拟合计算的注液速度设计。

1.1　等效研究模型的设计

地质模型要根据研究需要而设计,在保证符合科学原理,能够清楚解释问题基础上,模型要尽可能简化。正是本着这一思想,依据非均质岩心结构分析和模拟计算相结合,文献[1]提出了不同非均质油层简化结构地质模型设计:油层平面均质,纵向非均质三层结构,油层非均质变异系数 V_K 值及对应层段渗透率列于表1。不同渗透率层段可任意排列组合成不同沉积类型非均质油层。

表1　不同 V_K 值油层纵向上渗透率分布

V_K	0	0.248	0.433	0.590	0.720	0.820	0.890	0.968
K_1, D	0.442	0.0987	0.0987	0.0987	0.0987	0.0987	0.0987	0.0987
K_2, D	0.442	0.1234	0.1579	0.2073	0.2961	0.4935	0.7403	1.974
K_3, D	0.442	0.1974	0.3158	0.5182	0.8883	1.4085	2.2208	5.922

由于油层平面均质,模拟计算研究就可以在五点法井网四分之一井组一注一采两口井的模型上进行,如图1所示,平面上可取 9×9 个网格,油水井间相隔8个网格,由此可以比较充分地显示井间网格化学物质的浓度变化及其物化性能的变化,充分发挥和显示驱油过程中化学剂的作用。

基于这一模型设计,作者采用数值模拟方法在聚合物驱油技术研究中取得重要研究

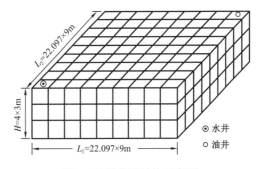

图1　地质模型结构示意图

成果汇集于文献[1]中,这些成果经受了大庆油田聚合物驱油实践的检验。

这一模型设计延续用到化学复合驱数值模拟计算研究中,戚连庆等在《化学复合驱矿场试验数字化研究》中对于大庆油田杏二西化学复合驱矿场试验[2,3]计算研究正是采用简化模型完成的。由于本文仍将在杏二西油层条件下研究,杏二西试验仍是对比研究的重要资料,图2绘出杏二西矿场试验油井含水变化曲线、增采幅度变化曲线和拟合计算获取的相应曲线,对比看到计算结果有足够好的计算精度。

驱油实验岩心采用与简化结构地质模型相同的非均质变异系数 V_K 值和分层渗透率。根据室内实验条件,推荐岩心采用平面均质,纵向三层等厚的人造岩心,平面边长为 $30 \sim 40$ cm,三层总厚度 $3 \sim 5$ cm。

1.2　注液速度设计

模拟计算研究确认,驱替速度是化学复合驱矿场试验与室内岩心驱油试验"等效"研究的技术关键。

在油层非均质变异系数为0.59、油层总厚度为12m的油藏条件下,研究了不同井距条件下水驱、化学复合驱方案的驱油效果,根据研究需要,变换油层厚度又计算相关比较方案。表2列出水驱方案结果,可以看到,井距的变化对于驱油效果几乎没有影响。

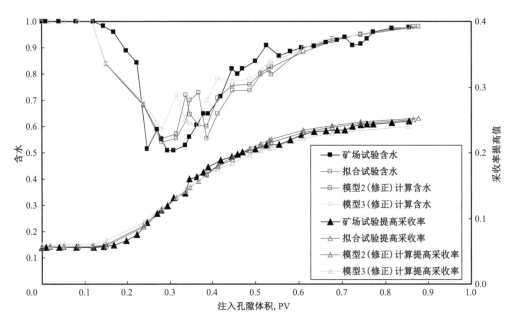

图 2　杏二西化学复合驱矿场试验及方案计算对比曲线

表 2　不同井距方案水驱效果表

井距 m	油层总厚度 m	采收率 %	分层剩余油, %		
			上层	中层	下层
250	12	47.16	46.23	41.30	35.58
176	12	47.20	45.95	41.36	35.72
150	12	47.22	45.84	41.37	35.77
125	12	47.24	45.75	41.37	35.82
	6	47.20	46.05	41.33	35.66
	3	47.18	46.20	41.30	35.56
88	12	47.29	45.58	41.33	35.90
	6	47.21	45.86	41.37	35.76
	3	47.21	46.07	41.31	35.63
62.5	12	47.38	45.42	41.24	35.94
	6	47.24	45.70	41.38	35.85
	3	47.21	45.96	41.34	35.70
54.47	12	47.42	45.41	41.18	35.93

再来研究化学复合驱的情况。大庆油田在化学复合驱油试验中在不同井距条件下采用了统一的注液速度要求:相等于注采井距250m情况下年注液0.15PV的注液强度。在不同的井距条件下,取此注液速度计算复合驱方案:复合体系段塞0.3PV,后续聚合物段塞0.7PV,前组方案复合体系界面张力为0.005mN/m,后组方案复合体系界面张力为0.00125mN/m,方案两级段塞聚合物浓度皆为2000mg/L。方案计算结果列于表3。

表3 不同井距条件大庆"注液速度"条件下化学复合驱效果表

界面张力 mN/m	井距 m	中截面平均渗流速度 cm/d	地下体系最大黏度 mPa·s	驱油过程中地下网格最大毛细管数	分层剩余油,%			化学复合驱采收率 %	采收率提高值 %
					上层	中层	下层		
0.005	250	5.77	24.60	0.0223	31.91	21.17	15.18	70.70	23.54
	176	8.20	24.45	0.0310	30.44	19.07	14.74	72.43	25.23
	150	9.62	24.12	0.0363	29.72	18.46	14.58	73.07	25.85
	125	11.55	23.90	0.0431	28.96	18.03	14.44	73.64	26.40
	88	16.40	22.94	0.0599	27.97	17.65	14.31	74.28	26.99
	62.5	23.10	22.39	0.0830	27.51	17.56	14.28	74.53	27.15
	54.47	26.51	22.18	0.0943	27.48	17.63	14.29	74.51	27.09
0.00125	250	5.77	24.38	0.0897	24.99	16.93	14.27	75.89	28.73
	176	8.20	23.82	0.1238	25.68	16.72	14.25	75.69	28.49
	150	9.62	23.66	0.1444	25.91	16.65	14.24	75.62	28.40
	125	11.55	23.20	0.1732	26.10	16.62	14.21	75.57	28.33
	88	16.40	22.72	0.2396	26.29	16.74	14.21	75.44	28.15
	62.5	23.10	22.29	0.3303	26.46	16.93	14.08	75.34	27.96
	54.47	26.51	22.16	0.3817	26.72	17.08	13.97	75.21	27.79

分析表3中体系界面张力为0.005mN/m的一组方案结果。可以看到,体系地下最大黏度随着井距缩小而呈减小变化,这是井距缩小渗流速度加大剪切影响的结果,再注意驱油过程中网格最大毛细管数的变化,看到毛细管数最大方案约是毛细管数最小方案4倍,进一步显示渗流速度的影响,进而计算研究油层"中截面"——过主流线中点与主流线垂直的油层截面——上的平均渗流速度,从中看到不同井距条件下渗流速度的显著差别;再研究驱油效果的差别,清楚地看到,井距缩小复合驱采收率明显增大,采收率提高值逐渐提高。研究体系界面张力0.00125mN/m的一组方案结果,与前组方案相比,对应方案中截面平均渗流速度相同,体系黏度变化情况相近,由于体系界面张力大幅度降低,驱油过程中地下网格毛细管数呈等比例增大,化学复合驱采收率和提高采收率值都增大,然而注意到这组方案出现井距

缩小化学复合驱采收率、采收率提高值递增速度同步降低变化。研究看到,化学复合驱条件下随井距变化多种因素影响驱油效果。

驱油方案同前不变,变换注液速度——不同井距情况下保持中截面平均渗流速度相同,方案计算结果列于表4。

表4　中截面平均渗流速度相等不同井距化学复合驱方案效果表

界面张力 mN/m	井距 m	中截面平均渗流速度 cm/d	地下体系最大黏度 mPa·s	驱油过程中地下网格最大毛细管数	分层剩余油,%			化学复合驱采收率 %	采收率提高值 %
					上层	中层	下层		
0.005	250	5.77	24.60	0.0223	31.91	21.17	15.18	70.70	23.54
	176	5.77	24.21	0.0222	32.58	21.47	15.16	70.30	23.10
	150	5.77	24.14	0.0222	32.79	21.56	15.15	70.18	22.96
	125	5.77	24.26	0.0222	32.88	22.06	15.12	69.93	22.69
	88	5.77	24.43	0.0221	33.31	22.90	15.14	69.38	22.09
	62.5	5.77	23.68	0.0221	33.60	23.63	15.21	68.91	21.53
	54.47	5.77	24.05	0.0220	33.75	23.83	15.27	68.74	21.32
0.00125	250	5.77	24.38	0.0897	24.99	16.93	14.27	75.89	28.73
	176	5.77	24.23	0.0889	26.58	16.92	14.27	75.21	28.01
	150	5.77	24.17	0.0891	27.20	16.95	14.27	74.93	27.71
	125	5.77	24.23	0.0891	27.67	16.96	14.27	74.72	27.48
	88	5.77	24.32	0.0885	28.47	17.20	14.28	74.28	26.99
	62.5	5.77	23.64	0.0883	29.30	17.69	14.31	73.69	26.31
	54.47	5.77	23.80	0.0879	29.86	17.94	14.34	73.33	25.91

表4中两组方案情况基本相同,体系黏度在井距相对小的情况下略显小些,驱油过程网格最大毛细管数也是随着井距变小而略微变小,方案的复合驱采收率、采收率提高值同随井距缩小而有所减小,最大最小差在3%以下。研究分层剩余油变化,可看到同组方案由上向下,上部低渗透层剩余油值呈明显增大变化,中部中渗透层剩余油值呈略微增大变化,下部高渗透层剩余油值近于相同,两组方案相比,界面张力更低一组变化相对严重。出现这种情况的原因是清楚的,它表明,随着井距缩小,化学复合驱的突进情况相对严重,这是复合驱的基本特征。

再来研究油层厚度变化对于驱油效果的影响。这里任取三种井距情况进行研究,它们分别是125m,88m和62.5m,油层总厚度分别取12m,6m和3m,在保持中截面平均渗流速度相等情况下又计算相应方案,结果列于表5。从表5中看到,在同一井距下、对应相同界面张力体系,油层厚度变薄,体系地下黏度、对应毛细管数值都趋近相同;分析方案的采出效果看到,油层厚度变薄,化学复合驱采收率、采收率提高值都呈增加变化,研究分层剩余油变化,看到在中高渗透层位,剩余油值更加靠近,而在低渗透层,出现薄油层方案剩余油值相对低的情况。研究得到,油层厚度适当变薄,驱油效果相对提高这一有益变化趋势,将抵消井距缩小带来的驱油效果变差的负面影响。可以看到,在两种体系界面张力情况下,都出现62.5m井距3~6m厚度油层驱油方案驱油效果相近于125m井距6~12m厚度油层驱油方案效果。

表5　中截面平均渗流速度相等不同井距和不同油层厚度复合驱效果表

界面张力 mN/m	井距 m	油层总厚度 m	中截面平均渗流速度 cm/d	地下体系最大黏度 mPa·s	驱油过程中地下网格最大毛细管数	分层剩余油,%			化学复合驱采收率 %	采收率提高值 %
						上层	中层	下层		
0.005	125	12	5.77	24.26	0.0222	32.88	22.06	15.12	69.93	22.69
		6	5.77	24.25	0.0223	32.31	21.82	15.11	70.29	23.09
		3	5.77	24.47	0.0224	31.48	21.17	14.94	71.00	23.82
	88	12	5.77	24.41	0.0221	33.31	22.90	15.14	69.38	22.09
		6	5.77	24.05	0.0221	32.77	22.18	15.19	69.90	22.69
		3	5.77	24.22	0.0222	32.24	21.60	15.03	70.45	23.24
	62.5	12	5.77	23.68	0.0221	33.60	23.63	15.21	68.91	21.53
		6	5.77	23.62	0.0221	32.94	22.89	15.28	69.49	22.25
		3	5.77	23.82	0.0222	32.74	22.01	15.13	70.01	22.80
0.00125	125	12	5.77	24.23	0.0891	27.67	16.96	14.27	74.72	27.48
		6	5.77	24.26	0.0894	25.14	17.17	14.26	75.73	28.53
		3	5.77	25.11	0.0897	22.91	17.04	14.19	76.77	29.59
	88	12	5.77	24.32	0.0885	28.46	17.20	14.28	74.28	26.99
		6	5.77	24.09	0.0888	26.30	17.31	14.30	75.15	27.94
		3	5.77	24.65	0.0890	24.13	17.20	14.23	76.15	28.94
	62.5	12	5.77	23.64	0.0883	29.30	17.69	14.31	73.69	26.31
		6	5.77	23.55	0.0884	27.28	17.59	14.34	74.59	27.35
		3	5.77	24.02	0.0888	25.51	17.61	14.29	75.36	28.15

探讨了井距变化、油层厚度变化情况下注液速度对于驱油效果影响的变化规律,为在现场油层条件下拟合室内驱油实验确定了可探索实验的条件。三维驱油实验模型可以认为是微型的矿场试验,有着极小的注采井距,也有着相对薄油层厚度,由油藏井距条件缩小注

采井距带来驱油效果相对变差,而由油藏条件油层厚度变小带来效果改善,两者抵消将可能使得"等效"拟合计算得到相对满意的结果。

2 室内驱油实验研究

表 6 列出在 2000 年前后完成的一组驱油实验数据结果。在研究大庆油田杏二西试验区油层基础上研制三维驱油实验岩心,几何尺寸 32cm×32cm×3.6cm,岩心平面均质,纵向非均质正韵律,三层段等厚,模型的非均质变异系数约为 0.59,根据岩心制作需要,各层段渗透率分别确定为 0.2D,0.6D 和 1.2D。驱油实验首先水驱至产出液含水 98%,转化学复合驱,在产出液含水下降后回升至 98% 时驱油过程终止,化学复合驱油方案复合体系段塞体积为 0.3PV,后续两级聚合物段塞,前者为污水配制体积 0.2PV,后者为清水配制体积 0.3PV。实验注液速度为 0.6mL/min。

表 6 不同界面张力三元体系驱油方案驱油实验效果表

实验	实验岩心数据			三元体系参数			聚合物段塞		实验值			
岩心编号	饱和水体积 ML	含油饱和度 %	孔隙度 %	表面活性剂产地	界面张力 10^{-2}mN/m	体系黏度 mPa·s	污水配黏度 mPa·s	清水配黏度 mPa·s	注入压力最大值 10^5Pa	水驱采收率 %	化学复合驱采收率 %	采收率提高值 %
AS-8	921	74.8	25.0	大庆	4.08*	19.2	20.5	19.5	2.942	47.2	71.9	24.7
AS-3	959	74.9	26.0	美国	2.11	21.4	18.7	20.6	2.804	50.0	74.8	24.8
AS-2	966	75.5	26.2	大庆	1.30	20.7	20.0	20.6	2.929	49.5	74.2	24.7
AS-15	971	73.8	26.3	北京	0.38*	18.9	20.5	19.7	1.860	46.9	70.8	23.9
AS-7	946	74.2	25.7	大连	0.34	21.1	20.0	20.4	1.397	48.4	73.5	25.1
AS-4	968	75.2	26.3	大连	0.31	19.5	20.0	20.6	2.311	49.9	74.2	24.3
AS-1	969	74.3	26.3	北京	0.21	20.5	17.8	20.6	1.819	48.7	76.6	27.9
AS-14	959	73.5	26.0	大庆	0.078	22.5	20.6	19.3	1.245	46.4	70.3	23.9

"*"标记的为弱碱体系,其他体系为强碱体系。

表中数据粗略看来是一组很好的实验结果。首先从岩心基本数据看出,饱和水体积最大和最小差 50mL,由此确定岩心孔隙度最大差值 1.3%,含油饱和度最大和最小差 2%,表明岩心制造、实验过程饱和水、油操作技术水平都相对较高;实验数据水驱采收率最低为 46.4%,最高为 50.0%,最大差值 3.6%,按以往实验要求这是相对理想实验结果。

3 现场地质模型驱油方案计算拟合室内驱油实验驱油效果

拟合计算选用复合驱软件 IMCFS[4],它以"毛细管数实验曲线 *QL*"和"相对渗透率曲线

QL"描述了化学复合驱的驱油机理和化学复合驱油过程中油水相对运动规律,采用分"池"方式描述油层,油层同一"池"区有着相同的油藏特性数据,特别是有着自己的毛细管数曲线数据和水驱、化学复合驱相对渗透率曲线数据。

在杏二西油层地质条件下建立地质模型。分析表 6 岩心孔隙度数据,8 支岩心平均孔隙度为 0.26,依据岩心尺寸和驱油实验注液速度计算得到,岩心中截面平均渗流速度为 2.36×10^{-4}cm/s;现场油层条件下模拟计算取图 1 所示模型,网格数为 $9 \times 9 \times 3$,油层总厚度 12m,孔隙度为 0.3,注液速度取大庆油田通常注液速度日注液量 58.48m³,计算得到,在水平网格步长为 6.25m 情况下,地质模型中截面平均渗流速度为 2.37×10^{-4}cm/s,满足"等效拟合"要求——驱油实验模型与拟合计算地质模型中截面有着相等的平均渗流速度。杏二西油层非均质变异系数约为 0.59,由表 1 可查得三层段渗透率为 0.0987D,0.2073D 和 0.5182D,计算研究确认水驱采收率为 47.2%,这是标定的目标油层非均质变异系数和水驱采收率。

研究表 6 数据看到,水驱采收率在 46.4%～50.0% 范围内,这是由于模型的制作原因模型层间非均质情况存在差别造成的。取非均质变异系数为 0.433 的地质模型,计算水驱方案,得到采收率为 48.02%,8 个实验中有 5 个实验水驱采收率高于此值,由此看来这 5 个实验对应模型非均质变异系数都小于 0.433,更远小于模拟计算确认杏二西油层非均质变异系数 0.59,它们都不应列在选择目标内。以下仅取水驱采收率偏差较小的模型计算研究。

在总结杏二西驱油试验拟合研究经验基础上,建立了分步拟合计算研究方法。首先拟合水驱实验过程,微调油层分层的渗透率和相对渗透率曲线相关数据——分层水驱残余油饱和度,拟合水驱采收率指标,确定油藏基本物性参数;在水驱拟合结果满意的基础上,拟合化学复合驱实验过程,微调相关极限毛细管数值和化学复合驱相对渗透率曲线参数——分层化学复合驱残余油饱和度 S_{or}^{H},拟合化学复合驱采收率指标,确定油藏与化学复合驱相关的物性参数。

表 7 给出拟合计算结果,与表 6 给出实验数据对比看到,两者采收率数值、增采幅度数值都近于相同,图 3 绘出岩心 AS–8 的驱油实验与拟合计算对比的含水变化曲线和增采程度变化曲线,拟合结果令人满意。表 8 给出通过拟合研究确定的各实验对应的地质模型水驱、化学复合驱相关数据。

表 7 不同拟合驱油实验方案计算结果表

实验编号	界面张力 10^{-2}mN/m	地下最大黏度 mPa·s	注入压力比值	计算过程网格最大毛细管数值	拟合计算毛细管数参数 N_{ct2}	分层剩余油 %			水驱采收率 %	化学复合驱采收率 %	采收率提高值 %
						上层	中层	下层			
AS–8	4.08	23.04	1.0059	0.0093	0.0002	31.26	18.14	13.81	47.2	71.91	24.71
AS–15	0.38	20.24	1	0.0841	0.0025	30.92	19.09	14.82	46.91	70.80	23.89
AS–14	0.078	20.28	0.8762	0.4392	0.0025	31.46	19.57	14.91	46.4	70.30	23.90
AS–14	**0.078**	**20.95**	**0.8563**	**0.3123**	**0.0025**	**31.80**	**18.99**	**15.13**	**46.4**	**70.31**	**23.91**

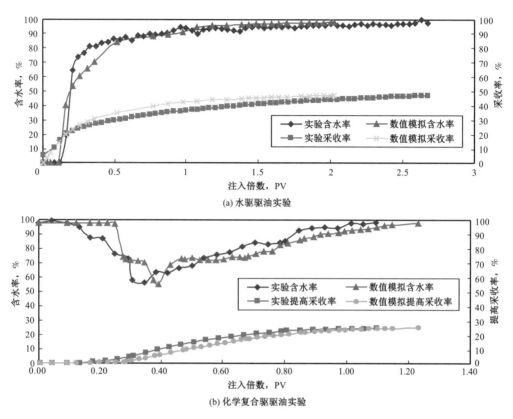

(a) 水驱驱油实验

(b) 化学复合驱驱油实验

图3　岩心 AS-8 驱油实验曲线和等效拟合计算曲线对比图

表8　拟合驱油实验确定的油层水驱和化学复合驱相关数据

实验岩心编号	分层渗透率 D			束缚水饱和度 %			水驱残余油饱和度 %			极限毛细管数 N_{ct2} 参数值	化学复合驱残余油饱和度 %		
	低	中	高	低	中	高	低	中	高		低	中	高
AS-8	0.1046	0.2270	0.5922	27	25	23	35	33.5	31.5	0.0002	15	13.5	13
AS-8	**0.1046**	**0.2270**	**0.5922**	**27**	**25**	**23**	**35**	**33.5**	**31.5**	**0.0025**	**15**	**13.5**	**13**
AS-15	0.0987	0.2122	0.5182	28	26	24	34.5	33.25	32	0.0025	15.6	14.8	13.9
AS-14	0.1036	0.2221	0.6662	28	26	24	35.4	33	31.7	0.0025	16.0	15.5	15.0
AS-14	**0.1036**	**0.2221**	**0.6662**	**28**	**26**	**24**	**35.4**	**33**	**31.7**	**0.0025**	**15.6**	**14.9**	**14.0**

　　基于3个实验的拟合计算都取得了很好的结果,进而对于得到的模型进行细致研究。研究岩心 AS-15 实验的拟合结果,拟合得到的地质模型三层渗透率分别为0.0987D,0.2122D和0.5182D,十分接近于标定的非均质变异系数为0.59情况下分层渗透率数据,拟合水驱采收率为46.91%,实验结果为46.9%,拟合化学复合驱增采幅度23.89%,实验结果为23.9%,需要说明,达到化学复合驱最低残余油饱和度的极限毛细管数 N_{ct2} 值取0.0025,与杏二西矿

场试验拟合得到的数值相同,这一数值相同于毛细管数实验曲线 $QL^{[4]}$ 中相关数值。

再研究岩心号为 AS-8 驱油实验,水驱实验采收率为 47.2%,表明岩心制作非常理想,化学复合驱驱油体系界面张力为 4.08×10^{-2}mN/m,体系黏度在 20mPa·s 左右,又注意到实验中注入压力最大值都高于 2.8×10^5Pa,远高于岩心 AS-15 实验最大注入压力 1.0×10^5Pa,这表明高界面张力(10^{-2}mN/m)、高黏驱油体系在相对均质油层上驱油,在相对高的油层压力梯度条件下,黏弹性发挥作用,也能够达到较高的提高采收率幅度;再分析拟合计算结果,研究岩心 AS-8 实验,正是为凸显它的拟合良好效果而绘出它的拟合曲线,分析拟合计算过程,水驱拟合计算得到满意的拟合结果,化学复合驱拟合取拟合岩心 AS-15 实验相同做法,分层化学复合驱残余油饱和度和相关的毛细管数数据都取拟合岩心 AS-15 实验的相近数据,都没能达到拟合要求,后来考虑高界面张力高黏体系在高的压力梯度条件下黏弹性发挥作用,降低了达到化学复合驱最低残余油饱和度的门槛——极限毛细管数 N_{ct2} 的值,由 0.0025 降到 0.0002,从而实现了拟合要求。这样处理得到在特定的驱替情况下满足要求的极限毛细管数 N_{ct2},难得保证通常体系界面张力低于 10^{-2} mN/m 情况下驱油效果,因此由这组实验拟合得到的油藏模型化学复合驱相关参数需要进一步考核。

再分析岩心 AS-14 实验拟合得到的模型。首先从实验数据中看到,驱油体系界面张力为 7.8×10^{-4}mN/m,体系黏度在 20mPa·s 左右,水驱采收率为 46.4%,化学复合驱增采 23.9%,又注意到它的注入压力在 8 个实验中是最低的,低的注入压力、低的增采幅度正是高渗透层发生水相突进明显特征;分析拟合计算结果,水驱、化学复合驱采收率指标都与实验结果相同,注意到,拟合结果中分层残余油数值相比岩心 AS-15 实验拟合对应数据都相对偏高,且驱油过程中有着相对低的油层压力,可以判定,特超低界面张力体系驱替条件下,发生水相突进情况,使得拟合得到的模型复合驱分层残余油饱和度偏大失真,本组模型复合驱相关参数也需要考核。

4　数字化驱油地质模型的确定

4.1　数字化模型的考核

由拟合岩心 AS-15 实验得到模型是第一个由驱油实验拟合得到的模型,能否适用、精度如何都有必要考核;又戚连庆等《化学复合驱矿场试验数字化研究》中介绍杏二西油层已由拟合矿场试验得到数字化地质模型,且经历了计算研究考验,为考核由驱油实验建立的模型创造了可比条件。这里将通过在两模型上运行不同的化学复合驱考核方案,检验由拟合岩心 AS-15 实验建立的数字化油藏地质模型。考核选取 3 个等级界面张力方案:1 号体系方案界面张力为 4.08×10^{-2}mN/m,2 号体系方案界面张力为 0.38×10^{-2}mN/m,3 号体系方案界面张力为 0.078×10^{-2}mN/m。

方案的计算结果列于表 9 中,其中模型 0 为矿场试验拟合模型,模型 1 为拟合岩心 AS-15 实验建立的模型。

表9 不同数字化地质模型上驱油方案驱油效果表

数字化地质模型	井距 m	水驱采收率 %	1号体系方案 (4.08×10⁻²mN/m)		2号体系方案 (0.38×10⁻²mN/m)		3号体系方案 (0.078×10⁻²mN/m)	
			化学复合驱采收率 %	采收率提高值 %	化学复合驱采收率 %	采收率提高值 %	化学复合驱采收率 %	采收率提高值 %
杏二西试验拟合油藏地质模型0	250	47.16	56.47	9.31	71.76	24.60	74.94	27.78
	176	47.20	57.64	10.44	72.59	25.39	74.59	27.39
	150	47.22	58.38	11.16	72.93	25.71	74.30	27.08
	125	47.24	58.49	11.66	73.00	25.76	74.49	27.25
	88	47.29	61.43	14.14	73.09	25.80	74.36	27.07
岩心AS-15实验拟合油藏地质模型1	250	46.72	56.32	9.60	68.69	21.97	73.55	26.83
	176	46.75	57.33	10.58	70.29	23.54	73.34	26.59
	150	46.78	57.90	11.12	70.84	24.06	73.33	26.55
	125	46.79	58.53	11.74	71.16	24.37	73.13	26.34
	88	46.84	60.09	13.25	71.57	24.73	73.30	26.46
岩心AS-8实验拟合油藏地质模型2	250	47.00	66.78	19.78	75.66	28.66	75.66	28.66
	176	47.03	69.40	22.37	75.15	28.12	75.05	28.02
	150	47.06	70.27	23.21	75.19	28.13	75.07	28.01
	125	47.08	70.84	23.76	74.94	27.86	74.84	27.76
	88	47.14	71.67	24.53	74.53	27.39	74.44	27.30
岩心AS-8实验拟合油藏地质模型2校正	250	47.00	55.96	8.03	70.89	23.89	74.33	27.33
	176	47.03	57.03	10.0	71.82	24.79	74.13	27.10
	150	47.06	57.72	10.66	72.17	25.11	74.05	26.99
	125	47.08	58.55	11.47	72.36	25.28	73.79	26.71
	88	47.14	60.59	13.45	72.61	25.62	73.65	26.51
岩心AS-14实验拟合油藏地质模型3	250	46.14	55.04	8.90	68.01	21.87	71.52	25.38
	176	46.19	55.92	9.73	68.72	22.53	71.17	24.98
	150	46.22	56.56	10.34	69.15	22.93	71.09	24.87
	125	46.25	57.25	11.00	69.35	23.10	70.97	24.72
	88	46.32	59.12	12.80	69.66	23.34	71.03	24.71

数字化地质模型	井距 m	水驱采收率 %	1号体系方案 (4.08×10⁻²mN/m)		2号体系方案 (0.38×10⁻²mN/m)		3号体系方案 (0.078×10⁻²mN/m)	
			化学复合驱采收率 %	采收率提高值 %	化学复合驱采收率 %	采收率提高值 %	化学复合驱采收率 %	采收率提高值 %
岩心 AS-14 实验拟合油藏地质模型 3 校正	250	46.14	55.76	9.62	69.11	22.97	72.65	26.51
	176	46.19	56.72	10.53	69.81	23.62	72.22	26.03
	150	46.22	57.37	11.15	70.24	24.02	72.15	25.93
	125	46.25	58.08	11.83	70.46	24.21	71.95	25.70
	88	46.32	60.04	13.72	70.78	24.46	71.69	25.37

首先分析模型 0 上方案计算结果。它的水驱采收率符合要求;化学复合驱方案,高界面张力 1 号体系方案有着相对低的提高采收率幅度,仅在 10% 左右,随着井距变小方案提高采收率幅度明显增大;随着体系界面张力的降低,方案的提高采收率幅度提高,体系界面张力低于 10^{-3}mN/m 两组方案,采收率提高值一般可达到 25% 以上。

对比分析模型 1 计算结果。它的水驱采收率略微低于模型 0 对应方案,最大偏差为 0.45%,相对误差小于 1%;对比化学复合驱方案结果,同一体系相同井距对应方案采收率提高值也十分接近,1 号体系和 3 号体系两组对应方案最大偏差小于 1%,2 号体系一组对应方案最大偏差 2.63%,其他方案差值都在 2% 以下。通过进一步考核,可以确定由岩心 AS-15 实验拟合得到模型 1 作为候选的模型。

4.2 2 个模型计算考核和校正

本文 3 节中通过分析对于拟合岩心 AS-8 实验建立的模型 2、拟合岩心 AS-14 实验建立的模型 3 提出了异议,这里取两模型计算相应方案,进行考核,计算结果也列于表 9 中。

分析模型 2 计算结果,它的水驱采收率相比模型 1 更接近于模型 0 的结果,对应方案最大偏差 0.17%。比较 1 号体系化学复合驱方案结果,对应方案的采收率提高值相差近一倍,2 号体系、3 号体系方案采收率提高值相比对应方案也都高出许多,显然这样的模型是不能选用的。然而注意到,这一模型水驱结果更接近于模型 0 的结果,表明模型的油藏描述更接近于拟合得到化学复合驱分层残余油饱和度接近于模型 0,化学复合驱方案的问题在于化学复合驱相关参数不匹配。

将模型 2 极限毛细管数 N_{ct2} 值恢复到 0.0025,与模型 1 相同,得到表 8 中校正模型 **AS-8**,取此模型计算对应方案,计算结果列在表中"地质模型 2 校正"一栏,从中看到,方案结果也十分接近于方案 0 的结果,对应方案采出程度最大偏差为 0.87%,采收率提高值仅有 1 号体系 250m 井距方案偏差为 1.28%,其他最大偏差绝对值都小于 0.71%。依据计算结果可以考虑校正的模型 2 作为候选模型。

特别说明，表6中8个三维岩心驱油实验中有 AS-8，AS-3 和 AS-2 三个岩心实验的驱油体系界面张力为 10^{-2}mN/m，驱油效果与界面张力为 10^{-3}mN/m 体系相当，当年仅据驱油实验结果，没有深入研究，就在文献[5]中推介 10^{-2}mN/m 驱油体系为复合驱采用低浓度表活剂复合体系驱油，现在认识这是不妥的，深刻的教训是一定要慎重对待室内驱油实验结果。

再分析模型3计算结果，水驱采出程度相比模型0偏低1%左右，相比模型1略微偏大些，然而注意到复合驱情况，对应方案采收率提高值普遍低于模型0和模型1上对应方案计算结果，特别是特超低界面张力3号体系方案，偏低情况更为突出。由于驱油实验采用的体系界面张力 0.078×10^{-2}mN/m，高于 20mPa·s 的体系黏度，显然驱油过程中是在较大范围长时间内处于高毛细管数"Ⅱ类"驱动状况情况下，由戚连庆等《化学复合驱矿场试验数字化研究》数字化驱油试验研究中得到认识，在这样的驱动状况下，欲得到理想的计算效果，必须对驱动状况转化参数 T_0 值校正。由此，重新对模型3驱油实验等效拟合进行研究：将化学复合驱残余油饱和度调整到与模型1相近数值，再主要调整驱动状况转化参数——T_0，重新拟合。表8中粗体字给出 AS-14 实验重新拟合结果数据，化学复合驱残余油饱和度值更接近于 AS-15 实验，重新拟合得到三层段 T_0 值分别为2，4 和7（其他模型 T_0 值皆取 0.12）。表9中"模型3（校正）"一栏给出相应考核方案的计算结果，与模型0计算方案对比看到，水驱方案采收率相对低1%左右，1号体系方案，化学复合驱方案对应偏差最大1.39%，采收率提高值最大偏差0.42%；2号体系方案，采收率最大偏差2.78%，采收率提高值最大偏差1.77%，又因本模型有着经拟合计算确定的 T_0 值，3号体系方案计算结果更有参考价值，相对小的增采数值可能更为准确。

4.3 数字化地质模型的确定

鉴于这里出现三个拟合效果都较为理想的候选模型，这里对三模型再做深入比较。将杏二西试验方案和对应水驱方案在模型0、模型1、模型2（校正）、模型3（校正）上运行，结果列于表10。由表10中数据可以看到，在3个由驱油实验拟合得到模型上方案计算结果都十分接近于由矿场试验得到的模型0上方案计算结果，水驱采收率，分别差0.46%，0.18%和0.27%，模型1偏差最大，相对误差小于1%，模型2（校正）偏差最小，相对误差小于0.5%；复合驱采收率值分别偏差0.82%、0.35% 和1.84%，模型3（校正）偏差最大，相对误差小于3%，模型2（校正）偏差最小，相对误差小于0.5%；采收率提高值偏差分别为0.36%、0.17%和1.57%，模型3（校正）偏差最大，相对误差在6%左右，模型2（校正）偏差最小，相对误差最大小于0.7%；分析低渗透层剩余油情况，全层剩余油平均值偏差分别为1.52%，0.3%和0.75%，模型1偏差最大，模型2（校正）偏差最小。

表10 杏二西试验方案在四模型上运行驱油效果表

方案	驱动方式	方案实施时间 d	地下最大黏度 mPa·s	网格最大毛细管数值	地下最大压力比值	采收率 %	采收率提高值 %	分层剩余油，%		
								上层	中层	下层
试验	水驱					47.20		46.02	41.33	35.67
	化学复合驱	1510	31.04	0.2738	1	72.45	25.25	31.92	17.96	14.42

方案	驱动方式	方案实施时间 d	地下最大黏度 mPa·s	网格最大毛细管数值	地下最大压力比值	采收率 %	采收率提高值 %	分层剩余油, %		
								上层	中层	下层
模型 1	水驱					46.74		43.60	39.64	35.00
	化学复合驱	1490	31.01	0.2738	0.9823	71.63	24.89	30.40	17.95	14.64
模型 2 （校正）	水驱					46.93		44.95	40.03	34.51
	化学复合驱	1470	29.32	0.2737	0.8425	70.61	23.68	32.67	18.55	14.92
模型 3 （校正）	水驱					47.02		44.50	40.18	34.54
	化学复合驱	1480	29.33	0.2738	0.8977	72.10	25.08	31.62	17.32	13.86

由以上数据可见,模型 2（校正）结果多项指标相对为优,应是重点选择对象。为慎重起见,这里对模型 2（校正）结果再做深入剖析。化学复合驱方案终止时,油层低渗透部位剩余油数据和分布状况是检验计算精度的重要依据。表 11 首先列出模型 0 上运行杏二西试验方案终止时油层低渗透部位剩余油数据,看清低渗透层剩余油分布情况,特别注意到,杏二西现场试验结束时在主流线上油井后方 50m 处打密闭取心井"杏 2-2- 检试 1 井[6]",检查出岩心中仍含有高饱和度原油,表中粗体字 44.0% 处正是检查井位置,这里是复合体系驱替富集的油墙峰值点,计算结果与检查井情况吻合。表 11 对比列出模型 2（校正）上计算结果,检查井位置处同样是富集的油墙峰值点,含油饱和度值 42.5% 相对为高。分析水井网格,两方案剩余油分别为 15.7% 和 15.2%,油井网格两方案剩余油分别为 47.8 % 和 45.4 %,在两翼边角网格两方案剩余油分别为 50.6 % 和 49.2%。分析看到模型 2（校正）计算结果十分接近于模型 0 的结果。

表 11 在三模型上运行杏二西试验方案终止时低渗透层剩余油分布表 单位:%

杏二西（复）		1	2	3	4	5	6	7	8	9
试验 0	1	15.7	15.8	16.0	16.2	16.8	19.2	34.2	39.5	50.6
	2	15.8	15.9	16.0	16.3	16.8	19.4	32.8	39.8	50.3
	3	16.0	16.0	16.2	16.5	17.0	20.5	32.6	40.4	49.7
	4	16.2	16.3	16.5	16.8	17.5	23.2	33.6	41.4	49.5
	5	16.8	16.8	17.0	17.5	19.8	25.9	35.9	42.4	49.2
	6	19.1	19.3	20.4	23.1	26.0	32.0	40.2	43.7	48.9
	7	34.0	32.8	32.4	33.4	35.9	40.9	**44.0**	43.6	48.6
	8	39.5	39.8	40.3	41.2	42.4	43.7	43.6	44.0	47.3
	9	50.6	50.3	49.6	49.4	49.2	48.9	48.7	47.4	47.8

杏二西（复）		1	2	3	4	5	6	7	8	9
模型2（校正）	1	15.8	15.9	16.1	16.3	17.0	20.6	35.3	40.3	50.3
	2	15.9	16.0	16.1	16.4	17.1	21.3	34.7	40.7	50.0
	3	16.1	16.1	16.3	16.6	17.4	23.1	35.9	41.5	49.2
	4	16.3	16.4	16.6	17.0	18.1	25.4	39.1	41.7	48.7
	5	17.0	17.1	17.3	18.1	22.3	31.6	41.4	41.9	48.5
	6	20.5	21.2	22.9	25.5	31.6	39.2	43.2	41.9	48.1
	7	35.3	34.5	35.8	39.0	41.8	41.5	42.0	42.1	46.7
	8	40.3	40.7	41.5	41.8	41.9	42.2	42.3	42.3	45.0
	9	50.3	50.0	49.2	48.7	48.5	47.7	46.8	45.1	45.5
模型3（校正）	1	15.2	15.3	15.5	15.8	16.5	21.2	34.2	38.6	49.2
	2	15.3	15.4	15.5	15.8	16.6	21.8	33.1	38.8	48.9
	3	15.5	15.5	15.7	16.1	16.9	22.7	33.1	39.5	48.4
	4	15.8	15.8	16.1	16.5	18.0	24.9	35.0	40.7	47.8
	5	16.5	16.6	16.9	18.0	22.1	29.0	37.8	41.3	47.5
	6	21.1	21.8	22.4	24.8	28.9	32.9	40.5	41.8	46.9
	7	34.1	32.9	33.0	34.6	37.7	40.5	42.5	41.7	46.6
	8	38.5	38.7	39.4	40.6	41.3	41.8	41.7	41.9	45.0
	9	49.1	48.8	48.3	47.8	47.5	47.0	46.7	45.1	45.4

图 2 中绘出杏二西试验对比曲线图，图中包括试验中心井含水变化曲线、相对水驱提高采收率变化曲线和拟合驱油试验含水变化曲线、相对水驱提高采收率变化曲线，图中还对比绘出依据模型 2（校正）计算杏二西驱油方案得到的对比曲线，从中看出依据模型 2（校正）计算曲线与矿场试验试验曲线吻合程度比较理想。

通过较为严格的考核筛选，确定模型 2（校正）为拟合驱油实验获取的杏二西试验油层数字化地质模型。

4.4 建立数字化地质模型的技术要点总结

由以上分析研究总结建立数字化地质模型方法的技术要点：驱油实验模型水驱结果要尽可能相符于油藏实际情况，即水驱采收率指标必须尽可能相近于标定指标，最大偏差必须小于 1%；复合驱方案推荐取两级段塞，前级复合体系段塞 0.3PV，后续聚合物段塞体积 0.5PV；两级段塞取近于相同的体系黏度，推荐取在 20mPa·s 左右；根据研究需要选择合适的复合体系界面张力，若驱油试验目标为高黏超低界面张力体系，推荐体系界面张力取 $2.5 \times 10^{-3} \sim 7.5 \times 10^{-3}$ mN/m 范围内完成驱油实验，拟合计算过程中岩心驱动状况转换参数 T_o 取缺省值 0.12，主要调整确定油层分层复合驱残余油饱和度，若驱油试验目标为高黏特超低界面张力体系，则首先完成高黏超低界面张力体系实验拟合计算确定油层分层复合驱残余油饱和度，再取适当特超低界面张力体系完成驱油实验，拟合计算取前面拟合确定油层分层残余油饱和度数值，调试计算修正分层的岩心驱动状况转换参数 T_o。模型考核筛选相对容易，一般是水驱实验结果理想的模型为选择模型。

5 驱油实验数字化地质模型的应用

在尚没有开展复合驱试验的油田上，有了拟合驱油实验建立的数字化地质模型，进行数字化驱油试验，设计优化驱油试验方案，加快复合驱油技术研究应用。

5.1 试验的注采井距和方案段塞结构研究

油田化学复合驱的前期试验常采用大的注采井距，在大庆油田、在其他油田采用注采井距 250m 试验都屡见不鲜，而在试验方案中又常见采用大体积的复合体系段塞，"防止复合体系表面活性剂失效保证良好驱替效果"，后续小的聚合物段塞防止水相突进。为澄清这种认识中的问题，计算一组方案。

注采井距取 250m，两级段塞体积总和取 0.5PV，变换复合体系段塞长度计算不同驱油方案，注液速度年注液 0.15PV，方案的表面活性剂浓度为 0.3%，为了突显复合体系段塞变化影响效果，不同方案取相同的聚合物浓度 2300mg/L，体系黏度地下保留率取 30%，方案的注入压力界限"借用"拟合杏二西试验得到的压力界限值 p_1。方案主要技术数据和计算结果列于表 12。

表 12 注采井距 250m 情况下驱油方案技术数据

方案	段塞体积, PV		方案实施时间 d	地下最大黏度 mPa·s	油层最大平均压力比值	采出程度 %	增采幅度 %	分层剩余油, %			表面活性剂用量 t	试验相当聚合物用量 t	吨相当聚合物增油量 t/t
	复合体系	聚合物						上层	中层	下层			
1.1	0.20	0.30	2320	34.76	0.976	72.61	25.61	30.49	17.41	13.72	85.44	306.1	83.24
1.2	0.25	0.25	2190	34.95	0.961	72.89	25.89	30.47	16.84	13.70	106.8	338.1	76.18
1.3	0.30	0.20	2276	34.83	0.952	73.02	26.02	30.34	16.67	13.70	128.1	370.1	69.94
1.4	0.35	0.15	2266	34.05	0.929	73.05	26.05	30.34	16.62	13.70	149.5	402.1	64.45
1.5	0.40	0.10	2276	35.01	0.927	73.03	26.03	30.34	16.65	13.71	170.7	434.2	59.64
1.6	0.45	0.05	2281	34.50	0.934	73.01	26.01	30.34	16.68	13.71	192.1	466.2	55.50

首先来研究体系的稳定性和方案的安全实施问题。表13列出部分方案实施2200天时油层低渗透层剩余油分布和表面活性剂浓度分布情况。研究表中2栏和4栏方案1.3和方案1.6表面活性剂浓度分布数据，红字标明浓度高于0.1%网格，那里是复合体系段塞主体最后滞留部位，对比看到，方案1.6相对方案1.3，复合体系段塞体积由0.30 PV增大到0.45PV，而在油层中，后者段塞主体部位仅向前推进一个网格，总共外扩3个网格，主体部位后沿外扩6个网格，没有出现方案1.6相对方案1.4复合体系段塞大幅度向前推进情况，而是缓慢循序渐进。可见，若段塞体积0.3PV方案驱油过程出现表面活性剂失效情况，方案有效驱替范围将小于目前方案有效驱替范围，采用段塞体积为0.45PV方案照样出现表面活性剂失效问题，方案有效驱替范围也不会较0.3PV方案有所明显扩大，因而，不能靠扩大复合体系段塞体积来保证油层中表面活性剂稳定性问题，只能要求驱油过程有着合适的时间限制，必须保证表面活性剂在整个实施时间内稳定。结合大庆杏二西试验研究情况戚连庆等在《化学复合驱矿场试验数字化研究》中提出方案实施稳定性要求界限为1570天，可以看到，方案实施时间最短为2190天，大大超过安全界限。为确保驱油生产试验安全实施，化学复合驱必须在相对小井距下实施。

表13　方案临近终止时刻油层低渗透层位剩余油分布和表面活性剂浓度分布　　　单位:%

杏二西（复）		1	2	3	4	5	6	7	8	9
方案1.3 S_o %	1	15.1	15.2	15.4	15.6	16.1	19.6	32.8	37.6	48.1
	2	15.2	15.3	15.4	15.6	16.2	19.3	30.3	37.7	48.1
	3	15.4	15.4	15.5	15.8	16.4	20.6	31.0	38.2	47.7
	4	15.6	15.6	15.8	16.1	17.0	22.2	32.4	39.2	46.7
	5	16.1	16.2	16.4	17.0	19.9	26.1	35.7	40.0	46.6
	6	19.6	19.7	20.3	22.7	25.6	31.3	39.8	40.3	46.6
	7	32.7	30.6	30.7	32.0	35.4	39.9	40.0	40.6	46.1
	8	37.5	37.7	38.1	39.0	40.0	40.2	40.6	40.8	44.6
	9	48.0	47.9	47.4	46.6	46.5	46.6	46.1	44.8	45.4
方案1.3 C_s %	1	0.001	0.004	0.018	0.058	0.104	0.112	0.073	0.028	0.007
	2	0.004	0.01	0.028	0.073	0.11	0.112	0.073	0.028	0.009
	3	0.018	0.028	0.061	0.099	0.115	0.103	0.064	0.027	0.01
	4	0.058	0.072	0.099	0.116	0.114	0.089	0.056	0.027	0.012
	5	0.103	0.109	0.115	0.114	0.098	0.072	0.047	0.026	0.013
	6	0.113	0.111	0.104	0.089	0.073	0.055	0.037	0.025	0.014
	7	0.074	0.073	0.065	0.056	0.047	0.037	0.028	0.025	0.017
	8	0.028	0.028	0.028	0.027	0.026	0.025	0.025	0.024	0.016
	9	0.007	0.009	0.011	0.012	0.013	0.014	0.017	0.015	0.013

杏二西（复）		1	2	3	4	5	6	7	8	9
方案 1.6 S_o %	1	15.1	15.2	15.4	15.6	16.2	19.4	33.4	37.9	48.4
	2	15.2	15.3	15.4	15.7	16.4	20.5	31.5	37.9	48.3
	3	15.4	15.4	15.6	15.9	16.6	21.2	31.3	38.3	47.8
	4	15.6	15.7	15.9	16.2	17.1	23.8	32.4	39.0	47
	5	16.2	16.3	16.5	17.2	20.1	26.5	33.6	39.5	46.6
	6	19.4	20.4	21.1	23.7	26.6	30.4	35.1	39.8	46.6
	7	33.3	31.3	31.1	32.2	33.4	35.1	38.6	40.4	46.4
	8	37.8	37.8	38.2	38.9	39.4	39.7	40.4	41.1	45.3
	9	48.5	48.3	47.6	46.9	46.5	46.5	46.3	45.6	46.4
方案 1.6 C_s %	1	0.002	0.008	0.045	0.145	0.191	0.162	0.084	0.029	0.007
	2	0.008	0.025	0.093	0.179	0.191	0.153	0.083	0.03	0.009
	3	0.044	0.093	0.174	0.200	0.181	0.133	0.076	0.03	0.011
	4	0.145	0.179	0.200	0.190	0.156	0.110	0.068	0.031	0.012
	5	0.190	0.190	0.18	0.156	0.123	0.09	0.061	0.033	0.014
	6	0.163	0.153	0.133	0.111	0.091	0.072	0.055	0.033	0.016
	7	0.085	0.084	0.077	0.069	0.062	0.055	0.044	0.030	0.022
	8	0.029	0.03	0.031	0.032	0.033	0.033	0.029	0.026	0.022
	9	0.007	0.009	0.011	0.013	0.015	0.017	0.022	0.016	0.014

在假定不存在表面活性剂稳定性问题情况下，进一步研究驱替效果问题。由表12中看到，复合体系段塞长度由0.2PV逐渐增大到0.3PV，方案的采出程度增加0.41%，段塞长度由0.3PV逐渐增大到0.45PV，方案的采出程度反而减少0.01%，表13中列出方案1.3和方案1.6转注复合体系2200天时低渗透层剩余油分布情况，对比同一时刻体系表面活性剂浓度分布情况看到，复合体系段塞主体最后滞留部位及其后方，是复合体系驱替过低剩余油饱和度区域，其前方是后方驱来原油滞留的油墙部位，两方案比较，两类区域范围相近，对应网格数值相近，因而有方案终止时刻本层段剩余油值相同。分析看到复合体系段塞过大并没有带来驱油效果提高，采用适当体积复合体系段塞，取足够大体积后续聚合物段塞抑制突进对复合体系段塞保护，可获取高效驱油效果。

5.2　确定关键参数优化设计现场试验方案

考虑到方案可靠实施，考虑试验获得更高采收率，考虑到将来推广应用，考虑试验在相对短时间内结束，驱油方案设计取五点法井网"四注九采"，注采井距取125m。

试验方案取戚连庆等《化学复合驱矿场试验数字化研究》中推荐方案：复合体系段塞体积 0.3PV，表面活性剂浓度 0.3%，后续聚合物段塞体积为 0.6PV，注液速度为 0.4PV/a。方案中复合体系和后续聚合物段塞有着相同的聚合物浓度，这个浓度的确定要求给定两个与试验目的油层相关参数：注入压力界限和驱油体系地下黏度保留率。预做方案尚缺这两个数据。

在戚连庆等《化学复合驱矿场试验数字化研究》研究中看到，驱油试验实施过程中油层最大平均压力值 p 与方案中复合体系、聚合物段塞中聚合物浓度和聚合物段塞的体积密切相关，它对于方案安全实施和驱油效果好坏起到决定性作用；只有通过拟合驱油试验可确定驱油方案油层最大平均压力值 p 确定注入压力界限，对于预做方案的油层没有可拟合试验，方案设计所用注入压力界限值不可直接"借用"，只能通过试验研究和参考相近条件油层试验的数值对比确定"试用"数据。

驱油体系聚合物溶液的地下工作黏度相对于室内配制黏度的比值被称为"地下黏度保留率"，提高溶液的"地下黏度保留率"必然提高试验的经济效益。在制订驱油方案前，若能够确认试验条件下体系黏度保留率，这样一来，方案计算过程中采用的黏浓曲线可取相同于试验条件下体系黏度保留率，这样就使得现场的注入的体系聚合物溶液浓度与模拟计算的聚合物溶液浓度一致，现场油层中溶液的黏度与计算的油层中黏度一致，现场聚合物耗用量与计算的耗用量一致。方案设计前应获取相对准确的体系地下黏度保留率数值，若确定数值偏低，可通过选用抗剪切高分子聚合物、加大井底油层射孔密度和射孔的孔径、深度等措施提高体系的黏度保留率，力求黏度保留率达到在 30% 以上。

基于两参数的"不确定性"，有必要研究两参数取值变化对驱油效果影响，为此计算驱油方案结果列于表 14。

表 14　小井距情况下优化驱油方案驱油效果表

方案	方案实施时间 d	地下最大黏度 mPa·s	地下最大压力比值	采出程度 %	增采幅度 %	分层剩余油，%			表面活性剂用量 t	试验相当聚合物用量 t	吨相当聚合物增油量 t/t
						上层	中层	下层			
1.1	1170	32.75	0.997	76.74	29.50	24.39	15.92	13.88	32.00	123.2	59.50
1.2	1135	31.89	0.935	75.06	28.61	26.86	15.87	13.40	32.00	123.2	57.70
1.3	1125	32.92	0.998	75.34	28.89	26.51	15.46	13.34	32.00	125.7	57.10
1.4	1140	26.72	0.802	73.92	27.47	28.20	16.84	13.65	32.00	115.8	58.94
1.5	1100	27.38	0.250	73.97	27.52	28.13	16.81	13.64	32.00	125.7	54.40
1.6	1127	22.30	0.802	72.62	26.17	29.55	18.14	13.92	32.00	115.8	56.15
1.7	1140	30.38	0.900	74.83	28.38	27.14	16.04	13.48	32.00	121.0	58.28
1.8	1140	30.18	0.935	74.78	28.33	27.19	16.08	13.49	32.00	125.7	56.00
1.9	1140	27.83	0.900	74.27	27.82	27.84	16.47	13.60	32.00	121.0	57.17

在拟合杏二西试验建立的数字化地质模型上计算推荐驱油方案 1.1。特别说明,方案注液速度取 0.40PV/a,体系黏度保留率取 30%,驱油过程中油层最大平均压力界限为 p_1。在拟合驱油实验建立的目标油层数字化地质模型上运行驱油方案 1.2,方案各项技术指标同方案 1.1 完全相同,可以看到,方案实施过程中,体系地下最大工作黏度相对为低,因而油层最大平均压力相对为低,化学复合驱采出程度相对低 1.68%,增采幅度相对低 0.89%(注:两模型水驱采出程度偏差 0.79%),计算结果看到,两模型计算结果十分接近,采用拟合驱油实验建立的目标油层数字化地质模型可以作为方案设计基础;取油层最大平均压力界限为 p_1,调整体系黏度计算方案 1.3,表中看到,采出程度相对低 1.40%,增采幅度相对低 0.61%,更加接近于方案 1.1,它是"准确给出"目标油层最大平均压力界限和体系黏度保留率情况下的设计方案,是目标油层理想的优化驱油方案。

对于目标油层最大压力界限的确定有一定难度,给出准确的体系黏度保留率也十分困难,这里计算研究两项数据偏差对于驱油效果的影响。在方案 1.3 基础上,将压力界限值降低 20% 计算方案 1.4,方案的体系地下最大工作黏度相对降低 6.2 mPa·s,降幅 18.8%,增采幅度相对降低 1.42%,降幅为 4.92%;在方案 1.3 基础上,将压力界限降低 25% 计算方案 1.5,方案的体系地下最大工作黏度相对降低 5.54 mPa·s,降幅 16.8%,增采幅度相对降低 1.37%,降幅为 4.74%;在方案 1.3 基础上,将压力界限值降低 20%,体系地下黏度保留率降到 25% 计算方案 1.6,方案体系地下最大工作黏度相对降低 10.62 mPa·s,降幅 32.3%,增采幅度相对降低 2.72%,降幅为 9.42%。清楚看到两项指标的取值明显影响驱油效果。再将压力界限值偏差、体系地下黏度保留率降偏差缩小计算三方案,方案 1.7 相对方案 1.3 注入压力界限值相对偏小 10%,黏度保留率值为 27.83%,方案的增采幅度相对降低 0.51%,降幅 1.76%;方案 1.8 注入压力界限值相对为高,体系地下黏度保留率降低为 27.5%,方案的增采幅度相对降低 0.56%,降幅 1.94%;方案 1.9 相对方案 1.3 压力界限值相对偏小 10%,体系地下黏度保留率降低为 27.5%,方案的增采幅度相对降低 1.01%,降幅 3.70%。计算结果显示,当偏差取在适当范围内,可以获得相对较高的精准度驱油方案。

对于适合于化学复合驱技术应用的油田,在没有开展过驱油试验情况下,通过拟合驱油实验建立数字化地质模型,深入进行数字化驱油试验研究,完全可以设计出相对高质量驱油方案。

6 结论

(1)结合油层条件精心制造三维岩心模型,先后完成水驱、化学复合驱完整的驱油实验过程,在油藏模型条件下对驱油实验进行"等效拟合",建立数字化油藏地质模型平台,在数字化油藏地质模型平台上进行数字化驱油试验,深化驱油技术研究。

(2)建立正确描述油层非均质性且结构简单的油藏模型,以此模型为基础,制造三维驱油实验模型,模型精度要求水驱油实验采收率与油层确认的采收率偏差小于 1%;在高精度水驱实验基础上继而采用合适的体系、合理的段塞结构复合驱油实验,是建立油藏数字化地质模型实验基础。

（3）在油层条件下建立简化结构地质模型,对室内驱油实验等效拟合,实现等效拟合关键是两个模型中截面上有着相等的平均渗流速度。拟合计算必须采用驱油机理相对完善化学复合驱软件,水驱过程拟合确定油藏地质数据,化学复合驱油过程拟合确定油层与化学复合驱相关信息数据,建立化学复合驱数字化地质模型。

（4）应用化学复合驱数字化地质模型深入开展数字化驱油试验研究,提升室内实验研究水平和应用范围;对于适合于复合驱油技术应用而没有开展过驱油试验的油田,在精心研究确定驱油试验油层条件下关键技术参数基础上,应用数字化驱油试验研究设计相对高质量驱油方案。

符 号 说 明

v——驱替速度,m/s;

μ_w——驱替相相黏度,mPa·s;

σ_{ow}——驱替相与被驱替相间的界面张力,mN/m;

N_c——毛细管数值;

N_{ct1}——化学复合驱油过程中驱动状况发生转化时的极限毛细管数;

N_{ct2}——处于"Ⅰ类"驱动状况下化学复合驱油过程对应的残余油值不再减小变化时的极限毛细管数;

S_{or}^H——处于"Ⅰ类"驱动状况下化学复合驱油过程最低的残余油饱和度,即处于极限毛细管数 N_{ct2} 和 N_{ct1} 之间毛细管数对应的残余油饱和度;

"Ⅰ类"驱动状况——毛细管数小于或等于极限毛细管数 N_{ct1} 情况下驱替;

"Ⅱ类"驱动状况——毛细管数高于极限毛细管数 N_{ct1} 情况下驱替;

T_o——驱动状况转化参数;

V_k——油层非均质变异系数。

参 考 文 献

[1] 戚连庆. 聚合物驱油工程数值模拟研究 [M]. 北京:石油工业出版社,1998.

[2] 王凤兰,伍晓林,陈广宇,等. 大庆油田三元复合技术进展 [J]. 大庆石油地质与开发,2009,28（5）: 154–162.

[3] Wang Demin, Cheng Jiecheng, Wu Junzheng, et al. Summary of ASP Pilots in Daqing Oil Field[C].SPE 57288,1999.

[4] Qi L Q, Liu Z Z, Yang C Z, et al. Supplement and Optimization of Classical Capillary Number Experimental Curve for Enhanced Oil recovery by Combination Flooding[J].Sci.China Tech.Sci.,2014,57:2190–2203.

[5] 戚连庆,朱洪庆,孙艳萍,等. 复合驱油技术应用中推荐低浓度表活剂体系 [J]. 大庆石油地质与开发, 2010,29（3）:143–149.

[6] 李士奎,朱焱,赵永胜,等. 大庆油田三元复合驱试验效果评价研究 [J]. 石油学报,2005,26（3）:56–63.

实验岩心微观油水分布模型的构建

戚连庆[1] 尹彦君[2] 王 雨[3] 李道山[4] 乔卫红[5] 李 芳[2] 张军辉[2] 吴雅丽[2]

（1.中国石油大庆油田有限责任公司勘探开发研究院；2.中海油能源发展股份有限公司工程技术分公司；3.中国石油克拉玛依油田研究院；4.中国石油大港油田采油工艺研究院；5.大连理工大学化工学院）

摘 要：依据渗流力学基本理论和定义，分析研究毛细管数实验曲线 QL 实验数据，严格推理分析建立了驱油实验岩心微观空间油水分布特征模型，以孔径由大到小排列为序，依次为"纯油"空间、"纯水"空间、"油水共存"空间等，为正确认识毛细管数实验曲线创建了技术平台。微观空间油水分布特征模型的建立是对于油层物理研究领域中油层微观构造、油水分布的深化认识，必将在油田勘探开发研究生产中经受检验和发挥重要作用。

关键词：渗流力学；微观空间；驱油实验；油水共存；毛细管数曲线；复合驱

1 概述

美国学者 Moore 等[1]，Taber[2]和 Foster[3]于 20 世纪中叶，为了研究和描述驱油过程中"被捕集的残余油投入流动的水动力学力与毛细管滞留力之间的关系"，先后提出了水动力学力与毛细管力比值的概念，称其为毛细管数，其定义式为：

$$N_c = \frac{v\mu_w}{\sigma_{ow}} \tag{1}$$

式中：N_c 是毛细管数；v 是驱替速度，m/s；μ_w 是驱替相黏度，mPa·s；σ_{ow} 是驱替相与被驱替相间界面张力，mN/m。进一步由实验做出了毛细管数与残余油之间的对应关系曲线，通常简称为"毛细管数曲线"，学者们从不同角度出发研究得到了不同形态的曲线，图 1 是由 Moore 和 Slobod 完成的实验曲线。

这一重要研究成果问世已半个多世纪，它开启了化学驱油技术理论研究和应用。作者正是在学习、研究美国学者研究成果的基础上，进入了化学驱研究领域，经多年潜心研究，完成文献《复合驱提高石油采收率经典毛细管数实验曲线补充和完善》[4]研究，实验做出了如图 2 所示"毛细管数实验曲线 QL"，两图比较，若将"毛细管数实验曲线 QL"以极限毛细管数 N_{ct2} 点为界分割为两部分，其左半部分与图 1 所示"经典毛细管数实验曲线"在形态上基本相似，相应的关键毛细管数值相近，而其右半部分正是对于它的"补充和完善"。

文献[4]在《中国科学：技术科学》发表，引起同行关心和重视，但是，出于经典毛细管数实验曲线广泛深入人心，新的曲线人们不易接受，人们的疑问在于"怎样解释毛细管数实

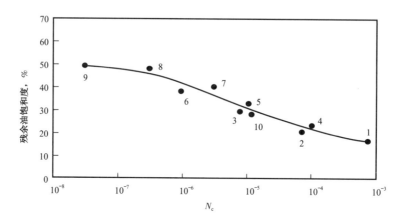

图 1　残余油饱和度与毛细管数的关系曲线

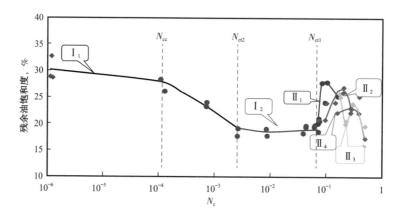

图 2　毛细管数与残余油关系实验曲线 QL

验曲线 QL 的复杂形态"。文献中 4.3 节"高毛细管数条件下出现高的残余油饱和度原因的深入研究",介绍了实验完成后实验岩心的压汞资料和驱油实验注入液量、采出油水量的分析,认识了"在高于极限毛细管数 N_{ct1} 情况下驱油过程,已驱替到微细孔道油水共存孔喉区,在高毛细管数驱替条件下,部分水湿孔喉发生润湿性转化,孔喉中的束缚水被活化而驱走,驱走的活化水即为产出的油层水,这部分孔喉转化为油湿,它捕捉了流动中的原油成为'束缚油',使得产出油量减少,从而加大了驱油后残余油饱和度"。这段文字来之不易:毛细管数实验曲线 QL 做出后,立即介绍给作者原工作单位——大庆油田研究院,希望得以验证。出于当时的理解,提出"最佳"方案——1 支岩心两次驱替,首先在毛细管数高于极限毛细管数 N_{ct1} 情况下驱替,获得高的残余油饱和度,再转到毛细管数介于极限毛细管数 N_{ct2} 和 N_{ct1} 间某值条件下驱替,会继续驱出部分原油,得到残余油饱和度极限值 S_{or}^H。研究院实验证实,高于极限毛细管数 N_{ct1} 情况下驱替,获得高的残余油饱和度,但是,二次驱替没有再驱出原油。后来,作者本人亲临大庆油田在采油一厂试验大队组织实验,获得相同结果。认真总结"失败"实验而获得深入认识。

　　文献[4]发表后,作者继续进行深入研究工作,这里介绍新的研究成果。

2 驱油实验岩心中油水饱和历程

毛细管数实验曲线是在岩心上完成驱油实验得到的,岩心的微观结构和油水分布情况决定实验结果。为了正确认识驱油实验前岩心中油水分布状况,首先介绍驱油实验岩心饱和水、油过程。

为了使得岩心驱油实验结果更接近于油层中驱油实际情况,除要求人工制作的岩心更接近于油层岩心情况,也要求油层孔隙中油水分布情况相近于油层油水分布情况。为做到这一点,驱油实验对于岩心饱和油过程有着严格要求。大致程序如下:(1)采用抽真空方法饱和水;(2)采用油驱水方法饱和油;(3)饱和水、油之后,对于饱和后岩心"老化"处理至少12h。只有"老化"后的岩心中水、油分布更"均匀"才可供驱油实验使用。

采用抽真空方法保证了岩心孔隙空间充满了"原生水";注油驱水过程中,原油首先进入孔隙半径大的毛孔,逐渐向孔隙半径相对小的孔隙扩展,形成储油网络空间 V_0(图1),随着原油的继续注入,储油空间范围逐渐扩展到孔径小于 r_{oc} 空间;从毛细管数实验曲线中看到,存在一个临界点 N_{cc},曲线在该点前后发生转折性变化,这一变化必然与岩心内部结构变化有关,孔径 r_{oc} 可能是这一变化的分界处,在孔隙半径大于 r_{oc} 孔隙里,孔径变化对于油的流动毛细管阻力影响梯度相对微小,而在流动油进入孔隙半径小于 r_{oc} 孔隙里之后,孔径变化对于油的流动毛细管阻力影响梯度加大,强力注入的油只能选择性进入阻力相对小、流动更畅通的孔隙中,这里原先为"纯水"空间,流动油进驻其中,并逐步扩大"地盘",将原"纯水"空间分割包围,形成两类空间,一类为流动油占据后成为的"纯油"子空间 V_{ow},另一类为"纯水"子空间 V_{wo},它们都是以分散状态分布,相互分隔,相互包围,同存于孔隙半径在 r_{oc}—r_{wo} 范围空间内,称其为"油水共存"空间。在"油水共存"空间中,油水间有着大幅度的界面面积,具有一定量表面能,这是油的进入过程外力做功的结果。岩心的润湿性不同,将决定孔径在 r_{wo} 以下孔隙空间中油水分布,岩心水湿,孔隙中毛细管力作用控制油难以进入其中,那里仍为"纯水"空间;岩心油湿,毛细管力作用,饱和油过程中就有油到达那里,成为"纯油"空间。图3给出油湿岩心饱和油水后油水分布示意图,图4给出水湿岩心饱和油水后油水分布示意图。

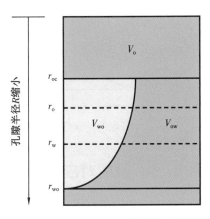 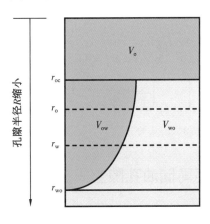

图3 实验岩心饱和油水后油水分布示意图(油湿)　图4 实验岩心饱和油水后油水分布示意图(水湿)

3 驱油实验岩心中油水初始分布状况

注油过程结束,外力作用终止,对岩心要进行12h以上"老化"处理。根据热力学第二定律,物质总是有力图减小任何自由能趋势。在饱和油后的岩心内,在其"油水共存"孔隙空间范围内,大面积的油水界面储集足够大的表面能,在老化处理过程中,遵循热力学第二定律,力图降低过剩的表面自由能,减少油水表面积,降低的油水表面能转化成毛细管力,作为驱动力驱动滞留在某些部位的油滴,黏滞力转为阻力,在满足驱动力大于阻力的情况下,油滴重新启动开始流动,油的流动又带动水的流动;油水流动也遵循热力学第二定律,力求表面自由能最小化,活化的油滴相互靠近、聚合成片,流向、合并于"纯油"空间,扩大后的"纯油"空间最小孔隙半径为r_o,流动的水由分散状况聚合成片,最后合成一个体积范围较大的"纯水"空间,相邻于"纯油"空间,孔径范围在$r_o \sim r_w$,这一"纯水"空间也被称为"水膜";对于孔隙半径小于r_w的孔隙空间中原油,界面能转化成的毛细管力满足不了启动要求条件,仍保留初始状态,孔径范围在$r_w \sim r_{wo}$空间仍为"油水共存"子空间。孔径再小的孔隙空间油水分布状况在岩心老化过程中没有变化。

岩心"老化"之后,内部油水分布达到新的平衡:孔隙半径在r_o以上为"纯油"孔隙空间V_o,孔隙半径处于$r_o \sim r_w$范围内的"纯水"孔隙空间V_w,孔径在$r_w \sim r_{wo}$范围内为"油水共存"空间,孔径再小的孔隙空间或为"纯水"空间,或为"纯油"空间,以下研究中这部分空间不单独标记,若为"纯油"空间则归于"纯油"子空间V_{ow},若为"纯水"空间则归于"纯水"子空间V_{wo}。图5给出油湿岩心驱油实验开始前油水分布示意图,图6给出水湿岩心驱油实验开始前油水分布示意图。

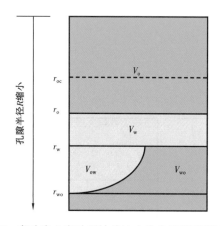 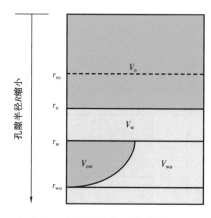

图5 实验岩心实验开始前油水分布示意图(油湿)　图6 实验岩心实验开始前油水分布示意图(水湿)

4 不同储油孔隙空间驱替与毛细管数曲线不同区段间对应关系

在图5所示油水分布局面条件下,分析研究实验毛细管数曲线不同区段的驱动状况。

4.1 毛细管数 N_c 低于极限毛细管数 N_{ct1} 情况下驱替

4.1.1 毛细管数 N_c 低于极限毛细管数 N_{ct2} 情况下驱替

"纯油"空间 V_o 孔隙半径相对为大,还要注意到,空间中存在一个隐性界限——孔径 r_{oc},驱油过程中,如图 7 所示,在毛细管数 N_c 低于临界毛细管数 N_{cc} 的条件下水驱,储油孔隙空间 V_o 中孔隙半径高于 r_{oc} 部分孔隙中的油被驱走,得到一个确定的残余油饱和度数值 S_{or}。随着驱油过程中毛细管数逐步增大,能被活化驱走原油的孔隙半径逐渐缩小,在毛细管数达到极限毛细管数 N_{cc} 时,孔隙半径在 r_{oc} 以上空间油被驱走,残余油饱和度 S_{or} 为极限值 S_{or}^L。驱油过程中毛细管数再进一步增大,如图 8 所示,油被驱走空间孔隙半径进一步缩小到小于 r_{oc},由岩心油水饱和历程看到,孔径 r_{oc} 两侧毛细管力作用大小有着转折性变化,这时必须显著加大毛细管数变化梯度才可能将孔隙中的原油驱出,驱替实验正式进入到复合驱,毛细管数增大残余油饱和度降低,在毛细管数达到极限值 N_{ct2} 时,孔隙半径在 r_o 以上的孔隙空间的油全部启动被驱出,残余油饱和度 S_{or} 降低到极限值 S_{or}^H。

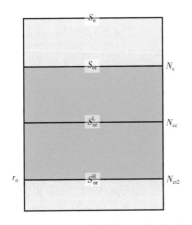
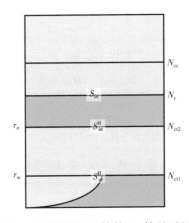

图 7　低于极限毛细管数 N_{cc} 情况下驱替　　图 8　高于极限毛细管数 N_{cc} 情况下驱替
　　　　油水分布情况　　　　　　　　　　　　　油水分布情况

将文献[4]的表 4 中有关曲线 I 部分实验数据列入表 1。

表 1　毛细管数曲线驱油实验基本数据(1)

岩心编号	注入速度 mL/min	体系黏度 mPa·s	界面张力 mN/m	渗流速度 10^{-5}m/s	前期水驱采出程度 %	最终采收率 %	毛细管数	残余油饱和度 %	曲线标记
3-9	1.00	0.60	2.25×10^1	4.080	60.5	60.50	2.91×10^{-8}	28.6	
3-16	1.00	0.60	2.25×10^1	4.460	63.1	63.10	2.91×10^{-8}	28.7	
3-94	0.70	5.30	1.50×10^0	3.010	44.4	64.32	1.06×10^{-4}	28.4	I
3-8	0.60	6.40	1.20×10^0	2.350	41.6	67.31	1.25×10^{-4}	26.2	
3-10	0.60	3.56	1.11×10^{-1}	2.150	37.2	70.29	6.89×10^{-4}	23.3	

岩心编号	注入速度 mL/min	体系黏度 mPa·s	界面张力 mN/m	渗流速度 10^{-5}m/s	前期水驱采出程度 %	最终采收率 %	毛细管数	残余油饱和度 %	曲线标记
3-73	0.60	3.56	1.11×10^{-1}	2.200	37.2	68.50	7.04×10^{-4}	24.1	
3-84	0.60	20.40	1.70×10^{-1}	2.150	45.6	75.00	2.58×10^{-3}	19.2	
3-89	0.60	20.40	1.70×10^{-1}	2.340	46.1	77.61	2.81×10^{-3}	17.8	
3-51	0.80	23.60	8.80×10^{-2}	2.800	0[①]	76.52	7.51×10^{-3}	18.3	
3-63	0.80	23.60	6.50×10^{-2}	2.920	0[①]	76.54	7.83×10^{-3}	18.7	
3-35	0.80	17.90	5.83×10^{-2}	2.700	46.3	74.78	8.29×10^{-3}	19.1	I
3-61	0.70	24.00	6.50×10^{-2}	2.330	46.3	75.40	8.59×10^{-3}	17.8	
3-29	0.60	11.90	6.40×10^{-3}	2.050	56.7	76.41	3.81×10^{-2}	18.3	
3-70	1.00	11.50	9.80×10^{-3}	3.650	51.1	75.91	4.28×10^{-2}	19.7	
3-83	1.00	11.50	9.80×10^{-3}	3.640	50.8	75.70	4.27×10^{-2}	19.4	
3-30	0.70	24.10	1.00×10^{-2}	2.500	48.1	75.00	6.03×10^{-2}	19.5	
3-27	0.55	26.40	7.20×10^{-3}	1.940	47.9	75.81	7.12×10^{-2}	18.6	

① 这两个实验数据为测试相对渗透率曲线实验时获取的实验数据,设有前期水驱过程。

由表1数据看到,岩心3-9、岩心3-16两个水驱油实验,采用较高的注液速度——1.0 mL/min,毛细管数在 2.91×10^{-8} 左右,对应的残余油饱和度在28.6%左右,后续实验,仅靠提速办法提高毛细管数困难,采用了调速、体系界面张力、体系黏度并用方法提高驱油过程毛细管数,岩心3-94实验,毛细管数值为 1.06×10^{-4},对应残余油饱和度值为28.4%;岩心3-8实验,毛细管数值 1.25×10^{-4},残余油饱和度值为26.2%,临界毛细管数 N_{cc} 的值在 $1.06 \times 10^{-4} \sim 1.25 \times 10^{-4}$,残余油饱和度 S_{or}^{L} 值约为27.0%。毛细管数继续增大,残余油饱和度出现快速下降变化,毛细管数值处于 7.04×10^{-4} 时对应残余油饱和度值约为24%左右,对应毛细管数值 2.58×10^{-3},残余油饱和度值降为19.2%,毛细管数值 7.51×10^{-3},对应残余油饱和度值降为18.3%,毛细管数继续增大,残余油不再减少,"空间" V_0 中的原油近于被全部采出,文献[4]定义残余油饱和度达到相对最低处毛细管数为"极限毛细管数 N_{ct2}",实验数据看到,N_{ct2} 值在毛细管数值 $2.58 \times 10^{-3} \sim 7.51 \times 10^{-3}$ 间。

美国学者的驱油实验做出的经典毛细管数线,随着毛细管数增大,残余油饱和度呈平稳下降变化,在毛细管数达到一个临界值 N_{cc} 后,残余油饱和度相对快速下降,在毛细管数达到"最终"值 N_{ct},残余油饱和度降到极限值 S_{or}^{H},根据不同的实验条件,实验得到临界毛细管数 N_{cc} 大致为 $10^{-5} \sim 10^{-4}$,"最终"毛细管数 N_{ct} 大致为 $10^{-3} \sim 10^{-2}$。实验曲线 QL 的这一部分与美国学者的曲线比较,曲线形态和变化趋势是一致的,临界毛细管数 N_{cc} 值、极限毛细管

数 N_{ct} 值是相近的。正是尊重美国学者研究成果,尽可能沿用美国学者对相应参数的命名。

4.1.2 毛细管数 N_c 介于极限毛细管数 N_{ct2}～N_{ct1} 间驱替

如图 9 所示,驱油实验毛细管数由极限毛细管数 N_{ct2} 逐渐增大,开启了孔径高于孔径 r_o 范围的孔隙空间,使得原存于这一孔隙空间原油或滞留于这一孔隙中的油滴可以流动,毛细管数逐渐增大,开启的孔隙空间孔径逐渐缩小,当毛细管数增大到极限毛细管数 N_{ct1},孔径在 r_w 以上孔隙空间 V_w 整体被开启。开启后的空间,驱油过程不可能有流动油滞留,随后毛细管数增大的不同实验,对应的驱油过程没有残余油饱和度的降低,表明毛细管数增大没有带来原存的"束缚油"被启动,残余油饱和度 S_{or} 保持在 S_{or}^H 处,毛细管数实验曲线显示为"平直"段,这样的孔隙空间只能是"纯水"空间。

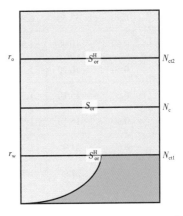

图 9 毛细管数介于 N_{ct2}～N_{ct1} 驱替终止油水分布示意图

由表 1 看到,岩心 3-84 实验毛细管数最小,值为 2.58×10^{-3},对应的残余油饱和度为 19.2%,岩心 3-27 实验毛细管数最大,值为 7.12×10^{-2},对应的残余油饱和度为 18.6%,前后共 11 个实验,残余油饱和度最大为 19.7%,最小为 17.8%,平均值为 18.76%。

表 2 岩心 3-44 实验毛细管数值略高,为 7.20×10^{-2},对应残余油饱和度值为 20.1%,明显相对升高。依据实验结果确定实验的极限毛细管数 N_{ct1} 的值为 7.12×10^{-2}。

表 2 毛细管数曲线驱油实验基本数据(2)

岩心编号	注入速度 mL/min	体系黏度 mPa·s	界面张力 mN/m	渗流速度 10^{-5} m/s	毛细管数	残余油饱和度 %	L %	曲线标记
3-44	0.60	24.00	7.20×10^{-3}	2.160	7.20×10^{-2}	20.1	1.34	
3-45	0.60	24.00	7.20×10^{-3}	2.170	7.25×10^{-2}	21.1	2.34	
3-18	0.60	24.30	7.20×10^{-3}	2.270	7.65×10^{-2}	20.5	1.74	
3-14	0.55	26.40	7.20×10^{-3}	2.250	8.23×10^{-2}	27.8	9.04	II_1
3-11	0.80	16.50	5.00×10^{-3}	2.860	9.43×10^{-2}	24.0	5.24	
3-53	0.60	29.20	6.80×10^{-3}	2.327	9.99×10^{-2}	24.0	5.24	
3-15	0.80	16.50	5.00×10^{-3}	3.080	1.02×10^{-1}	27.9	9.14	
3-72	0.90	19.50	6.80×10^{-3}	3.290	9.44×10^{-2}	20.8	2.04	
3-23	0.90	28.60	6.80×10^{-3}	3.391	1.43×10^{-1}	24.1	5.34	II_2
3-85	0.90	38.20	6.80×10^{-3}	3.495	1.96×10^{-1}	25.9	7.14	
3-54	0.90	38.30	6.80×10^{-3}	3.566	2.01×10^{-1}	26.9	8.14	

续表

岩心编号	注入速度 mL/min	体系黏度 mPa·s	界面张力 mN/m	渗流速度 10^{-5}m/s	毛细管数	残余油饱和度 %	L %	曲线标记
3-17	0.90	53.50	6.80×10^{-3}	3.513	2.76×10^{-1}	22.9	4.14	II_2
3-62	0.90	53.50	6.80×10^{-3}	3.388	2.67×10^{-1}	22.2	3.34	
3-5	0.60	10.90	1.50×10^{-3}	2.420	1.76×10^{-1}	25.1	6.34	II_3
3-69	0.60	10.90	1.50×10^{-3}	2.350	1.71×10^{-1}	25.7	6.94	
3-81	0.60	15.10	1.50×10^{-3}	2.160	2.17×10^{-1}	20.0	1.24	
3-31	0.60	15.10	1.50×10^{-3}	2.210	2.22×10^{-1}	20.6	1.84	
3-3	0.60	21.90	1.70×10^{-3}	2.260	2.91×10^{-1}	23.7	4.94	
3-48	0.60	21.90	1.70×10^{-3}	2.240	2.89×10^{-1}	23.9	5.14	
3-1	0.60	37.40	1.70×10^{-3}	2.190	4.81×10^{-1}	19.6	0.84	
3-26	0.60	37.40	1.70×10^{-3}	2.080	4.57×10^{-1}	15.9	-2.86	
3-50	0.90	7.20	1.50×10^{-3}	3.220	1.55×10^{-1}	22.2	3.44	II_4
3-21	0.90	11.10	1.50×10^{-3}	3.580	2.65×10^{-1}	23.0	4.24	
3-57	0.90	17.30	1.50×10^{-3}	2.460	2.83×10^{-1}	25.2	6.34	
3-82	0.90	17.30	1.50×10^{-3}	3.230	3.72×10^{-1}	22.1	3.34	
3-68	0.90	24.10	1.50×10^{-3}	2.990	4.80×10^{-1}	17.3	-1.46	

实验岩心初始油水分布存在一个"纯水"空间,合理地解释了毛细管数实验曲线 QL 中存在残余油饱和度 S_{or} 为常数 S_{or}^H 的平直段原因;反过来讲,毛细管数实验曲线 QL 中存在残余油饱和度 S_{or} 为常数 S_{or}^H 的平直段,证实实验岩心初始油水分布必然存在一个"纯水"空间。

4.2 毛细管数 N_c 高于极限毛细管数 N_{ct1} 情况下驱替

4.2.1 "油水共存"孔隙空间油水初始分布状况和驱油过程终止油水分布状况的变化

驱油过程中,当毛细管数由极限毛细管数 N_{ct1} 起始进一步增大,驱替过程进入启动"油水共存"空间油水运动。为便于叙述和理解,图10单独绘出实验初始时刻"油水共存"空间油水分布示意图,且在以下文中将"油水共存"空间中"纯水"子空间简称为"束缚水"空间,将"纯油"子空间简称为"束缚油"空间。

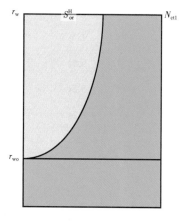

图 10 "油水共存"空间初始时刻油水分布示意

由图 10 看到,在油水共存空间中,在相同的孔径范围内,既有纯油子空间,又有纯水子空间,再者,油水共存空间孔径已足够小,毛细管力的作用更为突出。如图 11 所示,孔隙半径处于 $r_w \sim r_{wol}$ 间存在有"束缚油"子空间①和"束缚水"子空间①,在毛细管数 N_c 略高于极限毛细管数 N_{ct1} 条件下驱替,油水存在明显的黏滞阻力差异在这里显示出来,子空间①中的"束缚油"不能够被启动,而子空间①中的"束缚水"能够被启动;这样一来,相邻的孔径高于 r_w 的油水流动空间中的流动油有机会进入子空间①中,油滴一旦进入相对为细孔道,在孔道内流动阻力加大,在外有着相对流速为快的流动水,油滴极易被封堵滞留下来,再启动它就需要更高的毛细管数,这里不具备这样条件,进入孔隙空间①中的"流动油"被捕获成为"束缚油",以 L_1 标记孔隙空间①中捕获油量的体积百分数,即捕获油量与岩心孔隙体积的比值,驱油过程终止后残余油饱和度 $S_{or} = S_{or}^H + L_1$,由此出现驱油过程终止残余油饱和度加大情况。

加大驱油实验毛细管数,如图 12 所示,孔隙半径介于 $r_w \sim r_{ow2}$ 间子空间②中的"束缚油"被启动驱走,以 L_2 标记获释"束缚油"油量体积百分数,孔隙半径介于 $r_{ow2} \sim r_{wo2}$ 间子空间②成为捕获"流动油"空间,仍以 L_1 标记捕获"流动油"量的体积百分数,实验的残余油饱和度:

$$S_{or} = S_{or}^H + L = S_{or}^H + (L_1 - L_2) \tag{2}$$

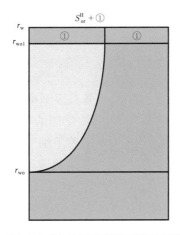

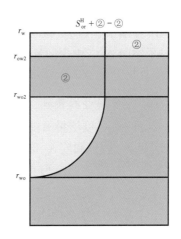

图 11 "油水共存"空间略高于极限毛细管数 N_{ct1} 情况下驱替驱油过程终止油水分布示意图(1)　图 12 "油水共存"空间高于极限毛细管数 N_{ct1} 情况下驱替驱油过程终止油水分布示意图(2)

再次加大驱油实验毛细管数,将重复出现如前相同情况。由此可总结出第 n 次实验情况,如图 13 所示,启动"束缚油"空间的子空间孔隙半径介于 $r_w \sim r_{own}$ 间子空间ⓝ,以 L_2 标记获释"束缚油"油量体积百分数,捕获流动油的"束缚水"空间的子空间ⓝ的孔隙半径介于 $r_{own} \sim r_{won}$ 间,仍以 L_1 标记捕获"流动油"量的体积百分数。由此得到第 n 次驱油实验的残余油饱和度:

$$S_{or} = S_{or}^H + L_n = S_{or}^H + (L_1 - L_2) \tag{3}$$

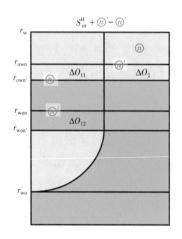

图 13 "油水共存"空间毛细管数高于 N_{ct1} 驱替驱油过程终止油水分布示意图（3）

驱油实验残余油饱和度 S_{or} 可以得到，残余油饱和度极限值 S_{or}^{H} 也已得到，由此，驱油实验残余油饱和度 S_{or} 相对增量 L 可以获得，增量 L 由两个部分组成，L_1 为捕获"流动油"量的体积百分数，L_2 为获释"束缚油"油量体积百分数，尽管 L_1 和 L_2 不能直接测到，但是已认清它们是残余油饱和度产生增量的相关要素，可以定性对其深入研究。

取 $n'=n+1$，n' 次驱油实验，驱油过程中毛细管数相对增大，图 13 绘出 n' 次驱油实验相关量标记。启动"束缚油"的子空间 ⓝ' 的孔隙半径介于 $r_w \sim r_{own'}$ 间，获释油量体积百分数为 L_2'，捕获"流动油"的子空间 ⓝ' 的孔隙半径介于 $r_{own'} \sim r_{won'}$ 间，孔隙半径 $r_{own'}$ 小于 r_{won}，孔隙半径 $r_{won'}$ 小于 r_{won}，以 L_1' 标记捕获油量体积百分数，实验终止残余油饱和度：

$$S_{or}'=S_{or}^{H}+L_{n+1}=S_{or}^{H}+L_1'-L_2' \tag{4}$$

两次相邻实验残余油饱和度差值：

$$\Delta=S_{or}'-S_{or}=(L_1'-L_2')-(L_1-L_2)=(L_1'-L_1)-(L_2'-L_2) \tag{5}$$

由图 13 中看到，含油量（$L_2'-L_2$）即是子空间 ΔO_2 中油的含量，含油量（$L_1'-L_1$）即是子空间 ΔO_{12} 与子空间 ΔO_{11} 中含油量的差，由此可简化写出：

$$\Delta=\Delta O_{12}-\Delta O_{11}-\Delta O_2 \tag{6}$$

由毛细管数实验曲线看到，从极限毛细管数 N_{ct1} 出发，随着毛细管数逐渐则大，因相邻两实验的残余油饱和度增量 Δ 大于 0，有残余油饱和度 S_{or} 逐渐增大，在恰当的毛细管数 N_c 处，有 $\Delta=0$，残余油饱和度 S_{or} 取得极大值，进而 Δ 转化为小于 0 值，随着毛细管数增大，对应的残余油饱和度呈逐渐减小变化，在合适的毛细管数值上，再次有残余油饱和度 S_{or} 相等于极限值 S_{or}^{H}，毛细管数继续增大残余油饱和度继续降低。

结合实验数据分析，表 2 列出实验曲线 QL 中毛细管数高于极限毛细管数 N_{ct1} 情况下实验数据，个别实验数据位置有所调整。

曲线 II_1 中前三个实验，注液速度和界面张力都相同，体系黏度近于相同，三实验与岩心 3-27 实验比较，体系界面张力相同，注液速度偏高，体系黏度偏低，驱油过程中毛细管数分别为 7.20×10^{-2}，7.25×10^{-2} 和 7.65×10^{-2}，都高于岩心 3-27 实验毛细管数 7.12×10^{-2}，驱油过程终止时残余油饱和度 S_{or} 分别为 20.1%，21.1% 和 20.5%，高于岩心 3-27 实验残余油饱和度值 18.6%，也高于计算求得的残余油饱和度极限 S_{or}^{H} 值 18.76%。可以认为在"束缚油"子空间中没有"束缚油"获释被驱走，即 $L_2=0$，而在"束缚水"子空间 ① 中捕获油量 L_1 的体积百分数约为 1.34%，2.34% 和 1.74%，残余油饱和度 S_{or} 相对增量 $L=L_1$；岩心 3-11 和岩心 3-53 驱油实验，两者相互比较，体系界面张力、注液速度和体系黏度都有所差别，驱油过程毛细管数相近,分别为 9.43×10^{-2} 和 9.99×10^{-2},残余油饱和度 S_{or} 同为 24.0%,相对残余油饱和度极限值 S_{or}^{H} 增量 L 为 5.24%,相比前组实验,驱油过程毛细管数增大,残余油饱和度值提高,相对残余油饱和度极限值 S_{or}^{H} 增量 L 提高,"束缚水"子空间①中捕获油量 L_1 的体积百分数要高于 L;岩心 3–14 和岩心 3–15 驱油实验,两者比较,体系界面张力、注液速度和体系黏度也都有所差别,驱油过程毛细管数分别为 8.23×10^{-2} 和 1.02×10^{-1},相差较大,但其驱替效果十分接近,残余油饱和度 S_{or} 值分别为 27.8% 和 27.9%,相对残余油饱和度极限值 S_{or}^{H} 增量 L 分别为 9.04% 和 9.14%,查找原因看到岩心构造明显存在差别。将岩心 3–14 和岩心 3–15 驱油分开,7 实验如表 2 中排序,前 6 个实验一组,毛细管数增大,残余油饱和度增大,岩心 3–14 实验残余油饱和度为极大值,进而随着毛细管数增大,残余油饱和度呈减小变化;扣除岩心 3–14,另 6 实验一组,毛细管数增大,残余油饱和度逐渐增大,岩心 3–15 实验残余油饱和度为极大值。

分析实验曲线 II_2 实验实例。实验注液速度取 0.9mL/min,体系界面张力为 6.8×10^{-3}mN/m,体系黏度逐渐增大,完成 6 驱油实验。分析表中前 5 个实验,毛细管数呈逐渐增大变化,对应的残余油饱和度 S_{or} 首先呈逐渐增大变化,岩心 3–54 实验毛细管数达到 2.01×10^{-1},残余油饱和度为 26.9%,达到极大值,之后实验毛细管数继续增大,残余油饱和度呈下降变化。岩心 3–62 和岩心 3–17 实验为一组平行实验,实验结果数据毛细管数大者残余油饱和度略高,"有点"反序,检查实验记录确认岩心构造数据有所差异,致使岩心 3–62 实验渗流速度相对偏大,进而因剪切作用驱油过程体系黏度相对变低,毛细管数计算取了相对高的黏度值,若取实际黏度值计算,该实验的毛细管数可能略小于 2.67×10^{-1},这样一来就没有反序问题。由实验数据看到,岩心 3–54 实验毛细管数达到 2.01×10^{-1},残余油饱和度为 26.9%,比残余油饱和度极限值 S_{or}^{H} 高出 8.14%,看到采出油水共存空间原油的难度,又看到岩心 3–62 实验毛细管数达到 2.67×10^{-1},体系黏度达到 53.50mPa·s,残余油饱和度为 22.2%,比残余油饱和度极限值 S_{or}^{H} 高出 3.34%,清楚看到体系界面张力偏高是导致残余油饱和度偏大的重要影响因素,本组实验体系界面张力为 6.80×10^{-3}mN/m,符合行业标准要求,这更应引起人们重视。

4.2.2 "油水共存"空间中驱替毛细管数实验曲线深化认识

曲线 II_4 实验:注液速度仍为 0.9mL/min,体系界面张力调到 1.50×10^{-3}mN/m,体系黏度变化,完成 5 个驱油实验。依着表中排序,方案的体系黏度逐渐增高,毛细管数逐渐增大,对应实验残余油饱和度由呈逐渐增大变化,之后转为减小变化,岩心 3–57 实验上取得最大值,岩心 3–68 实验,驱油体系黏度 24.1mPa·s,驱油过程毛细管数为 4.80×10^{-1},残余油饱和度 S_{or} 值为 17.3%,较极限残余油饱和度 S_{or}^{H} 低出约 1.46%。

曲线 II_3 实验:注液速度降为 0.6mL/min,驱油实验体系界面张力原设计相同于曲线 II_4 实验。按实验要求,驱油实验的前一天下午按设计要求配制驱替液,测定体系界面张力的数据,驱油实验前再次核实测定,表中给出数据为核实数据,从数据中看到,高黏度体系界面张力相对提升,对于超低界面张力体系这是正常现象。分析实验结果,8 支岩心实验为 4 组平行试验,一组 3–5 和 3–69 两支岩心驱油实验,体系界面张力、黏度相近,对应的驱替速度相近,驱油过程中毛细管数相近,分别为 1.76×10^{-1} 和 1.71×10^{-1},驱油过程终止残余油饱和度值相近,分别为 25.1% 和 25.7%,二组 3–81 和 3–31 两支岩心驱油实验情况相近于前组,驱油过程中毛细管数分别为 2.17×10^{-1} 和 2.22×10^{-1},驱油过程终止残余油饱和度值分别为 20.0% 和 20.6%,这里出现两个情况,一是一组实验毛细管数值相对为小,取得相对很大的残余油饱和度值,二是毛细管数增大没有出现残余油饱和度增大变化,这都是正常情况,原因是一组实验驱油过程毛细管数已充分大,残余油饱和度已达到了一个"峰值",二组毛细管数增大实验,它相对一组实验残余油饱和度增量 Δ 小于 0,因而出现残余油饱和度降低变化;在实测体系界面张力值为 1.70×10^{-3} mN/m 情况下完成 3–3 和 3–48 两支岩心驱油实验,驱油过程毛细管数分别为 2.22×10^{-1} 和 2.20×10^{-1},驱油过程终止残余油饱和度分别为 23.7% 和 23.9%;继续加大驱油体系黏度,完成 3–1 和 3–26 两支岩心驱油实验,驱油过程毛细管数分别为 3.87×10^{-1} 和 3.85×10^{-1},驱油过程终止残余油饱和度分别为 19.6% 和 15.9%,两者偏离较大,后者已降到残余油饱和度 S_{or}^{H} 值以下,又有两个情况值得注意,残余油饱和度三组实验相对二组实验提高,四组实验相对三组实验下降,显然是因为:三组实验相对二组实验残余油饱和度增量 Δ 大于 0,四组实验相对三组实验残余油饱和度增量 Δ 小于 0。曲线 II_3 实验给出重要认识,实验曲线具有"双峰"情况,"双峰"形态毛细管数曲线可能是毛细管数高于极限毛细管数 N_{ct1} 下驱替毛细管数实验曲线的"标准"形态。

以上分析看到,在高于极限毛细管数 N_{ct1} 下驱替,驱替过程进入"油水共存"空间,实验做出了 4 条实验曲线,每条曲线是在一个确定条件下做出的,它们有着共同的特征,残余油饱和度 S_{or} 由两部分组成,其一是"束缚油"子空间中没有被启动的油量的体积百分数,另一部分是被启动后的"束缚水"子空间中捕获的"流动油"量的体积百分数,残余油饱和度 S_{or} 可表示成为一个复合函数:

$$S_{or}=F（N_c）=F（\mu_w, v/\sigma_{ow}） \qquad （7）$$

比值 v/σ_{ow} 可以作为一个合适的比较条件,对应不同的驱替相黏度 μ_w,完成一组驱油实验,做出一条对应的实验曲线。

通过以上研究清楚认识了在高于极限毛细管数 N_{ct1} 情况下驱替出现残余油饱和度增减变化的原因,再回头看文献[4]中 4.3 节"高毛细管数条件下出现高的残余油饱和度原因的深入研究"中,将残余油饱和度增减变化的原因解释是"在高毛细管数驱替条件下","发生润湿性转化"造成的,现在看来没有"发生润湿性转化";依据"发生润湿性转化"而命名参数 T_o 为"润湿性转化影响参数"不妥,应改为"驱动状况转化参数"。

4.2.3 岩心微观空间与毛细管数实验曲线之间要素对应关系梳理

在毛细管数实验曲线 QL 上有三个重要的极限毛细管数,毛细管数 N_{cc} 是由水驱转为化学复合驱的极限毛细管数,是水驱驱走空间 V_{o1}——"纯油"空间 V_o 中孔隙半径大于 r_{oc} 部分——中原油毛细管数的最大极限值,也是复合驱启动空间 V_{o2}——"纯油"空间 V_o 中孔隙半径小于 r_{oc} 部分——中原油毛细管数的最小极限值,它对应于"纯油"空间 V_o 中子空间 V_{o1} 和 V_{o2} 间界面的孔隙半径 r_{oc};毛细管数 N_{ct2} 是残余油饱和度由下降变化转为平直变化的极限毛细管数,是驱油过程活化"纯油"空间 V_o 中油的毛细管数最大极限值,也是启动"纯水"空间 V_w"束缚水"流动毛细管数的最小极限值,它对应于"纯油"空间 V_o 和"纯水"空间 V_w

间界面的孔隙半径 r_o;毛细管数 N_{ct1} 是残余油饱和度由平直变化转为复杂变化的极限毛细管数,是驱油过程活化"纯水"空间 V_w 中"束缚水"的毛细管数最大极限值,也是启动"油水共存"空间"束缚水"子空间 V_{wo} 中"束缚水"和"束缚油"子空间 V_{ow} 中"束缚油"的毛细管数最小值,它对应于"纯水"空间 V_w 与"油水共存"空间两子空间 V_{ow} 和 V_{wo} 间界面孔隙半径 r_w。

不难测得岩心初始"束缚水"饱和度 S_{wr}^L,它分布在"纯水"空间 V_w 和"束缚水"子空间 V_{wo} 中,初始含油饱和度 S_o,它分布在"纯油"子空间 V_{o1},V_{o2} 和 V_{ow} 中,它们含油量孔隙体积百分数参数分别为 v_{o1},v_{o2} 和 v_{ow},$S_o=1-S_{wr}^L=v_{o1}+v_{o2}+v_{ow}$。水驱极限毛细管数 N_{cc},对应采空子空间 V_{o1} 中油量,残余油饱和度极限值为 S_{or}^L,$S_{or}^L=1-S_{wr}^L-v_{o1}$,之后化学复合驱毛细管数 N_c 增大至极限毛细管数 N_{ct2},对应采空子空间 V_{o2} 中油量,残余油饱和度极限值为 S_{or}^H,$S_{or}^H=1-S_{wr}^L-v_{o1}-v_{o2}=v_{ow}$,毛细管数 N_c 继续增大,驱替进入油水共存空间,残余油饱和度 S_{or} 值出现复杂变化。

5 储层不同渗透率油层微观空间异同点

文献[4]介绍了在大庆油田油水条件下、在参考大庆油层条件制造的不同渗透率岩心上完成了极限毛细管数 N_{ct2} 和 N_{ct1} 的考核试验,这里从岩心微观空间油水分布模型出发做进一步讨论。

在文献[4]表6数据基础上补充相关数据列为表3。由表中数据看到,三组岩心驱油实验得到的极限毛细管数 N_{ct2} 和 N_{ct1} 极为接近,再细查实验数据,后两组实验还可以进一步加密实验缩小两参数取值范围,由此得到不同渗透率岩心有着近于相同的极限毛细管数 N_{ct2} 和 N_{ct1}。三组岩心有着近于相同的极限毛细管数 N_{ct2},表明它们的"纯油"空间 V_o 与"纯水"空间 V_w 之间"界面"处有着近于相同的孔隙半径和结构特征,又三组岩心有着近于相同的极限毛细管数 N_{ct1},表明它们的"纯水"空间 V_w 与"油水共存"空间"界面"处也有着近于相同孔隙半径和结构特征。不难解释,材质相同、粒度相同的岩砂,相同的胶结物,在相同标准要求下、在相同工艺条件下,相同粒径岩砂用量比例不同制造的岩心,在相同的油水条件下驱油实验,启动相同孔径中的油水的毛细管数理应是相同的。缺憾当年没有对极限毛细管数 N_{cc} 做考核试验,然而依据现在研究认识,可以推断,有且只有三组岩心"纯油"空间 V_o 中子空间 V_{o1} 和 V_{o2} 间"界面"处有着近于相同的孔隙半径,邻近处孔隙结构特征相近,它们才会有着相近的极限毛细管数 N_{cc}。

表3 不同岩心组毛细管数曲线驱油实验关键数据汇总表

岩心组	平均渗透率 K mD		N_{ct1}		N_{ct2}		最终采出程度 %	$S_{or}-S_{or}^H$ %	S_{or}^H %
	气测	水测	下限	上限	下限	上限			
1	2839	871	7.12×10^{-2}	7.20×10^{-2}	7.04×10^{-4}	2.58×10^{-3}	75.74	58.29	18.67
2	2375	784	1.11×10^{-1}	1.62×10^{-1}	5.91×10^{-4}	2.09×10^{-3}	65.77	46.58	24.24
3	1274	460	1.51×10^{-1}	2.13×10^{-1}	5.89×10^{-4}	1.34×10^{-3}	59.53	46.47	31.59

文献［4］中的表 4 和表 5 列出在毛细管数实验曲线 QL 实验和考核实验数据，两表中共 22 支岩心驱油过程毛细管数介于极限毛细管数 $N_{ct2} \sim N_{ct1}$ 之间，从中选出 14 支驱油实验数据分三组列于表 4 中，表中增添了较详细的岩心数据资料，岩心体积、孔隙体积、孔隙度、气测渗透率、饱和油量、初始含油饱和度、含水体积和实验测得的残余油饱和度 S_{or}^H。

表 4　毛细管数实验曲线 QL 实验数据表（3）

岩心编号	岩心体积 cm³	孔隙体积 mL	孔隙度 %	饱和油量 mL	渗透率（气测）D	S_o %	S_{or}^H %	V_o 空间体积 mL	V_{ow} 空间体积 mL	初始含水体积 mL
3-70	591	165	28.22	132	2851	80.00	19.3	100.2	31.8	33
3-63	582	165	28.43	130	2867	78.79	18.4	99.2	30.8	35
3-61	590	164	27.80	128	2843	78.05	19.9	95.4	32.6	36
3-30	590	168	28.48	131	2812	77.98	18.7	99.6	31.4	37
3-27	591	168	28.42	129	2824	76.79	18.6	97.8	31.2	39
3-84	579	167	28.82	128	2843	76.65	19.2	96.0	32.0	39
均值	587	166	28.36	130	2840	78.04	19.0	98.0	31.6	36
Y-25	311	80	25.67	61	1213	76.25	30.5	36.6	24.4	19
Y-8	311	79	25.35	63	1269	79.75	32.7	37.2	25.8	16
Y-5	311	82	26.31	66	1245	80.49	31.5	40.2	25.8	16
Y-3	311	81	25.99	62	1251	76.54	30.1	37.6	24.4	19
均值	311	81	25.83	63	1245	78.26	31.2	37.9	25.1	18
等体	587	152	25.83	119	1245	78.26	31.2	71.6	47.4	33
S-23	577	138	23.90	99	2369	71.74	23.6	66.4	32.6	39
S-29	572	138	23.69	102	2342	73.91	24.6	68.0	34.0	36
S-16	580	140	24.14	100	2355	71.43	24.0	66.6	33.6	40
S-22	575	138	24.01	102	2376	73.91	24.8	67.8	34.2	36
均值	576	139	23.94	101	2361	72.75	24.3	67.2	33.6	38
等体	587	141	23.94	102	2361	72.75	24.3	67.9	34.1	39

分析表中数据看到，同栏"每组数据"之间偏差都相对较小，为便于比较，先计算出均值，进而在岩心取相同体积 587cm³ 情况下计算对应数据研究。依据表中"等体"情况下数据清楚看到：

一栏岩心均质渗透率相对高,岩心均值:孔隙体积166mL,孔隙度为28.36%,总体饱和油量130mL,含油饱和度S_o为78.04%,V_o空间孔隙体积98.0mL,占孔隙体积的百分数v_o值为59%,V_{ow}空间孔隙体积31.6 mL,占孔隙体积百分数值S_{or}^H为19%,初始含水36.4 mL,占孔隙体积的22%,比较看到,这组岩心有着高的孔隙体积,高的孔隙度,高的饱和油量,高的含油饱和度,大体积的V_o空间,小体积的V_{ow}空间。因为V_o空间中原油在毛细管数高于极限毛细管数N_{ct2}情况下就可以采出,而V_{ow}空间原油只有在毛细管数大大高于极限毛细管数N_{ct1}和驱替液有着相对高的黏度情况下才可以采出,可见这类岩心复合驱开采难度低,经济技术效益高,更适宜复合驱。

二栏岩心均质渗透率相对低,等体积条件下岩心均值:孔隙体积152mL,孔隙度为25.83%,总体饱和油量119mL,含油饱和度S_o为78.26%,V_o空间孔隙体积71.6mL,v_o值为47.1%,V_{ow}空间孔隙体积47.4mL,S_{or}^H值为31.2%,初始含水33mL,占孔隙体积的21.7%,相比一组,这组岩心有着低的孔隙体积和对应低的孔隙度,低的饱和油量,但因有着相对低的孔隙体积,而有着高的含油饱和度,V_o空间体积相对小得多,V_{ow}空间体积相对大得多,这类岩心复合驱难度大,经济技术效益低。

三栏为三层非均质岩心,等体积条件下岩心均值:孔隙体积141mL,孔隙度为23.94%,总体饱和油量102mL,含油饱和度S_o为72.75%,V_o空间孔隙体积67.9mL,v_o值为48%,V_{ow}空间孔隙体积34.1mL,S_{or}^H值为24.2%,初始含水39 mL,占孔隙体积的27.7%,相比前两组,这组岩心有着更低的孔隙体积和对应更低的孔隙度,更低的饱和油量和对应更低的含油饱和度,V_o空间体积相对最小,V_{ow}空间体积相对高于一栏岩心,相对小于二栏岩心,这类岩心复合驱难度更大些,经济技术效益更低些。

三组渗透率不同岩心的有着近于相同的毛细管数极限值N_{ct2}和N_{ct1},差异明显的残余油饱和度极限值S_{or}^H,进一步研究看到,三组岩心的"纯油"空间V_o相互间、"纯油"空间V_{ow}相互间存在明显差异,正是"纯油"空间V_{ow}间差异决定了三组曲线的残余油饱和度极限值S_{or}^H的明显差异,"纯油"空间V_{ow}含有量体积百分数$v_{ow}=S_{or}^H$。

油层储层的不同渗透率油层,它们由相同材质、粒径大小不等的岩石沙粒、由相同的胶结物质胶结、在相同的成岩条件下形成,储有相同性质的油水。上述研究结果适用于这类储层,深化了对储层的认识,有益于复合驱油技术研究和应用,更可直接用于数字化驱油试验研究中地质模型的设计。

6 浅析水湿岩心不同储油孔隙空间驱替与毛细管数曲线不同区段对应关系

2节研究了驱油实验前岩心饱和水油历程,对于油湿岩心和水湿岩心是相同的,但是,由于饱和油过程中岩砂截然相反的润湿性,使得饱和油量有着明显的差异,显然,油湿岩心饱和油量相对为多;再者,在岩心饱和油后"老化"处理过程中,微观空间"减少界面能"油水分布再调整,岩砂的亲水性与亲油性不同,也造成岩心微观"纯油"空间与"纯水"空间界面处孔隙半径的不同。应该清楚认识驱油实验前水湿岩心与油湿岩心微观油水分布的两项重要差异。

3 节中研究了驱油过程中，毛细管数逐渐增大，驱替过程逐级向孔径更细孔隙空间递进情况，不难分析这些认识也是适用于水湿岩心情况。

在毛细管数 N_c 低于极限毛细管数 N_{ct1} 情况下，驱油过程发生在"纯油"空间 V_o 和"纯水"空间 V_w，它们的孔隙半径足够大，润湿性对于油的驱动影响相对小些，水湿岩心不同储油空间驱替与毛细管数曲线不同区段对应关系与油湿岩心相同。在毛细管数高于极限毛细管数 N_{ct1} 情况下驱替，驱油过程进入"油水共存"空间，孔隙半径的缩小，润湿性影响逐渐增强。应该看到，对于水湿岩心，同样存在两个条件：一是在孔隙半径小于 r_w 情况下，并存有孔径对应相同的"束缚油"孔隙空间和"束缚水"孔隙空间，二是在油水黏度存在一定差异情况下，启动相同孔径中"束缚油"的毛细管数高于了启动"束缚水"的毛细管数情况。

图 14 中，在处于极限毛细管数 N_{ct1} 的情况下驱替，在孔径处于孔隙半径在 $r_w \sim r_{owl}$ 子空间①中的"束缚油"不能被启动，而在孔径相同子空间①中的"束缚水"能够投入流动，进入孔隙空间①中的"流动油"被捕获成为"束缚油"，这里有着与油湿岩心情况共同之处，但是也要注意两者存在差异，水湿岩心孔喉对于油滴的"排驱"能力相对为强，对应有着相对弱的"捕获"流动原油能力，可设想毛细管数在极限毛细管数 N_{ct1} 基础上有相同增量，捕获流动油量的值相对为少，空间①的下限孔隙半径 r_{owl} 相对增大，残余油饱和度 $S_{or}=S_{or}^H+①$ 值相对为小。加大毛细管数驱油实验，如图 15 所示，假定毛细管数 N_c 相对极限毛细管数 N_{ct1} 增量与油湿情况相同，水湿情况下启动"束缚油"所需外部作用相对为小，使得这里"束缚油"获释子空间②的孔隙半径下限 r_{ow2} 相对为小，获释束缚油体积百分数 L_2 相对增大，这时，"束缚水"子空间中孔隙半径高于 r_{ow2} 部分空间已失去捕获流动油的能力，捕获流动油子空间②的孔隙半径的下界 r_{ow2} 相对油湿情况提升，子空间②捕获"流动油"的体积百分数 L_1 相对减少，实验的残余油饱和度 $S_{or}=S_{or}^H+L=S_{or}^H+(L_1-L_2)$ 相对减小。

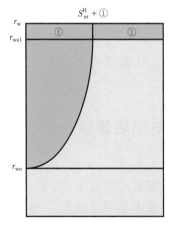

图 14　"油水共存"空间毛细管数处于 N_{ct1}
驱替驱油过程终止油水分布示意图

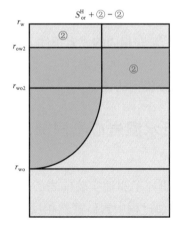

图 15　"油水共存"空间毛细管数高于 N_{ct1}
驱替驱油过程终止油水分布示意图

再次加大毛细管数驱油实验,将重复出现如前相同情况。由此可总结出第 n 次实验情况,如图 16 所示,启动"束缚油"空间的子空间 ⓝ 孔隙半径介于 $r_w \sim r_{own}$ 间,以 L_2 标记获释"束缚油"体积百分数,捕获流动油的"束缚水"空间的子空间 ⓝ 的孔隙半径介于 $r_{own} \sim r_{won}$ 间,仍以 L_1 标记捕获"流动油"量的体积百分数。由此得到第 n 次驱油实验的残余油饱和度:$S_{or}=S_{or}^H+L_n=S_{or}^H+(L_1-L_2)$。$n'=n+1$ 次驱油实验,驱油过程中毛细管数相对增大,启动"束缚油"的子空间 ⓝ' 的孔隙半径介于 $r_w \sim r_{own}$ 间,获释水量体积百分数为 L_2',捕获"流动油"的"束缚水"空间的子空间 ⓝ' 的孔隙半

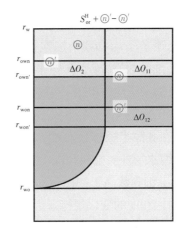

图 16 "油水共存"空间毛细管数高于 N_{ct1} 驱替终止油水分布示意图(2)

径介于 $r_{own'} \sim r_{won}$ 间,孔隙半径 $r_{own'}$ 小于 r_{own},孔隙半径 $r_{won'}$ 小于 r_{won},捕获油量体积百分数 L_1',实验终止残余油饱和度:

$$S_{or}'=S_{or}^H+L_{n+1}=S_{or}^H+L_1'-L_2'$$

n、n' 两次相邻实验残余油饱和度差值:

$$\Delta=\Delta O_{12}-\Delta O_{11}-\Delta O_2$$

初始增量 Δ 大于0,残余油饱和度 S_{or} 呈逐渐增大变化,$\Delta=0$,残余油饱和度 S_{or} 取得极大值,进而 Δ 转化为小于0值,对应的残余油饱和度呈逐渐减小变化,在合适的毛细管数值上,再次有残余油饱和度 S_{or} 相等于极限值 S_{or}^H。

相比油湿情况,看到两类岩心残余油饱和度的变化规律类同,然而,对于水湿岩心,孔隙中"束缚油"获释相对容易,捕获"流动油"相对困难,残余油饱和度递增速度相对缓慢,相对残余油饱和度增大的幅度相对为小,残余油饱和度递减速度相对为快,"油水共存"空间储存的原油相对容易采出。

7 结论

(1)依据渗流基本理论和定义,分析研究毛细管数实验曲线 QL 实验数据,严格推理分析建立了驱油实验岩心微观空间油水分布特征模型;岩心微观油水分布特征模型的构建,深化了对于油层微观空间结构和油水分布的认识;创建了认识岩心微观空间油水分布模型方法。这一成果定将在未来油田勘探开发中得到应用。

(2)岩心微观油水有序排列:以孔径由大到小排序,依次为孔径高于 r_o 的"纯油"空间 V_o、孔径在 $r_o \sim r_w$ 间的"纯水"空间 V_w、孔径在 $r_w \sim r_{wo}$ 间的"油水共存"空间,孔径小于 r_{wo} 的或为"纯油"空间、或为"纯水"空间,由岩心润湿性决定;一个以孔径 r_{oc} 为隐形界面将"纯油"空间 V_o 中分割为两部分,孔径高于 r_{oc} 部分为子空间 V_{o1},孔径低于 r_{oc} 部分为子空间 V_{o2}。

（3）岩心微观空间油水分布模型的孔隙半径 r_{oc}，r_o 和 r_w 与毛细管数曲线上的极限毛细管数 N_{cc}，N_{ct2} 和 N_{ct1} 间对应存在：毛细管数 N_{cc} 是驱空纯油子空间 V_{o1} 中原油的极限毛细管数，对应于孔隙半径 r_{oc} 和残余油饱和度极限值 S_{or}^L；毛细管数 N_{ct2} 是驱空纯油子空间 V_{o2} 中原油的极限毛细管数，对应于孔隙半径 r_o 和残余油饱和度极限值 S_{or}^H；毛细管数 N_{ct1} 是开启油水共存空间油水流动的极限毛细管数，对应于孔隙半径 r_w。

（4）毛细管数 N_c 高于极限毛细管数 N_{ct1} 情况下驱替残余油饱和度出现复杂变化，变化原因是：在孔隙半径小于 r_w 的"油水共存"空间中，存在有与"束缚油"空间孔隙半径对应相同的"束缚水"空间，空间孔隙半径足够小，由于油水黏度存在明显差异，启动相同孔径中"束缚油"的毛细管数高于"束缚水"的毛细管数，"油水共存"空间的孔隙特征和油水分布决定了残余油饱和度的变化规律。

（5）驱油实验和推理得到：相同材质、粒径大小不等的岩石沙粒、由相同的胶结物质胶结、在相同的成岩条件下形成的不同渗透率储层岩心，储有相同性质的油水，形成的微观油水空间，对应的化学驱毛细管数曲线有着近于相同的极限毛细管数 N_{cc}，N_{ct2} 和 N_{ct1}，不同点在于对应空间有不同的孔隙体积。

（6）水湿岩心微观油水子空间的排序与油湿岩心基本相同，水湿岩心微观油水子空间驱替与毛细管数实验曲线相应区段的对应关系与油湿岩心相同。

符号说明

v——驱替速度，m/s；

μ_w——驱替相相黏度，mPa·s；

σ_{ow}——驱替相与被驱替相间的界面张力，mN/m；

N_c——毛细管数值；

N_{cc}——水驱、聚合物驱后残余油开始流动时的极限毛细管数，即化学复合驱启动纯油子空间 V_{o2} 油流动的极限毛细管数；

N_{ct1}——复合驱油过程中驱动状况发生转化时的极限毛细管数，即复合驱启动油水共存空间油水流动的极限毛细管数；

N_{ct2}——"Ⅰ类"驱动状况下化学复合驱驱空原存于"纯油"孔隙空间 V_o 中原油的毛细管数，也就是"Ⅰ类"驱动状况下残余油饱和度值不再减小时的极限毛细管数；

"Ⅰ类"驱动状况——毛细管数小于或等于极限毛细管数 N_{ct1} 情况下驱替；

"Ⅱ类"驱动状况——毛细管数高于极限毛细管数 N_{ct1} 情况下驱替；

S_w——水相饱和度；

S_{wr}^L——束缚水饱和度；

S_o——油相饱和度；

S_{or}——与毛细管数值 N_c 相对应的残余油饱和度；

S_{or}^L——低毛细管数条件下，即毛细管数 $N_c \leq N_{cc}$ 情况下驱动残余油饱和度极限值，它相等于"纯油"孔隙空间 V_o 中子空间 V_{o1} 中含油量 v_{o1}；

S_{or}^H——处于"Ⅰ类"驱动状况下复合驱油过程最低的残余油饱和度,即处于极限毛细管数 N_{ct2} 和 N_{ct1} 之间毛细管数对应的残余油饱和度；

V_o——微观孔隙半径在 r_o 以上孔隙空间,初始为"纯油"孔隙空间；

r_{oc}——"纯油"孔隙空间 V_o 中子空间 V_{o1} 和 V_{o2} 之间界面孔隙半径；

V_{o1}——"纯油"孔隙空间 V_o 中孔隙半径高于 r_{oc} 部分空间；

V_{o2}——"纯油"孔隙空间 V_o 中孔隙半径小于 r_{oc} 部分空间；

r_o——微观"纯油"孔隙空间 V_o 与微观"纯水"孔隙空间 V_w 间界面孔隙半径；

V_w——孔隙半径 r 处于 $r_o\sim r_w$ 范围内,为"纯水"孔隙空间；

r_w——"纯水"孔隙空间 V_w 与"油水共存"空间界面的孔隙半径；

V_{ow}——孔隙半径 r 处于小于 r_w 的范围内,为"纯油"孔隙空间；

V_{wo}——孔隙半径 r 处于小于 r_w 的范围内,为"纯水"孔隙空间；

v_o——微观孔隙空间 V_o 初始含油量的孔隙体积百分数(注:简略称"含油量的孔隙体积百分数"为"含油量"),油层开发后,v_o 的量包括留存在空间 V_o 和空间 V_w 中的油量；

v_{o1}——微观孔隙空间 V_{o1} 初始含油量的孔隙体积百分数；

v_{o2}——微观孔隙空间 V_{o2} 初始含油量的孔隙体积百分数；

v_{ow}——微观孔隙空间 V_{ow} 初始含油量的孔隙体积百分数,油层开发后,v_{ow} 的量包括留存在空间 V_{ow} 和空间 V_{wo} 中的油量。

参 考 文 献

[1] Moore T F, Slobod R C. The Effect of Viscosity and Capillarity on the Displacement of Oil by Water [J]. Producers Monthly. 1956,20：20-30.

[2] Taber J J. Dynamic and Static Forces Required To Remove a Discontinuous Oil Phase from Porous Media Containing Both Oil and Water [J].Soc. Pet.Eng.J.,1969,9（1）：3-12.

[3] Foster W R. A Low Tension Waterflooding Process Employing a Petroleum Sulfonate, Inorganic Salts, and a Biopolymer [R]. SPE 3803, 1972.

[4] Qi L Q, Liu Z Z, Yang C Z, et al. Supplement and Optimization of Classical Capillary Number Experimental Curve for Enhanced Oil Recovery by Combination Flooding [J].Sci.China Tec.Sci., 2014,57:2190-2203.

毛细管数实验曲线与相对渗透率曲线再研究

戚连庆[1]   王　强[2]   孔柏岭[3]   李荣华[4]   单联涛[5]   马　樱[6]   何　伟[7]   石端胜[7]

（1. 中国石油大庆油田有限责任公司勘探开发研究院；2. 中国石油勘探开发研究院；3. 中国石化河南油田分公司石油勘探开发研究院；4. 中国石油克拉玛依油田研究院；5. 中国石化胜利油田勘探开发研究院；6. 中国石油华北油田勘探开发研究院；7. 中海油能源发展股份有限公司工程技术分公司）

摘　要：油层岩心微观油水分布模型的创建，深化了对于毛细管数实验曲线的认识，由此出发，笔者采用经典毛细管数实验曲线的渗流速度描述式整理"毛细管数实验曲线 QL"实验数据，得到"毛细管数实验曲线 QL'Ⅰ型'"，与"毛细管数实验曲线 QL'Ⅱ型'"——原"毛细管数实验曲线 QL"——配套为完善的"毛细管数实验曲线 QL"，进而采用数字化试验研究方法，得到形态复杂的"毛细管数'数字化'实验曲线"，确认每一条毛细管数实验曲线都是在某一确定的驱替条件下驱替毛细管数 N_c 与残余油饱和度 S_{or} 对应关系曲线，认清了经典毛细管数实验曲线的"驱替条件"及与毛细管数实验曲线 QL 的区别与联系，也进一步认识"毛细管数实验曲线 QL"适用的原因，总结出配套的毛细管数曲线实验方法，深刻认识、简化了复合驱相渗率曲线的描述和相关计算。

关键词：微观油水分布模型；微观纯油空间；微观纯水空间；微观油水共存空间；驱替条件——v/σ_{ow} 值

结合毛细管数实验曲线 QL 驱油实验结果分析研究构造出"岩心微观油水分布模型"，深化了油藏岩心微观结构、油水分布认识，再从"岩心微观油水分布模型"出发研究，准确认识经典毛细管数实验曲线与毛细管数实验曲线 QL 的区别和联系。

1　毛细管数实验曲线 QL 的两种描述

实验曲线毛细管数定义式为：

$$N_c = \frac{v\mu_w}{\sigma_{ow}} \tag{1}$$

式中：N_c 是毛细管数；v 是渗流速度，m/s；μ_w 是驱替相黏度，mPa·s；σ_{ow} 是驱替相与被驱替相间界面张力，mN/m。

经典毛细管数实验曲线渗流速度采用"驱替速度"，定义式为：

$$v = Q/A \tag{2}$$

式中：Q 为驱油实验注液量；A 为岩心界面孔隙面积。

笔者是从数值模拟计算研究中入手研究复合驱油技术，进而深入研究毛细管实验曲线，计算研究中需要分别研究水相毛细管数和油相毛细管数,受此影响,文献[1]中整理毛细管数实验数据时速度 v 的计算采用了算式:

$$v = \frac{Q}{A \times (1 - S_{or})} \tag{3}$$

式中"S_{or}"是对应驱油实验的残余油饱和度,此式定义的为岩心中水相渗流速度的极限值,取此速度得到的应是驱替过程中"水相渗流毛细管数"。重新整理文献[1]4.1节中实验数据列于表1,取式(2)整理的数据列为(1型)数据,取式(3)整理的数据列为(2型)数据,清楚看到将"1型"毛细管数值除以($1-S_{or}$)得到对应的"2型"毛细管数值。图1为采用"1型"毛细管数值绘制的曲线图,图2为采用"2型"毛细管数值绘制的曲线图,两图相比,曲线形态基本没有区别,仅有对应实验的毛细管数值相应缩小。

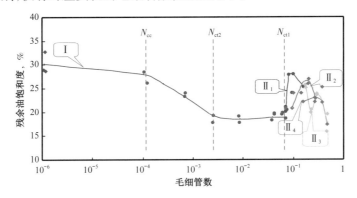

图1　毛细管数实验曲线 QL（Ⅰ）

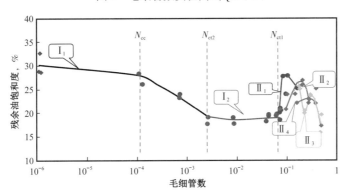

图2　毛细管数实验曲线 QL（Ⅱ）

　　为区别,二曲线分别命名为曲线 QL（Ⅰ）、曲线 QL（Ⅱ）,两条曲线用途有所不同。曲线 QL（Ⅰ）紧密了与经典毛细管数实验曲线的联系,特别注意到,戚连庆等《实验岩心微观油水分布模型的构建》中依据实验数据分析构建岩心微观空间油水分布模型,所用数据正是表1中(2型)数据,显然,采用表中(1型)数据分析研究也能得到"相同"的结果,然而,(1型)数据采用"驱替速度"定义毛细管数,以"驱替速度"分析微观空间油水流动更为清晰;曲线 QL（Ⅱ）更适用于数字化驱油研究,计算中参数 N_{cc},N_{ct2} 和 N_{ct1} 必须由曲线 QL（Ⅱ）确定。

表1 毛细管数曲线 QL 驱油实验基本数据

实验编号	岩心编号	注入速度 mL/min	体系黏度 mPa·s	界面张力 mN/m	驱替速度 10^{-5} m/s	v/σ_{ow} 值 10^{-6} (mPa·s)$^{-1}$	毛细管数（1型）	水相渗流速度 10^{-5} m/s	毛细管数（2型）	残余油饱和度 %	曲线标记
1	3-9	1.00	0.60	2.25×10^{1}	0.078	0.035	2.08×10^{-8}	0.109	2.91×10^{-8}	28.6	
2	3-16	1.00	0.60	2.25×10^{1}	0.078	0.035	2.07×10^{-8}	0.109	2.91×10^{-8}	28.7	
3	3-94	0.70	5.30	1.50×10^{0}	2.155	14.31	7.59×10^{-5}	3.010	1.06×10^{-4}	28.4	
4	3-8	0.60	6.40	1.20×10^{0}	1.734	14.45	9.25×10^{-5}	2.350	1.25×10^{-4}	26.2	
5	3-10	0.60	3.56	1.11×10^{-1}	1.649	148.6	5.29×10^{-4}	2.150	6.89×10^{-4}	23.3	
6	3-73	0.60	3.56	1.11×10^{-1}	1.670	150.5	5.36×10^{-4}	2.200	7.04×10^{-4}	24.1	
7	3-84	0.60	20.40	1.70×10^{-1}	1.737	102.2	2.08×10^{-3}	2.150	2.58×10^{-3}	19.2	I
8	3-89	0.60	20.40	1.70×10^{-1}	1.874	110.2	2.25×10^{-3}	2.340	2.81×10^{-3}	19.9	
9	3-51	0.80	23.60	8.80×10^{-2}	2.288	260.0	6.14×10^{-3}	2.800	7.51×10^{-3}	18.3	
10	3-63	0.80	23.60	8.80×10^{-2}	2.374	269.8	6.37×10^{-3}	2.920	7.83×10^{-3}	18.7	
11	3-35	0.80	17.90	5.83×10^{-2}	2.184	374.6	6.71×10^{-3}	2.700	8.29×10^{-3}	19.1	
12	3-61	0.70	24.00	6.50×10^{-2}	1.915	294.6	7.07×10^{-3}	2.330	8.59×10^{-3}	17.8	
13	3-29	0.60	11.90	6.40×10^{-3}	1.675	2617	3.11×10^{-2}	2.050	3.81×10^{-2}	18.3	
14	3-70	1.00	11.50	9.80×10^{-3}	2.946	3006	3.46×10^{-2}	3.650	4.28×10^{-2}	19.3	
15	3-83	1.00	11.50	9.80×10^{-3}	2.934	2994	3.44×10^{-2}	3.640	4.27×10^{-2}	19.4	
16	3-30	0.70	24.10	1.00×10^{-2}	2.013	2013	4.85×10^{-2}	2.500	6.03×10^{-2}	19.5	
17	3-27	0.55	26.40	7.20×10^{-3}	1.579	2193	5.79×10^{-2}	1.940	7.12×10^{-2}	18.6	

续表

实验编号	岩心编号	注入速度 mL/min	体系黏度 mPa·s	界面张力 mN/m	驱替速度 10^{-5} m/s	v/σ_{ow} 值 10^{-6} (mPa·s)$^{-1}$	毛细管数（1型）	水相渗流速度 10^{-5} m/s	毛细管数（2型）	残余油饱和度 %	曲线标记
18	3-44	0.60	24.00	7.20×10^{-3}	1.723	2403	5.77×10^{-2}	2.160	7.20×10^{-2}	20.1	II_1
19	3-45	0.60	24.00	7.20×10^{-3}	1.712	2378	5.71×10^{-2}	2.170	7.25×10^{-2}	21.1	
20	3-18	0.60	24.30	7.20×10^{-3}	1.805	2505	6.09×10^{-2}	2.270	7.65×10^{-2}	20.5	
21	3-53	0.60	29.20	6.80×10^{-3}	1.808	2659	7.76×10^{-2}	2.327	9.99×10^{-2}	22.3	
22	3-11	0.80	16.50	5.00×10^{-3}	2.174	4348	7.17×10^{-2}	2.860	9.43×10^{-2}	24.0	
23	3-14	0.55	26.40	7.20×10^{-3}	1.625	2257	5.96×10^{-2}	2.250	8.23×10^{-2}	27.8	
24	3-15	0.80	16.50	5.00×10^{-3}	2.221	4442	7.33×10^{-2}	3.080	1.02×10^{-1}	27.9	
25	3-72	0.90	19.50	6.80×10^{-3}	2.606	3832	7.47×10^{-2}	3.290	9.44×10^{-2}	20.8	II_2
26	3-23	0.90	28.60	6.80×10^{-3}	2.591	3810	1.09×10^{-1}	3.391	1.43×10^{-1}	23.6	
27	3-85	0.90	38.20	6.80×10^{-3}	2.621	3854	1.47×10^{-1}	3.495	1.96×10^{-1}	25.0	
28	3-54	0.90	38.30	6.80×10^{-3}	2.607	3838	1.47×10^{-1}	3.566	2.01×10^{-1}	26.9	
29	3-17	0.90	53.50	6.80×10^{-3}	2.709	3984	2.13×10^{-1}	3.513	2.76×10^{-1}	22.9	
30	3-62	0.90	53.50	6.80×10^{-3}	2.634	4982	2.07×10^{-1}	3.388	2.67×10^{-1}	22.2	
31	3-5	0.60	10.90	1.50×10^{-3}	1.813	12086	1.32×10^{-1}	2.420	1.76×10^{-1}	25.1	II_3
32	3-69	0.60	10.90	1.50×10^{-3}	1.746	11640	1.27×10^{-1}	2.350	1.71×10^{-1}	25.7	
33	3-81	0.60	15.10	1.50×10^{-3}	1.728	11520	1.74×10^{-1}	2.160	2.17×10^{-1}	20.0	

续表

实验编号	岩心编号	注入速度 mL/min	体系黏度 mPa·s	界面张力 mN/m	驱替速度 10^{-5} m/s	v/σ_{ow} 值 10^{-6} (mPa·s)$^{-1}$	毛细管数（1型）	水相渗流速度 10^{-5} m/s	毛细管数（2型）	残余油饱和度 %	曲线标记
34	3-31	0.60	15.10	1.50×10^{-3}	1.755	11700	1.77×10^{-1}	2.210	2.22×10^{-1}	20.6	II$_3$
35	3-3	0.60	21.90	1.70×10^{-3}	1.724	10141	2.22×10^{-1}	2.260	2.91×10^{-1}	23.7	
36	3-48	0.60	21.90	1.70×10^{-3}	1.705	10029	2.20×10^{-1}	2.240	2.89×10^{-1}	23.9	
37	3-1	0.60	37.40	1.70×10^{-3}	1.761	10359	3.87×10^{-1}	2.190	4.81×10^{-1}	19.6	
38	3-26	0.60	37.40	1.70×10^{-3}	1.749	10288	3.85×10^{-1}	2.080	4.57×10^{-1}	15.9	
39	3-50	0.90	7.20	1.50×10^{-3}	2.505	16700	1.20×10^{-1}	3.220	1.55×10^{-1}	22.2	II$_4$
40	3-21	0.90	11.10	1.50×10^{-3}	2.757	18380	2.04×10^{-1}	3.580	2.65×10^{-1}	23.0	
41	3-82	0.90	17.30	1.50×10^{-3}	2.516	16770	2.90×10^{-1}	3.230	3.72×10^{-1}	22.1	
42	3-57	0.90	17.30	1.50×10^{-3}	1.840	12267	2.12×10^{-1}	2.460	2.83×10^{-1}	25.2	
43	3-68	0.90	24.10	1.50×10^{-3}	2.473	16487	3.97×10^{-1}	2.990	4.80×10^{-1}	17.3	

2 毛细管数曲线数字化研究

对于毛细管数实验曲线的深化认识,必须彻底搞清经典毛细管数实验曲线与毛细管数实验曲线 QL 之间的区别,并找出产生差异的原因。

毛细管数实验曲线 QL 实验在高于极限毛细管数 N_{ct1} 情况下做出了 4 条曲线,4 条曲线有两个鲜明特点。

特点一是随着毛细管数增大,残余油饱和度值复杂变化,在毛细管数高出极限毛细管数 N_{ct1} 之后,出现残余油饱和度相对增大变化,在某个毛细管数下取得相对最大值,进而又随着毛细管数增大对应残余油饱和度呈降低变化。戚连庆等《实验岩心微观油水分布模型的构建》已清楚地揭示了残余油饱和度的特殊变化原因,为深入研究问题,这里图 3 绘出该文给出的岩心实验开始前油水分布模型示意图,且简要说明。由岩心微观油水分布模型分析认识,在毛细管数高于极限毛细管数 N_{ct1} 情况下驱替,开启了油水共存空间,这一空间有这两个鲜明特征:特征一是在相同的孔径范围 $r_w \sim r_{wo}$ 内,并存有"纯水"子空间和"纯油"子空间;二是因为油水间存在黏度差异,致使在孔隙半径小于 r_w 情况下,启动相同孔径中"束缚油"的毛细管数高于启动"束缚水"的毛细管数,这两个特征决定了残余油饱和度的特殊变化规律。

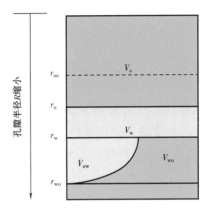

图 3 岩心实验开始前油水分布示意图

特征二是 4 条曲线排列有序,表中给出每一实验的"v/σ_{ow}"值,其中"v"是采用式(2)定义的"驱替速度",整理各组数据,抛开个别偏差大的数据,"v/σ_{ow}"值的均值依次为 2.44×10^{-3} ($mPa \cdot s$)$^{-1}$,3.86×10^{-3} ($mPa \cdot s$)$^{-1}$,1.14×10^{-2} ($mPa \cdot s$)$^{-1}$ 和 1.61×10^{-2}($mPa \cdot s$)$^{-1}$,由小到大排列有序,再由曲线图中看到,对应实验曲线由左上到右下排列。做出 4 条曲线的原因是 4 组实验采用了 4 个不同的"v/σ_{ow}"值,实验的"v/σ_{ow}"值就是实验曲线的驱替条件。

以上分析研究,使得对于毛细管数 N_c 高于极限毛细管数 N_{ct1} 情况下驱替的毛细管数实验曲线认识更为清晰,然而对于毛细管数 N_c 低于极限毛细管数 N_{ct1} 情况下驱替,相应的毛细管数实验曲线需要再研究。驱油过程发生在孔隙半径高于 r_o 的纯油空间 V_o 和孔隙半径介于 $r_o \sim r_w$ 间的纯水空间 V_w 中,这里没有油水共存空间那样的空间结构特征,驱油过程中没有发生流动油被捕获情况,保证了实验曲线残余油饱和度的单调变化。但是,分析孔径变化对于驱油效果影响,在毛细管数 N_c 低于极限毛细管数 N_{cc} 情况下驱替,驱油过程发生在纯油空间 V_o 中孔隙半径高于 r_{oc} 的空间 V_{o1} 中,由于空间孔隙半径足够大,尽管油水存在黏度等性质差别,启动孔隙中"油滴"的毛细管数相对小,可以相等于启动相同孔隙中"水滴"的毛细管数,不需要在驱替液中添加表面活性剂,油水界面张力 σ_{ow} 为常数,驱替条件"v/σ_{ow}"值仅依据驱替速度 v,v 值提高,驱油过程毛细管数增大,驱替条件唯一,对应做出一条毛细管数曲线。而当驱油过程进入孔隙半径低于 r_{oc} 情况下的纯油空间 V_{o2},由于空间孔隙半径足够小,启动孔隙中"油滴"的毛细管数相对高,必须要在驱替液中添加表面活性剂,降低毛细管阻力影响,才能启动孔隙中"油滴",不同表面活性剂驱油体系,σ_{ow} 值不同,驱替条件不是唯一,也应该做出多条毛细管数曲线。

基于上述分析,有必要采用数字化驱油实验研究方法,对于毛细管数曲线中毛细管数三个区段,变换驱替条件,对于毛细管数曲线再作更深入研究。

沿用在文献[1]使用的方法,取结合实验岩心情况设计计算模型:二维长条模型,纵向三层段等厚、渗透率不同。取软件 IMCFS 计算。由于构建了岩心微观油水分布模型,可视模型的不同渗透率三层段为三个级别的岩心微观模型,三模型组合等效于被模拟的实验岩心微观模型。模型主要数据:三级模型渗透率分别为 100mD,150mD 和 450mD,毛细管数 N_{cc} 值同为 1.0×10^{-4},毛细管数 N_{ct2} 值同为 2.5×10^{-3},毛细管数 N_{ct1} 值同为 7.12×10^{-2},初始含水饱和度分别为 21%,22% 和 24%,分布在纯水空间 V_w 和油水共存空间中的含水子空间 V_{wo} 中,各含油空间含油饱和度数据将在方案计算结果分析中给出。特别说明,根据研究须要,计算中毛细管数 N_{cc},N_{ct2} 和 N_{ct1} 数据取前节"2 型"曲线数据。

2.1 毛细管数 N_c 低于极限毛细管数 N_{cc} 情况下驱替

在毛细管数 N_c 低于极限毛细管数 N_{cc} 情况下驱替,驱替过程发生在"纯油空间"V_o 孔隙半径高于 r_{oc} 部分空间——空间 V_{o1} 内,驱替液中无需加入表面活性剂,仅靠加大驱替速度就可以驱替到残余油饱和度极限值 S_{or}^L,然而单纯的水驱欲获得相对低的残余油饱和度值必须高的注液倍数,在驱替液中加入适量聚合物,提高驱替液黏度,加快油相流速,在相对低的注液倍数下达到水驱剩余油饱和度的极限值。

模拟计算一组驱油方案,方案要求在产出液含水 99.99% 情况下结束,结果列于表 2。

表 2　水驱和聚合物溶液驱方案计算结果表

方案编号	注液速度 m³/d	聚合物浓度 mg/L	总注液倍数 PV	产出液含水率 F_w %	方案采出程度 R %	剩余油饱和度 %	驱替速度 v 10^{-7}m/s	油水界面张力 σ_{ow} mN/m	水相黏度 μ_w mPa·s	毛细管数 N_c 10^{-8}
1	4.32	0	42.08	99.98	64.62	27.48	7.80	22.9	0.6	2.04
2	6.48	0	58.02	99.99	64.90	27.26	11.7	22.9	0.6	3.07
3	8.64	0	57.98	99.99	64.90	27.26	15.6	22.9	0.6	4.09
4	4.32	100	40.56	99.99	65.14	27.07	7.80	22.9	1.25	4.26
5	4.32	1000	13.34	99.99	65.50	26.79	7.80	22.9	10.09	34.4
6	4.32	2000	6.25	99.99	65.59	26.72	7.80	22.9	25.75	87.7
7	4.32	3000	3.43	99.99	65.62	26.70	7.80	22.9	50.64	172

方案编号	注液速度 m³/d	聚合物浓度 mg/L	总注液倍数 PV	产出液含水率 F_w %	方案采出程度 R %	剩余油饱和度 %	驱替速度 v 10^{-7}m/s	油水界面张力 σ_{ow} mN/m	水相黏度 μ_w mPa·s	毛细管数 N_c 10^{-8}
7*	4.32	3340	3.09	99.99	65.63	26.69	7.80	22.9	61.88	211
8	4.32	3500	2.88	99.99	65.63	26.69	7.80	22.9	71.35	243
9	4.32	4000	2.56	99.99	65.63	26.69	7.80	22.9	89.09	303
10	6.48	3500	2.90	99.99	65.63	26.69	11.7	22.9	70.17	359

表2中方案1为水驱方案,该方案在产出液含水99.98%情况下结束,没有达到设计要求油井产出液含水99.99%方案终止,原因是驱油过程时间超过软件设定时间界限100000天,方案的剩余油饱和度为27.48%,终止时注液倍数为42.08PV;注液速度增大0.5倍计算2号水驱方案,方案在注液58.02PV时正常结束,方案的剩余油饱和度为27.26%,注液速度提高和注液倍数的大幅度增加换取剩余油饱和度降低0.22%;将方案1注液速度提升1倍计算方案3,该方案的剩余油饱和度没有降低,注液倍数略有降低;在方案1基础上改注浓度为100mg/L聚合物溶液计算方案4,溶液地下黏度为1.25mPa·s,相比水驱方案,剩余油饱和度略有降低,注液倍数大幅度降低,方案体系中聚合物浓度逐渐增加到3500mg/L计算四方案,体系地下黏度逐渐提高,驱油过程毛细管数逐渐增大,剩余油饱和度逐渐降低,方案8体系中聚合物浓度为3500mg/L,残余油饱和度为26.69%,保持注液速度不变,聚合物浓度提升为4000mg/L计算方案9,将注液速度提升0.5倍,体系聚合物浓度仍保持为3500mg/L计算方案10,两方案终止剩余油饱和度同为26.69%,相同于方案8,由此确定:模型水驱剩余油饱和度极限值S_{or}^L为26.69%,加密计算方案7*,确定毛细管数达到2.11×10^{-6}时剩余油饱和度达到极限值S_{or}^L,极限毛细管数N_{cc}值应是剩余油饱和度出现转折性变化处的毛细管数,它应高于方案10毛细管数值3.59×10^{-6}。

回头研究毛细管数实验曲线QL的实验,看到毛细管数N_{cc}值的确定是在复合体系驱替条件下确定的,故此,毛细管数N_{cc}值的确定也放到后续的复合驱研究中。

2.2 毛细管数介于极限毛细管数N_{cc}和N_{ct1}间情况下驱动

毛细管数介于极限毛细管数N_{cc}和N_{ct1}间情况下驱动,驱替过程逐渐进入"纯油空间"V_o中孔径小于r_{oc}部分空间——空间V_{o2}内,由于孔径的相对降低,必须在驱替液中加入表面活性剂,体系的低界面张力克服毛细管阻力,体系的渗流速度为驱动力,加之体系黏度配合,驱油过程中三者各自发挥作用,不可或缺。这里的驱动状况与油水共存空间中的"纯油"子空间的驱动状况有着非常相似之处,两者同为"纯油"空间,驱油过程中随着毛细管数增大,驱替到的孔径相对更细小空间,由文献[1]研究看到:采用模拟计算研究方法,研究得到在"毛细管数高于极限毛细管数N_{ct}情况下驱替,对应有着多条毛细管数曲线",计算研究结果由实验验证。这里也采用模拟研究方法研究毛细管数介于极限毛细管数 N_{cc} 和 N_{ct1} 间的驱替情况。变化 v/σ_{ow} 值计算 5 组方案，结果列于表 3。

首先研究表 3 中第一组数据计算方案，这是在重新研究了毛细管数实验曲线 QL 中毛细管数介于 N_{cc} 和 N_{ct2} 间 4 对实验——表 1 中 3 ~ 10 号实验——后设计的，4 对驱油实验确定了曲线 4 个实验点，四实验点的 v/σ_{ow} 的均值依次为 $1.44 \times 10^{-5}(\text{mPa} \cdot \text{s})^{-1}$，$1.50 \times 10^{-4}(\text{mPa} \cdot \text{s})^{-1}$，$1.06 \times 10^{-4}(\text{mPa} \cdot \text{s})^{-1}$ 和 $6.26 \times 10^{-3}(\text{mPa} \cdot \text{s})^{-1}$，依据实验结果确定曲线上两个关键点，第 1 实验点确定极限毛细管数 N_{cc} 值约为 8.42×10^{-5}，对应的残余油饱和度 S_{or}^{L} 值约为 27.3%，第 4 实验点确定极限毛细管数 N_{ct2} 值约为 6.26×10^{-3}，对应的残余油饱和度 S_{or}^{H} 值约为 18.7%。受岩心驱油实验设计启发，采用 4 个 v/σ_{ow} 值设计本组驱油方案，各方案配置相应的聚合物浓度，保证驱油过程中方案的毛细管数依次增大，残余油饱和度逐步降低。表中 1 号方案毛细管数值为 2.71×10^{-4}，对应的残余油饱和度值为 26.69%，相等于前文给出的水驱残余油饱和度极限值 26.69%，2 号方案毛细管数值为 2.75×10^{-4}，对应的残余油饱和度值为 26.68%，可以认为"残余油饱和度出现明显下降变化"，由此确定极限毛细管数 N_{cc} 值为 2.71×10^{-4}，残余油饱和度极限值 26.69%，随后方案体系毛细管数逐渐增大，都处于高于极限毛细管数 N_{cc} 情况下驱替，残余油饱和度逐渐降低，9 号、10 号两方案，残余油饱和度值同为 18.06%，9 号方案毛细管数值为 1.10×10^{-2}，可确定残余油饱和度极限值极限 S_{or}^{H} 值为 18.06%，毛细管数 N_{ct2} 值不高于 1.10×10^{-2}。

表 3　化学复合驱方案计算结果表（1）

曲线	方案指标	方案及对应指标数据									
		1	2	3	4	5	6	7	8	9	10
1	v, 10^{-6}m/s	1.56	1.56	1.56	1.56	1.56	1.56	1.56	1.56	2.34	2.34
	σ_{ow}, mN/m	0.05	0.05	0.05	0.05	0.05	0.025	0.015	0.015	0.015	0.015
	μ_{w}, mPa·s	8.68	8.82	35.30	50.73	71.34	89.11	71.39	89.16	70.23	87.69
	v/σ_{ow} 10^{-5}（mPa·s）$^{-1}$	3.12	3.12	3.12	3.12	3.12	6.24	10.4	10.4	1.56	1.56
	N_{c}, 10^{-4}	2.71	2.75	11.0	15.8	22.3	55.6	74.2	92.7	110	137
	S_{or}, %	26.69	26.68	24.41	22.51	21.53	18.92	18.33	18.08	18.06	18.06
2	v, 10^{-6}m/s	1.56	1.56	1.56	1.56	1.56	1.56	1.56	1.56	1.56	1.56
	σ_{ow}, mN/m	0.01	0.01	0.01	0.01	0.01	0.01	0.01	0.01	0.01	0.01
	μ_{w}, mPa·s	4.33	7.57	10.21	16.14	25.75	35.08	41.56	50.67	71.40	89.16
	v/σ_{ow} 10^{-4}（mPa·s）$^{-1}$	1.56	1.56	1.56	1.56	1.56	1.56	1.56	1.56	1.56	1.56
	N_{c}, 10^{-4}	6.75	11.8	15.9	25.2	40.2	54.7	64.8	79.0	111	139
	S_{or}, %	26.30	25.49	24.77	22.65	20.91	19.48	18.75	18.23	18.06	18.06

曲线	方案指标	方案及对应指标数据									
		1	2	3	4	5	6	7	8	9	10
3	v, 10^{-7}m/s	7.80	7.80	7.80	7.80	7.80	7.80	7.80	7.80	7.80	7.80
	σ_{ow}, 10^{-1}mN/m	0.05	0.05	0.05	0.05	0.05	0.05	0.05	0.05	0.05	0.05
	μ_w, mPa·s	4.43	7.75	10.47	16.57	26.46	36.05	42.71	52.08	73.39	91.64
	v/σ_{ow} 10^{-4}(mPa·s)$^{-1}$	1.56	1.56	1.56	1.56	1.56	1.56	1.56	1.56	1.56	1.56
	N_c, 10^{-4}	6.91	12.1	16.3	25.8	41.3	56.2	66.6	81.2	114	143
	S_{or}, %	26.27	25.44	24.71	22.54	20.84	19.38	18.69	18.20	18.06	18.06
4	v, 10^{-6}m/s	1.56	1.56	1.56	1.56	1.56	1.56	1.56	1.56	1.56	1.56
	σ_{ow}, 10^{-2}mN/m	0.25	0.25	0.25	0.25	0.25	0.25	0.25	0.25	0.25	0.25
	μ_w, mPa·s	1.26	2.42	4.29	7.45	10.09	16.13	25.77	50.73	71.47	83.32
	v/σ_{ow} 10^{-4}(mPa·s)$^{-1}$	6.24	6.24	6.24	6.24	6.24	6.24	6.24	6.24	6.24	6.24
	N_c, 10^{-4}	7.86	15.1	26.8	46.5	63.0	101	161	317	446	520
	S_{or}, %	26.58	25.36	23.51	21.58	20.73	18.75	18.13	18.07	18.06	18.17
5	v, 10^{-6}m/s	3.12	3.12	3.12	3.12	3.12	3.12	3.12	3.12	3.12	3.12
	σ_{ow}, 10^{-1}mN/m	0.05	0.05	0.05	0.05	0.05	0.05	0.05	0.05	0.05	0.05
	μ_w, mPa·s	1.24	2.37	4.18	7.25	9.82	15.69	25.06	49.30	69.46	80.97
	v/σ_{ow} 10^{-4}(mPa·s)$^{-1}$	6.24	6.24	6.24	6.24	6.24	6.24	6.24	6.24	6.24	6.24
	N_c, 10^{-4}	7.74	14.8	26.1	45.2	61.3	97.9	156	308	433	505
	S_{or}, %	26.61	25.41	23.61	21.64	20.81	18.82	18.13	18.07	18.06	18.17

二组各方案渗流速度 v 同为 1.56×10^{-6}m/s，体系界面张力 σ_{ow} 同为 0.01mN/m，v/σ_{ow} 值为 1.56×10^{-4}(mPa·s)$^{-1}$，体系黏度逐渐提高，毛细管数 N_c 值逐渐增大，对应的残余油饱和度逐渐降低，1 号方案毛细管数 N_c 值为 6.75×10^{-4}，残余油饱和度为 26.30%，各方案都处于高于极限毛细管数 N_{cc} 情况下驱替，9 号、10 号两方案残余油饱和度值都为 18.06%，9 号方案毛细管数 N_c 值为 1.11×10^{-2}；三组各方案渗流速度 v 同为 7.80×10^{-7}m/s，体系界面张力 σ_{ow} 同为 0.005mN/m，v/σ_{ow} 值为 1.56×10^{-4}(mPa·s)$^{-1}$，方案体系黏度逐渐提高，毛细管数 N_c 值逐

渐增大,对应的残余油饱和度逐渐降低,1 号方案毛细管数 N_c 值为 6.91×10^{-4},残余油饱和度为 26.27%,9 号和 10 号两方案残余油饱和度值都为 18.06%,9 号方案毛细管数 N_c 值为 1.14×10^{-2},10 号方案毛细管数 N_c 值为 1.43×10^{-2}。两组方案中同号方案体系中聚合物浓度相同,三组方案渗流速度低,剪切降黏程度低,对应黏度保留率高些,对应毛细管数值略大,残余油饱和度值略低。

四组和五组两组方案 v/σ_{ow} 值皆为 $6.24 \times 10^{-4} (mPa \cdot s)^{-1}$,两组方案渗流速度、体系界面张力设置情况与前两组方案类同,在相同的聚合物浓度情况下计算驱油方案,四组方案渗流速度 v 低,溶液地下黏度略高,对应的残余油饱和度略低,两个 1 号方案残余油饱和度分别为 26.58% 和 26.61%,低于水驱残余油饱和度极限值 26.69%,毛细管数分别为 7.86×10^{-4} 和 7.74×10^{-4},高于极限毛细管数 N_{cc} 值 2.79×10^{-4};四组 9 号方案毛细管数值为 4.46×10^{-2},五组 9 号方案毛细管数值为 4.33×10^{-2},两方案残余油饱和度同为 18.06%,四组 10 号方案毛细管数值为 5.20×10^{-2},五组 10 号方案毛细管数值为 5.05×10^{-2},两个 10 号方案有着相等残余油饱和度值 18.17%,明显高出两个 9 号方案残余油饱和度值,两个 10 号方案都进入高于极限毛细管数 N_{ct1} 情况下“Ⅱ类”驱替状况,极限毛细管数 N_{ct1} 的值应高于 4.46×10^{-2},低于 5.05×10^{-2}。

毛细管数介于极限毛细管数 N_{ct2} 和 N_{ct1} 间驱替,驱油过程进入“纯水空间”V_w,毛细管数增大,开启空间孔径更细小,但是没有油从新开启空间产出,产出油量没有增加,残余油饱和度值不变。

表 4 列出一组方案结果,其中大部分从表 3 中提取,个别为表 2 中方案和追加方案,为深入研究,方案信息中增添了计算模型三个级别微观空间剩余油饱和度内容。

表 4 化学复合驱方案计算结果表(2)

方案编号	油水界面张力 σ_{ow} mN/m	水相黏度 μ_w mPa·s	渗流速度 v 10^{-7}m/s	毛细管数 N_c 10^{-4}	残余油饱和度 %	剩余油饱和度,%		
						三级微观空间(低渗透)	二级微观空间(中渗透)	一级微观空间(高渗透)
1	22.9	61.88	7.8	0.021	26.69	28.04	27.03	25.01
2	22.9	70.17	11.7	0.021	26.69	28.04	27.03	25.01
3	0.05	8.68	15.6	2.71	26.69	28.49	27.36	24.27
4	0.05	8.82	15.6	2.75	26.68	28.48	27.36	24.25
5	0.015	89.16	15.6	92.7	18.08	20.13	18.38	15.77
5*	0.015	62.95	23.4	98.2	18.07	20.08	18.39	15.77
6	0.015	70.23	23.4	110	18.06	20.07	18.38	15.77
7	0.05	73.39	7.8	111	18.06	20.07	18.38	15.77

方案编号	油水界面张力 σ_{ow} mN/m	水相黏度 μ_w mPa·s	渗流速度 v 10^{-7}m/s	毛细管数 N_c 10^{-4}	残余油饱和度 %	剩余油饱和度，%		
						三级微观空间（低渗透）	二级微观空间（中渗透）	一级微观空间（高渗透）
8	0.01	71.40	15.6	114	18.06	20.07	18.38	15.77
9	0.0025	71.47	15.6	446	18.06	20.07	18.38	15.77
9*	0.0025	75.91	15.6	474	18.07	20.07	18.35	15.83
10	0.005	80.97	3.12	505	18.17	20.07	18.34	16.14

表 4 中方案 1 为表 2 中方案 7*，毛细管数值为 2.11×10^{-6}，由表 2 中看到，此后方案 8、方案 9 和方案 10 残余油饱和度同为 26.69%，为比较方便，将表中方案 10 列为表 4 中方案 2，表 4 中方案 3 和方案 4 列为表 3 中一组方案 1 和方案 2，表 4 中方案 3 残余油饱和度仍为 26.69%，方案 4 残余油饱和度为 26.68%，出现残余油饱和度明显变化，确定模型的极限毛细管数 N_{cc} 值为 2.71×10^{-4}，模型的残余油饱和度极限值 S_{or}^L 为 26.69%，三级子模型对应的分层剩余油量分别为 24.27%，27.36% 和 28.49%；表 4 中方案 5 和方案 6 为表中一组方案 8 和方案 9，两方案残余油饱和度分别为 18.08% 和 18.06%，有明显下降，对应毛细管数值分别为 9.27×10^{-3} 和 1.10×10^{-2}，有明显差距，加密计算方案 5*，方案的毛细管数值为 9.82×10^{-3}，残余油饱和度值为 18.07%，与方案 6 比较，两者更接近些，据此可确定模型的极限毛细管数 N_{ct2} 值为 1.10×10^{-2}，三级子模型对应的分层剩余油量分别为 15.77%，18.38% 和 20.07%；表 4 中方案 7、方案 8 和方案 9 分别是表 3 中二组、三组和四组的方案 9，残余油饱和度同为 18.06%，表 4 中方案 10 为表 3 中五组方案 10，残余油饱和度值为 18.17%，明显高于方案 9，加密计算方案 9*，方案的残余油饱和度为 18.07%，确认极限毛细管数 N_{ct1} 值为 4.74×10^{-2}。

至此可以补齐三级微观模型相关参数数据。戚连庆等《实验岩心微观油水分布模型的构建》中总结得到：岩心初始"束缚水"饱和度 S_{wr}^L，它分布在"纯水"空间 V_w 和"束缚水"子空间 V_{wo} 中，初始含油饱和度 S_o，$S_o=1-S_{wr}^L=v_{o1}+v_{o2}+v_{ow}$，$v_{o1}$，$v_{o2}$ 和 v_{ow} 分别为"纯油"子空间 V_{o1}，V_{o2} 和 V_{ow} 中含油量孔隙体积百分数参数。水驱极限毛细管数 N_{cc}，对应采空子空间 V_{o1} 中油量，残余油饱和度极限值为 S_{or}^L，$S_{wr}^L=S_o-v_{o1}$，之后复合驱毛细管数 N_c 增大至极限毛细管数 N_{ct2}，对应采空子空间 V_{o2} 中油量，残余油饱和度极限值为 S_{or}^H，剩余油在"纯油"子空间 V_{ow} 中，$S_{or}^H=v_{ow}$。确认 S_o，S_{or}^L 和 S_{or}^H 相关值后，不难计算：$v_{o1}=S_o-S_{or}^L$，$v_{o2}=S_{or}^L-S_{or}^H$。初始已介绍在三级微观模型初始含水饱和度 S_{wr}^L 分别为 21%，22% 和 24%，可算得三级微观模型初始含油饱和度 S_o 分别为 79%，78% 和 76%；进而算得：三级微观模型纯油子空间 V_{o1} 初始含油量分别为 24.27%，27.36% 和 28.49%，纯油子空间 V_{o2} 初始含油量分别为 38.96%，32.26% 和 27.44%，纯油子空间 V_{ow} 初始含油量分别为 15.77%，18.38% 和 20.07%。

2.3 毛细管数高于极限毛细管数 N_{ct1} 间情况下驱动

基于对毛细管数低于极限毛细管数 N_{ct1} 情况下做出了深入研究,对于毛细管数高于极限毛细管数 N_{ct1} 情况下也要做出深入研究,做出相对完整的"毛细管数'数字化'驱油实验曲线"。

这里 v/σ_{ow} 取不同值计算相应方案,方案与曲线对应关系及曲线分布规律下节再做较为细致的研究。表5列出6组方案的计算结果。

表 5 化学复合驱方案计算结果表(3)

曲线	方案指标	方案及对应指标数据									
		1	2	3	4	5	6	7	8	9	10
1	v,10^{-6}m/s	9.36	9.36	9.36	9.36	9.36	9.36	9.36	9.36	9.36	9.36
	σ_{ow},mN/m	0.001	0.001	0.001	0.001	0.001	0.001	0.001	0.001	0.001	0.001
	μ_w,mPa·s	6.95	7.96	9.37	14.97	23.93	32.56	38.55	47.67	67.73	85.27
	v/σ_{ow} 10^{-3}(mPa·s)$^{-1}$	9.36	9.36	9.36	9.36	9.36	9.36	9.36	9.36	9.36	9.36
	N_c,10^{-2}	6.51	7.45	8.79	14.0	22.4	30.5	36.1	44.6	63.4	79.8
	S_{or},%	18.30	18.34	18.62	19.62	19.51	20.37	20.61	20.39	19.77	19.36
2	v,10^{-6}m/s	2.34	2.34	2.34	2.34	2.34	2.34	2.34	2.34	2.34	2.34
	σ_{ow},10^{-2}mN/m	0.025	0.025	0.025	0.025	0.025	0.025	0.025	0.025	0.025	0.025
	μ_w,mPa·s	7.34	8.42	9.93	15.86	25.37	34.54	40.76	49.73	69.32	87.49
	v/σ_{ow} 10^{-3}(mPa·s)$^{-1}$	9.36	9.36	9.36	9.36	9.36	9.36	9.36	9.36	9.36	9.36
	N_c,10^{-2}	6.87	7.88	9.29	14.8	23.7	32.3	38.2	46.5	64.9	81.9
	S_{or},%	18.33	18.34	19.77	19.45	19.60	20.26	20.40	20.09	19.38	18.75
3	v,10^{-6}m/s	9.36	9.36	9.36	9.36	9.36	9.36	9.36	9.36	9.36	9.36
	σ_{ow},10^{-3}mN/m	0.25	0.25	0.25	0.25	0.25	0.25	0.25	0.25	0.25	0.25
	μ_w,mPa·s	2.27	3.98	6.95	9.39	14.96	23.64	27.93	32.26	47.12	67.85
	v/σ_{ow} 10^{-2}(mPa·s)$^{-1}$	3.744	3.744	3.744	3.744	3.744	3.744	3.744	3.744	3.744	3.744
	N_c,10^{-2}	8.50	14.9	26.0	35.2	56.0	88.5	105	121	176	254
	S_{or},%	18.67	20.21	19.77	21.29	22.72	22.09	21.41	20.74	19.67	18.91
4	v,10^{-7}m/s	7.488	7.488	7.488	7.488	7.488	7.488	7.488	7.488	7.488	7.488
	σ_{ow},10^{-5}mN/m	2.0	2.0	2.0	2.0	2.0	2.0	2.0	2.0	2.0	2.0

曲线	方案指标	方案及对应指标数据									
		1	2	3	4	5	6	7	8	9	10
4	μ_w, mPa·s	2.45	4.37	7.67	10.38	16.58	26.19	30.90	35.73	52.15	73.41
	v/σ_{ow} 10^{-2}(mPa·s)$^{-1}$	3.744	3.744	3.744	3.744	3.744	3.744	3.744	3.744	3.744	3.744
	N_c, 10^{-2}	9.17	16.4	28.7	38.9	62.1	98.1	116	134	195	275
	S_{or}, %	19.00	20.16	19.64	21.49	22.86	22.36	21.78	21.05	19.50	18.58
5	v, 10^{-6}m/s	1.872	1.872	1.872	1.872	1.872	1.872	1.872	1.872	1.872	1.872
	σ_{ow}, 10^{-2}mN/m	0.002	0.002	0.002	0.002	0.002	0.002	0.002	0.002	0.002	0.002
	μ_w, mPa·s	2.39	7.39	10.01	16.0	25.47	34.82	41.24	50.27	70.77	88.38
	v/σ_{ow} 10^{-2}(mPa·s)$^{-1}$	9.36	9.36	9.36	9.36	9.36	9.36	9.36	9.36	9.36	9.36
	N_c, 10^{-1}	2.24	6.92	9.37	15.0	23.8	32.6	38.6	47.1	66.2	82.7
	S_{or}, %	20.15	23.17	23.18	22.68	21.38	19.99	19.41	18.84	18.07	17.53
6	v, 10^{-6}m/s	2.34	2.34	2.34	2.34	2.34	2.34	2.34	2.34	2.34	2.34
	σ_{ow}, 10^{-3}mN/m	0.025	0.025	0.025	0.025	0.025	0.025	0.025	0.025	0.025	0.025
	μ_w, mPa·s	2.37	7.33	9.92	15.85	25.15	34.50	40.86	49.82	70.13	87.58
	v/σ_{ow} 10^{-2}(mPa·s)$^{-1}$	9.36	9.36	9.36	9.36	9.36	9.36	9.36	9.36	9.36	9.36
	N_c, 10^{-1}	2.22	6.86	9.29	14.8	23.5	32.3	38.2	46.6	65.6	82.0
	S_{or}, %	20.02	23.16	23.21	22.68	21.44	20.00	19.46	18.88	18.12	17.60

一组和二组方案 v/σ_{ow} 值同为 9.36×10^{-3}(mPa·s)$^{-1}$。一组方案渗流速度为 9.36×10^{-6}m/s，其中方案 1 驱油过程毛细管数值为 6.51×10^{-2}，略高于极限毛细管数 N_{ct1} 值 4.46×10^{-2}，残余油饱和度值为 18.30%，高于残余油饱和度极限值 18.06%，随着方案体系黏度增高，毛细管数增大，方案的残余油饱和度提高，方案 7 残余油饱和度达到最大值 20.61%，对应的毛细管数值为 0.361，体系黏度进一步增大，残余油饱和度转为下降变化，方案 10 毛细管数为 0.798，残余油饱和度值为 19.36%；二组方案渗流速度为 2.34×10^{-6}m/s，方案 1 驱油过程毛细管数值为 6.87×10^{-2}，残余油饱和度值为 18.33%，也是方案 7 为残余油饱和度最高值点，值为 20.40%，毛细管数值为 0.382，方案 10 毛细管数值为 0.819，残余油饱和度值为 18.75%。两组同号方案体系聚合物浓度相同，毛细管数对应值、残余油饱和度对应值差别相对略大，这是渗流速度差的结果，一组方案渗流速度为二组的 4 倍。

三组和四组方案 v/σ_{ow} 值同为 3.744×10^{-2}(mPa·s)$^{-1}$。三组方案渗流速度为 9.36×10^{-6}m/s，

方案 1 驱油过程毛细管数值为 8.50×10^{-2},残余油饱和度值为 18.67%,方案 5 残余油饱和度达到最大值 22.72%,对应的毛细管数值为 0.56,方案 10 毛细管数为 2.54,残余油饱和度值为 18.91%;四组方案渗流速度为 7.488×10^{-7}m/s,方案 1 驱油过程毛细管数值为 9.17×10^{-2},残余油饱和度值为 19.00%,方案 5 残余油饱和度值 22.86%,为最高值,对应毛细管数值为 0.621,方案 10 毛细管数值为 2.75,残余油饱和度值为 18.58%。两组同号方案毛细管数对应值、残余油饱和度对应值差别相对较大,原因在于前组方案渗流速度为后组的 12.5 倍。

五组和六组方案 v/σ_{ow} 值同为 9.36×10^{-2}(mPa·s)$^{-1}$。五组方案渗流速度为 1.872×10^{-6}m/s,方案 1 驱油过程毛细管数值为 0.224,残余油饱和度值为 20.15%,方案 3 残余油饱和度 23.18%,为相对最大值,对应的毛细管数值为 0.937,方案 10 毛细管数为 8.27,残余油饱和度值为 17.53%,低于残余油饱和度极限值 18.06%;六组方案渗流速度为 2.34×10^{-6}m/s,方案 1 驱油过程毛细管数值为 0.222,残余油饱和度值为 20.02%,方案 3 残余油饱和度值 23.21%,为最高值,对应毛细管数值为 0.929,方案 10 毛细管数值为 8.20,残余油饱和度值为 17.60%,低于残余油饱和度极限值。两组同号方案毛细管数对应值、残余油饱和度对应值差别相对较小,这是两方案渗流速度相近结果。

2.4 毛细管数"数字化"实验曲线

依据表 2、表 3 和表 5 数据绘制得到"毛细管数'数字化'实验曲线",如图 4 所示,这是一个相对更加完善的毛细管数曲线图。以极限毛细管数 N_{cc} 和 N_{ct1} 为分界点,将曲线分割成三部分。

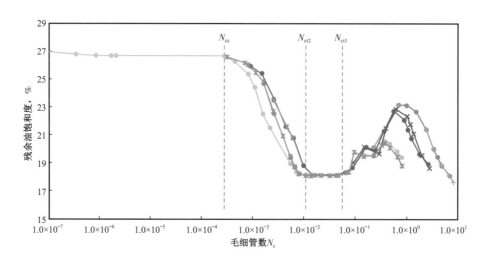

图 4　毛细管数"数字化"实验曲线

在毛细管数 N_c 低于极限毛细管数 N_{cc} 情况下驱替,采出的微观空间 V_{o1} 中原油,由表 2 数据看到,仅靠水驱、聚合物驱,在毛细管数达到 2.11×10^{-6},就可以驱替到残余油饱和度极限值 S_{or}^L——26.69%,表明 V_{o1} 空间中原油已被取空,又从表 3 中一组数据看到,采用复合体系驱动,在毛细管数为 2.71×10^{-4},仍没有增加采出原油,仅当毛细管数在略微增大到

2.75×10^{-4},才增加采出油量,开始启动 V_{o2} 空间原油,毛细管数值 2.75×10^{-4},是极限毛细管数 N_{cc} 值,可以看出,采空 V_{o1} 空间原油,没有必要采用复合驱,而要进入 V_{o2} 空间中驱替,又必须经过复合驱,使毛细管数增大到极限毛细管数 N_{cc},这期间不同毛细管数下的复合驱,残余油饱和度同为 S_{or}^L,只是为了使毛细管数增大到 N_{cc}。由分析看清,毛细管数低于极限毛细管数 N_{cc} 驱替,残余油饱和度是毛细管数的单值函数,毛细管数曲线含两段,前段为水驱、聚合物驱段,后段为化学复合驱段。

在毛细管数 N_c 介于极限毛细管数 N_{cc} 和 N_{ct1} 间情况下驱替,驱油过程扩充到整个岩心微观纯油空间 V_o 和纯水空间 V_w 中,在不同"驱替条件"条件下驱替,获得一簇曲线,它们由点(N_{cc},S_{or}^L)出发,有规律排列,图3中按表3中5组数据绘制出本簇曲线中5条曲线,从第2条起,每一条曲线对应一个确定的 v/σ_{ow} 值,v/σ_{ow} 值逐渐增大,对应曲线向右偏移,由于渗流速度对于体系黏度的剪切降黏作用,相同 v/σ_{ow} 值两曲线重合程度受到渗流速度差值影响,渗流速度差值大,两曲线重合程度差,第1线正是这簇曲线的"包络线"。探讨不同"驱替条件"——v/σ_{ow} 值——下驱替做出曲线不同位置的原因,先探讨毛细管数值不高于极限毛细管数 N_{ct2} 值情况下驱替,驱油过程发生在微观纯油空间 V_o 中,已确定这里的极限毛细管数 N_{ct2} 值为 1.10×10^{-2},由表3看到,曲线1上前9个实验点满足此条件,曲线2上前8个实验点满足此条件,第9个实验点刚刚离开此条件,对比研究两曲线在毛细管数 N_c 值近于相同情况下实验点对应的位置偏差,曲线1上第3个实验点毛细管数 N_c 值为 1.1×10^{-3},残余油饱和度 S_{or} 值为24.41%,曲线2上第2个实验点,毛细管数值为 1.18×10^{-3},残余油饱和度值为25.49%;再对比一组,曲线1上第4个实验点,毛细管数值为 1.58×10^{-3},残余油饱和度值为22.51%,曲线2上第3个实验点,毛细管数值为 1.59×10^{-3},残余油饱和度值为24.77%,比较看到,在相近的毛细管数条件下,"v/σ_{ow}"值高者有着相对高的残余油饱和度值,这是水相突进、驱替效率下降的结果,对应曲线位置偏左。尽管如此,从表3数据看到,曲线1实验9毛细管数 N_c 值为 1.10×10^{-2},残余油饱和度 S_{or} 值为18.06%,微观纯油空间 V_o 中原油被驱空,而曲线2实验9毛细管数 N_c 值为 1.11×10^{-2},残余油饱和度 S_{or} 值也为18.06%,微观纯油空间 V_o 中原油已被驱空,表明两实验驱空微观纯油空间 V_o 中原油的毛细管数近于相同,两曲线上对应实验点近于重合;再研究毛细管数值高于极限毛细管数 N_{ct2} 值情况下驱替,驱油过程发生在整个微观纯油空间 V_o 中和部分开启的纯水空间 V_w 中。研究曲线4,由表3中看到,第6个实验点毛细管数 N_c 值为 1.01×10^{-2},说明6个实验都是在低于极限毛细管数 N_{ct2} 值情况下驱替,驱替过程仅发生在微观纯油空间 V_o 中,与曲线2相比位置偏差原因同前文说明;第7个实验点毛细管数 N_c 值为 1.61×10^{-2},高于极限毛细管数 N_{ct2} 值,驱替过程已扩展到微观纯水空间 V_w 中,由此必然出现水相突进大大加重情况,驱替效率大幅度降低。由表中看到,只有第9个实验残余油饱和度 S_{or} 值为18.06%,对应的毛细管数 N_c 值为 4.46×10^{-2},由四组和五组两组实验对比看出,驱空微观纯油空间 V_o 中原油的毛细管数 N_{ct} 值约在 3.10×10^{-2} 附近,大大高于极限毛细管数 N_{ct2} 值 1.10×10^{-2},处在极限毛细管数 N_{ct2} 值和 N_{ct1} 值之间。

毛细管数 N_c 高于极限毛细管数 N_{ct1} 间情况下化学复合驱，驱替过程进入孔隙半径小于 r_w 油水共存空间，这里纯油子空间 V_{ow} 和纯水子空间 V_{wo} 并行存在。驱油实验做出多条毛细管数曲线，数字化研究在 v/σ_{ow} 值不同情况下，得到一簇有序排列毛细管数曲线，v/σ_{ow} 值小，曲线位于左下方。显然这里同样存在 "v/σ" 值大水相突进加大情况，又纯油子空间 V_{ow} 和纯水子空间 V_{wo} 并行存在，纯油子空间 V_{ow} 的开启伴随着纯水子空间 V_{wo} 开启，水的流量加大，进一步加重水相突进，水相突进程度不同，导致做出不同的毛细管数曲线，水相突进程度高，V_{wo} 空间开启的范围大，捕获的流动油量大，转为 "束缚油" 量大，驱油过程终止残余油饱和度值高。图 3 按表中 5 组数据绘制出本簇曲线 6 条可比曲线，v/σ_{ow} 值最大为 $9.36 \times 10^{-2}(\mathrm{mPa \cdot s})^{-1}$，对应排在右上方，由于 v/σ_{ow} 值充分大，这一曲线也可近似作为毛细管数 N_c 高于极限毛细管数 N_{ct1} 间情况下复合驱毛细管数曲线的 "包络线"，v/σ_{ow} 值逐渐缩小，对应曲线位置逐渐向左下方移动，v/σ_{ow} 值相等两曲线，基本上是重合的。

毛细管数曲线数字化研究深化了对于毛细管数曲线的认识。水驱、聚合物驱可以在毛细管数达到一定值时采空间 V_{o1} 中原油，残余油饱和度达到极限值 S_{or}^L，达到残余油饱和度极限值 S_{or}^L 的毛细管数远低于极限毛细管数 N_{cc} 值，只有再采用复合驱，使得驱油过程中毛细管数达到极限毛细管数 N_{cc} 值之后，开启空间 V_{o2} 中驱替，在不同的 v/σ_{ow} 值驱替条件下，驱油过程水相突进情况不同，可获得一簇按 v/σ_{ow} 值由小到大排列的毛细管数曲线，毛细管数曲线 QL 是这簇曲线的包络线，它在毛细管数达到极限毛细管数 N_{ct2} 时，驱空空间 V_{o2} 中原油，毛细管数继续增大，驱替扩大到纯水空间 V_w 中，毛细管数增大残余油饱和度不再减小，毛细管数曲线出现平直段，在毛细管数达到极限毛细管数 N_{ct1} 后，转入油水共存空间驱替，在 v/σ_{ow} 值相对较大情况下驱替，出现水相突进加大情况，延迟了驱空空间 V_{o2} 中原油的毛细管数，对应曲线残余油饱和度达到残余油饱和度 S_{or}^H 的毛细管数 N_{ct} 介于极限毛细管数 N_{ct2} 和 N_{ct1} 值之间，经典毛细管数曲线相近于这些曲线中某一条。毛细管数高于极限毛细管数 N_{ct1} 驱替，v/σ_{ow} 值不同的驱替条件，得到不同的毛细管数曲线。

注意到，图 4 毛细管数 "数字化" 实验曲线中，毛细管数高于极限毛细管数 N_{ct1} 驱替的毛细管数实验曲线都是 "双峰" 形态，戚连庆等《实验岩心微观油水分布模型的构建》中确认曲线 II₃ 也是 "双峰" 形态，两者相互认证，确认 "双峰" 形态毛细管数曲线是毛细管数高于极限毛细管数 N_{ct1} 下驱替毛细管数实验曲线的 "标准" 形态。

3　毛细管数实验曲线的实验方法总结

岩心毛细管数曲线驱油实验研究对于化学复合驱驱油技术研究应用是不可缺少的，毛细管数实验曲线数字化研究为岩心毛细管数曲线的驱油实验确定实验目标：测定初始含水饱和度 S_{wr}^L、残余油饱和度极限值 S_{or}^L 和 S_{or}^H 以及极限毛细管数 N_{cc}，N_{ct2} 和 N_{ct1} 6 个关键参数。基于对于毛细管数曲线更全面的认识和实验研究中经验教训，对于毛细管数曲线的实验测定做出提出如下建议。

图 1 中毛细管数小于极限毛细管数 N_{ct1} 部分是毛细管数实验曲线的核心部分,必须由驱油实验做出,从曲线上可确定复合驱 5 个基本参数。具体实验设计将结合实验曲线 QL 实验再设计说明。这部分曲线可分割为三段,毛细管数 N_c 低于极限毛细管数 N_{cc} 的残余饱和度微弱下降变化段——曲线段 1,毛细管数 N_c 介于极限毛细管数 N_{cc} 和 N_{ct2} 间残余油饱和度急剧下降段——曲线段 2,毛细管数 N_c 介于极限毛细管数 N_{ct2} 和 N_{ct1} 间残余油饱和度值不变段——曲线段 3。

在毛细管数实验曲线 QL 实验中,由表 1 看到整段曲线是在 17 支岩心上完成的 17 个驱油实验得到的,这里推荐采用 5 支岩心 20 个左右实验完成,且其中包含 4 个测定相渗透率曲线实验,设计方案见表 6。

表 6 毛细管数实验曲线 QL 实验再设计方案表

岩心实验编号	参考实验编号	注入速度 mL/min	驱替速度 10^{-5}m/s	体系黏度 mPa·s	界面张力 mN/m	v/σ_{ow} 10^{-4}（mPa·s）$^{-1}$	毛细管数	残余油饱和度 %	相配实验
1–1	3–9	1	2.919	0.6	2.25×10^1	0.0129	7.78×10^{-7}	28.6	
1–2		1	2.919	10	2.25×10^1	0.0129	1.30×10^{-5}	28.5	
1–3		2.5	7.298	10	2.25×10^1	0.0324	3.24×10^{-5}	28.3	
1–4	3–8	0.3	0.876	10	1.20×10^0	0.0730	7.30×10^{-5}	27.9	
1–5	3–8	0.5	1.460	10	1.20×10^0	0.1216	1.22×10^{-4}	27.4	
2–1		2.5	7.298	10	2.25×10^1	0.0324	3.24×10^{-5}	28.3	聚合物驱相渗
2–2		0.5	1.460	10	7.50×10^{-2}	1.9460	1.95×10^{-3}	23.38	
2–3		0.75	3.649	10	7.50×10^{-2}	2.9190	2.92×10^{-3}	21.06	
2–4		1.10	3.211	10	7.50×10^{-2}	4.2810	4.28×10^{-3}	18.5	
2–5		1.25	3.649	10	7.50×10^{-2}	4.8650	4.87×10^{-3}	18.5	
3–1		2.5	7.298	10	2.25×10^1	0.0324	3.24×10^{-5}	28.3	聚合物驱相渗
3–2		1.05	3.065	10.	7.50×10^{-2}	4.0866	4.09×10^{-3}	18.5	
4–1		0.8	2.335	15	6.50×10^3	35.926	5.39×10^{-2}	18.5	复合驱相渗
4–2		0.85	2.481	15	6.50×10^3	38.172	5.73×10^{-2}	18.5	注油
4–3		0.855	2.496	15	6.50×10^3	38.396	5.76×10^{-2}	18.5	注油
4–4		0.860	2.510	15	6.50×10^3	38.621	5.79×10^{-2}	18.5	注油
4–5		0.865	2.525	15	6.50×10^3	38.845	5.83×10^{-2}	18.8	注油

岩心实验编号	参考实验编号	注入速度 mL/min	驱替速度 10^{-5} m/s	体系黏度 mPa·s	界面张力 mN/m	v/σ_{ow} 10^{-4}(mPa·s)$^{-1}$	毛细管数	残余油饱和度 %	相配实验
5-1		0.850	2.481	15	6.50×10^3	38.172	5.73×10^{-2}	18.5	复合驱相渗
5-2		0.860	2.510	15	6.50×10^3	38.621	5.79×10^{-2}	18.5	注油
5-3		0.8625	2.518	15	6.50×10^3	38.733	5.81×10^{-2}	18.7	注油
6	3-5	0.60	1.813	10.90	1.50×10^{-3}	12086	1.32×10^{-1}	25.1	
7	3-31	0.60	1.755	15.10	1.50×10^{-3}	11700	1.77×10^{-1}	20.6	
8	3-3	0.60	1.724	21.90	1.70×10^{-3}	10141	2.22×10^{-1}	23.7	
8*		0.68	1.954	21.90	1.70×10^{-3}	11494	2.52×10^{-1}		
9	3-1	0.60	1.761	37.40	1.70×10^{-3}	10359	3.87×10^{-1}	19.6	
10	3-26	0.60	1.749	37.40	1.70×10^{-3}	10288	3.85×10^{-1}	15.9	

第一支岩心设计完成 5 次驱油实验。1-1 实验为水驱实验,参考表 1 中 3-9 岩心实验设计;1-2 和 1-3 实验设计为聚合物驱实验,1-4 和 1-5 实验参考 3-8 岩心实验设计,体系中表面活性剂取洗井液,体系有着相对高的界面张力。1-1,1-2 和 1-3 实验应确定曲线段 1 的走向,1-4 和 1-5 实验确定曲线段 2 上半段走向,两线交点处基本确定极限毛细管数 N_{cc} 位置。

第二支岩心也设计完成 5 次实验。2-1 实验为测定水驱(聚合物驱)相渗透率曲线实验;体系界面张力取 7.50×10^{-2} mN/m,体系黏度取 10mPa·s,变换注液速度设计 2-2 至 2-5 化学复合驱实验,实验 2-2 和 2-3 应确定曲线段 2 下半段走向,实验 2-4 和 2-5 实验点要落到曲线段 3,两线段交点确定了点(N_{ct2}, S_{or}^H)位置。

第三支岩心设计完成 2 次实验。3-1 实验是 2-1 实验的重复,3-2 实验是对 2-4 实验的修改,进一步确认点(N_{ct2}, S_{or}^H)位置。

第四支岩心设计完成实验次数据实验情况而定。4-1 实验为测试化学复合驱相对渗透率曲线参数实验,预设计的毛细管数要偏大些,实验点落到曲线平直段中点偏右,逐渐提高注液速度完成后续实验,注意到后续实验前必须加注适量原油,实验产油量相等于注油量,表明岩心中残余油量没有变化,重复实验,直到出现产出油量少于注油量,岩心中残余油量增加,实验终止。

第五支岩心上 5-1 实验为 4-1 实验的重复,测试化学复合驱相渗透率曲线参数实验,之后的实验目的是为了更为准确地确定毛细管数极限值 N_{ct1},5-1 实验完后加注原油,重复完成前支岩心 4-4 实验,之后"小步"加大注液速度重复实验,得到岩心残余油饱和度增大实验终止。

有一个情况需注意,每个驱油实验开始前,都要对体系界面张力、体系黏度做最后检测,若发现有所偏差,应修正注液速度,保证毛细管数值尽可能准确。

对于高于极限毛细管数 N_{ct1} 情况下毛细管数曲线驱油实验,驱油实验过程中,驱替过程进入油水共存空间,有原存于束缚油子空间中"束缚油"活化流出,又有从油水流动空间中捕获的"流动油"转为"束缚油",情况复杂,每个实验必须独立完成。做出高于极限毛细管数 N_{ct1} 情况下驱替毛细管数实验曲线的目的是认识曲线准确的形态,认清残余油饱和度 S_{or} 与毛细管数 N_c 间的对应关系,戚连庆等《实验岩心微观油水分布模型的构建》中分析研究了毛细管数与残余油关系实验曲线 QL 中曲线 Ⅱ₃ 是"双峰"形态,由前文图 2 所示毛细管数"数字化"曲线图中看到,高于极限毛细管数 N_{ct1} 情况下曲线都具有"双峰"形态,由此确认"双峰"形毛细管数曲线高于极限毛细管数 N_{ct1} 情况下曲线的完善、标准形态,故推荐在毛细管数与残余油关系实验曲线 QL 中曲线 Ⅱ₃ 基础上设计 5 支岩心驱油实验,为减少实验量不做"平行",若对某实验结果不满意可做"补充"实验,曲线 Ⅱ₃ 实验原设计体系界面张力为 1.50×10^{-3} mN/m,为说明问题,这里取全曲线 Ⅱ₃ 实验数据,注意到,6、7 两实验体系界面张力符合设计要求,而实验 8 实验前测得的体系界面张力为 1.70×10^{-3} mN/m,为设计要求数据 1.50×10^{-3} mN/m 的 1.133 倍,由于现在已认识 v/σ_{ow} 值相同,不同黏度的实验点在同一条曲线上",可见先前实验因体系界面张力值变化较大,对应的"v/σ_{ow} 值"相差也较大,实验做出的曲线有着一定的"勉强"性,现在有了新认识就有了办法,出现体系界面张力相对变大的情况,对应采取提升注液速度校正 v/σ_{ow} 值,表中 8* 实验是按新设计思想设计的实验,针对体系界面张力升高 1.133 倍,将注液速度扩大 1.133 倍,保证实验 v/σ_{ow} 值与 7 号岩心实验近于相同,实验结果残余油饱和度 23.2% 是一个"预估"值。表中实验 9 和 10 也可照此办理。若还要认识不同驱替条件——v/σ_{ow} 值——不同情况下曲线分布规律,可参照毛细管数与残余油关系实验曲线 QL 中曲线 Ⅱ₂ 和 Ⅱ₄ 实验设计,并建议每一曲线至少做出 4 个实验点,深刻认识曲线"双峰"形态。

实验做出 Ⅰ 型毛细管数实验曲线,不难转换出 Ⅱ 型实验曲线,由 Ⅱ 型实验曲线上获取的参数可用于数字化驱油研究。

4 化学复合驱相对渗透率曲线的再完善

文献[1]中的 5.1 节给出与毛细管数与残余油关系实验曲线 QL 相配套的化学复合驱相对渗透率曲线 QL 的描述式,5.3 节又给出"相对渗透率曲线的两种描述"。毛细管数与残余油关系实验曲线 QL 和化学复合驱相对渗透率曲线 QL 均已写入化学复合驱数值模拟软件 IMCFS,在大量的计算研究中经受了考验。构建了岩心微观油水分布模型,深化了驱油过程中束缚水饱和度 S_{wr} 和残余油饱和度 S_{or} 的认识,从而可以更为准确地描述化学复合驱油过程油水相对渗透率曲线。首先给出新版基本描述格式。

相对渗透率曲线选用的参数说明:

（1）水驱（聚合物驱）相对渗透率曲线参数。相对渗透率曲线端点值 K_o^L 和 K_w^L 及相对渗透率曲线指数值 n_o^L 和 n_w^L，由水驱相对渗透率曲线参数测定实验测得。

（2）化学复合驱相对渗透率曲线参数。相对渗透率曲线端点值 K_o^H 和 K_w^H 及相对渗透率曲线指数值 n_o^H 和 n_w^H，由化学复合驱相对渗透率曲线参数测定实验测得。

（3）初始含水饱和度 S_{wr}^L、残余油饱和度极限值 S_{or}^L 和 S_{or}^H 及极限毛细管数 N_{cc}，N_{ct2} 和 N_{ct1} 值由毛细管数实验曲线驱油实验测定。

（4）驱动状况转化参数 T_1 和 T_2 通过拟合现场试验或室内实验求得。

以 S_{or} 表示相应的残余油饱和度，在水相饱和度 S_w 满足于 $S_{wr}^L \leqslant S_w \leqslant 1-S_{or}$ 情况下，水相"归一化"饱和度 S_{nw} 可由如下算式计算：

$$S_{nw} = \frac{S_w - S_{wr}^L}{1 - S_{wr}^L - S_{or}} \tag{4}$$

$$S_{or} = \begin{cases} S_{or}^L & (N_c < N_{cc}) \\ S_{or}^L - \dfrac{N_c - N_{cc}}{N_{ct2} - N_{cc}}(S_{or}^L - S_{or}^H) & (N_{cc} \leqslant N_c < N_{ct2}) \\ S_{or}^H & (N_{ct2} \leqslant N_c < N_{ct1}) \\ \dfrac{S_{or}^L + T_2 N_c S_{or}^H}{1 + T_1 N_c} & (N_c \geqslant N_{ct1}) \end{cases} \tag{5}$$

水、油两相相对渗透率曲线可分别写为：

$$K_{rw} = K_w^0 (S_{nw})^{n_w} \tag{6}$$

$$K_{ro} = K_o^0 (1 - S_{nw})^{n_o} \tag{7}$$

对应毛细管数 N_c 的不同变化范围，化学复合驱相对渗透率曲线关键参数的取值：

① 油相相对渗透率曲线。

a. 端点值：

$$K_o^0 = \begin{cases} K_o^L & (N_c < N_{cc}) \\ K_o^L + \dfrac{N_c - N_{cc}}{N_{ct2} - N_{cc}}(K_o^H - K_o^L) & (N_{cc} \leqslant N_c < N_{ct2}) \\ K_o^H & (N_c \geqslant N_{ct2}) \end{cases} \tag{8}$$

b. 指数值：

$$n_o = \begin{cases} n_o^L & (N_c < N_{cc}) \\ n_o^L + \dfrac{N_c - N_{cc}}{N_{ct2} - N_{cc}}(n_o^H - n_o^L) & (N_{cc} \leqslant N_c < N_{ct2}) \\ n_o^H & (N_c \geqslant N_{ct2}) \end{cases} \tag{9}$$

② 水相相对渗透率曲线。

a. 端点值：

$$K_w^0 = \begin{cases} K_w^L & (N_c < N_{cc}) \\ K_w^L + \dfrac{N_c - N_{cc}}{N_{ct2} - N_{cc}}(K_w^H - K_w^L) & (N_{cc} \leqslant N_c < N_{ct2}) \\ K_w^H & (N_c \geqslant N_{ct2}) \end{cases} \quad (10)$$

b. 指数值:

$$\begin{cases} n_w^L & (N_c < N_{cc}) \\ n_w^L + \dfrac{N_c - N_{cc}}{N_{ct2} - N_{cc}}(n_w^H - n_w^L) & (N_{cc} \leqslant N_c < N_{ct2}) \\ n_w^H & (N_c \geqslant N_{ct2}) \end{cases} \quad (11)$$

几个需要说明问题:

(1)束缚水饱和度 S_{wr} 的变化问题。

应该看到,这里式(1)与文献[1]中对应算式相同,但这里对于束缚水饱和度 S_{wr}^L 有着更为深刻的认识。

驱油过程起始时油层油水分布情况如图 2 所示,油层中所有水都集中在纯水空间 V_w 和油水共存空间中纯水子空间 V_{wo} 中。

初始水驱情况下,处于毛细管数小于极限毛细管数 N_{cc} 情况下驱替,启动活化孔隙半径高于 r_{oc} 的孔隙空间 V_{o1} 中原油,残余油饱和度极限值为 S_{or}^L, r_{oc} 远大于 r_o,处于孔隙半径小于 r_o 孔隙空间"原生水"不会在水驱情况下被驱动,它们是真正的"束缚水",初始含水饱和度数总值为 S_{wr}^L。

在 $N_{cc} \leqslant N_c < N_{ct2}$ 情况下驱替,随着毛细管数增大,开启的孔隙空间的孔隙半径缩小,然而,在毛细管数低于极限毛细管数 N_{ct2} 情况下,开启的空间都在孔隙半径大于 r_o 纯油空间 V_o 中,毛细管数增大,残余油饱和度相对减小,束缚水饱和度没有变化,仍存留在纯水空间 V_w 和油水共存空间中纯水子空间 V_{wo} 中,在毛细管数相等于极限毛细管数 N_{ct2} 情况下,空间 V_o 中原油被驱空,空间 V_{ow} 没被启动,驱后残余油饱和度 S_{or} 值就是空间 V_{ow} 初始含油量 S_{or}^H,存留在纯水空间 V_w 和油水共存空间中纯水子空间 V_{wo} 中"束缚水"也没被启动,含水饱和度值仍为 S_{wr}^L,空间 V_o 中充满了留存的注入水。

在 $N_{ct2} \leqslant N_c < N_{ct1}$ 情况下驱替,开启了孔隙半径更小的纯水空间 V_w 中孔隙空间,驱油过程没有残余油饱和度的变化,而"束缚水"饱和度随着 V_w 中孔隙空间开启量增大而减小,对应一个确定的毛细管数 N_c,纯水空间 V_w 被活化的空间中含水饱和度是确定的,但是活化水的数量是难以确定的,从而不能给出此刻真正的束缚水饱和度的界限。考虑到束缚水饱和度的界限本身有着相对性,纯水空间 V_w 被活化的空间中"束缚水"开启运动,其中部分进入到孔隙半径高于 r_o 的空间中,原先在孔隙半径高于 r_o 的空间中等量油、水过来补替,可以这样考虑,将流入空间 V_w 的油"赶回"空间 V_o,"换回"等量水,V_w 中孔隙空间中水量没有变化,孔隙半径小于 r_o 的空间中含水饱和度仍为 S_{wr}^L,继续将其确定为"束缚水"饱和度,这样的处理是油水流动空间的"内部调整",不会影响驱油效果计算。

在毛细管数 $N_c \geq N_{ct1}$ 情况下驱替，开启了孔隙半径小于 r_w 的油水共存空间，有其中"束缚油"子空间油被释放驱走，也有"束缚水"子空间水活化流动，部分释放"束缚水"的子空间又捕获流动油转为"束缚油"。对应确定的毛细管数 N_c，可计算得到对应残余油饱和度 S_{or} 的相对增量 $\Delta = S_{or} - S_{or}^H$，残余油相对增量 Δ 既是束缚水饱和度 S_{wr} 的相对减少量，因而有 $S_{wr}^L = S_{wr}^L - \Delta$。仿照前文处理，将体积为"$\Delta$"的流动水"划到"束缚水 S_{wr} 中，束缚水饱和度 S_{wr} 值又回到 S_{wr}^L。

在网格经历过毛细管数 N_c 高于极限毛细管数 N_{ct1} 情况下驱替，产生在化学驱过程中，同一网格点上毛细管数是随时变化的，束缚水饱和度 S_{wr}、残余油饱和度 S_{or} 有着对应的相对变化量 Δ，若后续的驱动毛细管数 N_c 值低于极限毛细管数 N_{ct1} 驱动，按新的毛细管数 N_c 值确定残余油饱和度 S_{or} 值，缚水饱和度仍取 S_{wr}^L。

（2）毛细管数计算问题。

由于确定了束缚水饱和度为常数 S_{wr}^L，不需要用"油相毛细管数"计算"残余水饱和度"，这样一来，就不必计算油相毛细管数。

（3）异常情况的防范。

注意到驱替过程中，常有网格上毛细管数值由大变小情况，特别是在驱油方案段塞变换情况下，前一时间步在高毛细管数 N_{c1} 条件下驱替，网格有着低的剩余油饱和度 S_o^0，相应的含水饱和度为 S_w^0，之后转为低的毛细管数 N_{c2} 情况下驱替，毛细管数 N_{c2} 对应的残余油饱和度 S_{or}，在 S_w 满足条件 $S_{wr}^L \leq S_w \leq 1 - S_{or}$ 情况下，可计算得到相对渗透率曲线参数 K_o^0，K_w^0，n_w 和 n_o，取 $S_w = 1 - S_{or}$，代入式（1）算出 S_{nw}，再代入式（3）和式（4）两式算出相对渗透率值 K_{rw} 和 K_{ro}，将二值直接用于该网格对应于低的剩余油饱和度 S_o^0 情况下计算。

（4）相对渗透率曲线实例。

表7给出在基本描述式下毛细管数 N_c 高于极限毛细管数 N_{cc} 情况下驱替对应的相对渗透率曲线参数值，图5绘出对应的相对渗透率曲线。

表7　不同毛细管数 N_c 情况下对应的相对渗透率曲线的相关参数值

N_c	Δ	S_{wr}	S_{or}	$1-S_{or}$	K_w^0	n_o	K_w^0	N_w
$N_c=N_{cc}$	0	0.24	0.285	0.715	1	1.95	0.255	3.75
$N_c=0.001$	0	0.24	0.2475	0.7525	1	1.95	0.534	4.35
$N_c=0.00175$	0	0.24	0.2163	0.7838	1	1.95	0.767	4.85
$N_{ct2} \leq N_c < N_{ct1}$	0	0.24	0.185	0.815	1	1.87	1	5.35
$N_c=0.075$	0.055	0.24	0.24	0.76	1	1.87	1	5.35
$N_c=0.22$	−0.001	0.24	0.184	0.816	1	1.87	1	5.35
$N_c=0.50$	−0.058	0.24	0.127	0.873	1	1.87	1	5.35
$N_c=1.0$	−0.104	0.24	0.081	0.919	1	1.87	1	5.35

注：（1）极限毛细管数 $N_{cc}=0.000727$，$N_{ct2}=0.00204$，$N_{ct1}=0.05$。

　　（2）高于极限毛细管数 N_{ct1} 情况下，余残油饱和度计算参数取值 $T_1=2.5$，$T_2=0$。

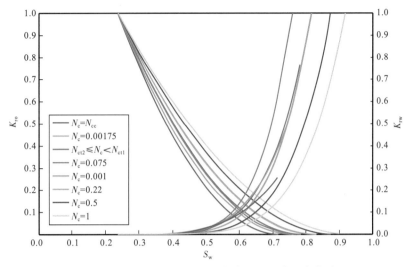

图 5　不同毛细管数条件下化学复合驱相对渗透率曲线图

5　结论

（1）取经典毛细管数实验曲线渗流速度计算式整理实验曲线 QL 实验结果,绘制出Ⅰ型实验曲线 QL,密切了与经典毛细管数实验曲线的联系,相应称原实验曲线 QL 为Ⅱ型实验曲线 QL,渗流速度为水相渗流速度,它在数字化驱油研究中有着重要的应用价值。

（2）采用数字化驱油实验研究方法,研究得到"毛细管数'数字化'实验曲线":在毛细管数 N_c 低于极限毛细管数 N_{cc} 情况下有一条且只有一条毛细管数曲线;毛细管数 N_c 介于极限毛细管数 $N_{cc} \sim N_{ct1}$,存在一簇毛细管数曲线,它们由点（N_{cc}, S_{or}^L）出发,依照 v/σ_{ow} 值由小到大曲线有序自左向右有规律排列,曲线簇的"包络线"处于最左边,其上含极限毛细管数 N_{cc}, N_{ct2} 和 N_{ct1};在毛细管数 N_c 高于极限毛细管数 N_{ct1} 情况下也存在一簇有序排列曲线,它们共同起点为（N_{cc}, S_{or}^L）。

（3）实验岩心是客观存在实验条件,在一个确定的驱替条件下的一组实验,都可获得一条毛细管数与残余油饱和度对应关系曲线。找到可比的驱替条件——v/σ_{ow} 值,同一条曲线的一组实验有一对确定的 v 和 σ_{ow} 值,体系黏度呈逐渐增大变化。

（4）"经典"毛细管数实验曲线也是在一定的驱替条件下残余油饱和度与毛细管数间的关系曲线,它对应于由（N_{cc}, S_{or}^L）出发的曲线簇中的一条,有着相对较大的 v/σ_{ow} 值;毛细管数实验曲线 QL（Ⅰ型）对应于同簇的"包络线"。

（5）毛细管数实验曲线 QL 包含一组完整描述油层的基本参数:极限毛细管数 N_{cc}, N_{ct2} 和 N_{ct1},残余油饱和度极限值 S_{or}^L 和 S_{or}^H,给出了高于极限毛细管数 N_{ct1} 情况下驱替,渗流速度、体系黏度、体系界面张力对于残余油饱和度的影响关系。毛细管数实验曲线 QL 是一相对完整、更适合研究应用的曲线。

（6）从岩心微观油水分布模型出发,基于对毛细管数实验曲线 QL 的深化认识,总结了

对于实验曲线 QL 经验教训,完善了毛细管数实验曲线实验方法。

（7）基于岩心微观油水分布模型的建立和对于毛细管数实验曲线 QL 深化认识,简化了对于化学复合驱相对渗透率曲线描述,简练了化学复合驱模拟软件中计算。

符 号 说 明

v——驱替速度,m/s;

μ_w——驱替相相黏度,mPa·s;

σ_{ow}——驱替相与被驱替相间的界面张力,mN/m;

Q——单位时间通过岩心的流量,cm³/s;

A——岩心截面的孔隙面积,cm²;

N_c——毛细管数;

N_{cc}——水驱后残余油开始流动时的极限毛细管数;

N_{ct1}——化学复合驱油过程中驱动状况发生转化时的极限毛细管数;

N_{ct2}——处于"Ⅰ类"驱动状况下化学复合驱油过程对应的残余油值不再减小变化时的极限毛细管数;

S_{or}——与毛细管数值 N_c 相对应的残余油饱和度;

S_{wr}^L——束缚水饱和度;

S_w——水相饱和度;

S_o——油相饱和度;

S_{or}^L——低毛细管数条件下,即毛细管数 $N_c \leqslant N_{cc}$ 情况下驱动最低的残余油饱和度;

S_{or}^H——处于"Ⅰ类"驱动状况下化学复合驱油过程最低的残余油饱和度,即处于极限毛细管数 N_{ct2} 和 N_{ct1} 之间毛细管数对应的残余油饱和度;

S_{nw}——"规一化"的水相饱和度;

T_1,T_2——驱动状况转化参数,可通过试验或实验拟合求得;

K_w^L——水驱（聚合物驱）相对渗透率曲线的水相曲线端点值;

K_o^L——水驱（聚合物驱）相对渗透率曲线的油相曲线端点值;

n_w^L——水驱（聚合物驱）相对渗透率曲线的水相曲线指数值;

n_o^L——水驱（聚合物驱）相对渗透率曲线的油相曲线指数值;

K_w^H——化学复合驱相对渗透率曲线的水相曲线端点值;

K_o^H——化学复合驱相对渗透率曲线的油相曲线端点值;

n_w^H——化学复合驱相对渗透率曲线的水相曲线指数值;

n_o^H——化学复合驱相对渗透率曲线的油相曲线指数值;

n_w——对应确定的毛细管数 N_c 条件下驱替相对渗透率曲线的水相曲线指数值;

n_o——对应确定的毛细管数 N_c 条件下驱替相对渗透率曲线的油相曲线指数值;

V_o——微观"纯油"孔隙空间,孔隙半径在 r_o 以上;

V_{o1}——微观"纯油"孔隙空间 V_o 子空间,孔隙半径在 r_{oc} 以上;

V_{o2}——微观"纯油"孔隙空间 V_o 子空间,孔隙半径在 r_{oc} 以下;

r_{oc}——微观"纯油"孔隙空间 V_{o1} 与 V_{o2} 空间界面处孔隙半径;

V_w——孔隙半径 r 处于 $r_o \sim r_w$ 范围内,为"纯水"孔隙空间;

V_{ow}——孔隙半径 r 处于小于 r_w 的范围内,为"纯油"孔隙空间;

V_{wo}——孔隙半径 r 处于小于 r_w 的范围内,为"纯水"孔隙空间;

r_o——微观"纯油"孔隙空间 V_o 与微观"纯水"孔隙空间 V_w 间界面处孔隙半径;

r_w——"纯水"孔隙空间 V_w 与"油水共存"空间界面处孔隙半径;

v_{o1}——空间 V_{o1} 初始含油量;

v_{o2}——空间 V_{o2} 初始含油量。

参 考 文 献

[1] Qi L Q, Liu Z Z, Yang C Z, et al. Supplement and Optimization of Classical Capillary Number Experimental Curve for Enhanced Oil Recovery by Combination Flooding [J].Sci.China Tec.Sci., 2014,57:2190–2203.

微观油水分布模型在数字化驱油研究中应用

戚连庆[1]　宋考平[2]　王宏申[3]　宋道万[4]　李建路[1]　谭　帅[3]　张军辉[3]　张　宁[3]

（1. 中国石油大庆油田有限责任公司勘探开发研究院；2. 东北石油大学；3. 中海油能源发展股份有限公司工程技术分公司；4. 中国石化胜利油田勘探开发研究院）

摘　要：研究确认实验岩心微观油水分布模型适用于油藏岩心。从岩心微观油水分布模型出发，分析研究数字化驱油试验效果，清晰看到对应于毛细管数曲线不同分区范围，驱油过程采出油层微观不同孔隙空间原油，为评价驱油效果和制订方案改进措施提供科学依据。采用这种研究方法，研究了不同化学驱油技术的效果：早年大庆油田采用聚合物驱油技术相对水驱提高采收率10%左右，是化学驱提高采收率技术进步和重要成果，但是，相比化学复合驱多达15%以上原油残留于地下；研究确认，在大庆油田，在小的注采井距条件下，采用高黏超低界面张力（1.25×10^{-3}mN/m）驱油体系驱油，相对水驱提高采收率30%左右，采出的原油几乎全部是原存于油层微观"纯油"孔隙空间中原油，而采用高黏特超低界面张力（2×10^{-5}mN/m）驱油体系，不仅可以把原存于油层微观"纯油"孔隙空间中原油更多采出，还可以采出高、中渗透层部分原存于微观"油水共存"孔隙空间中的原油，原油采收率进一步提高值得重视。

关键词：极限毛细管数 N_{ct2}；极限毛细管数 N_{ct1}；微观"纯油"空间；微观"纯水"空间；微观"油水共存"空间；聚合物驱；高黏超低界面张力体系；高黏特超低界面张力体系

戚连庆等在《实验岩心微观油水分布模型的构建》中提出的驱油实验岩心微观油水分布模型，科学地解释了毛细管数实验曲线 QL[1] 的复杂形态，清晰地看到对应于毛细管数曲线不同分区范围，驱油过程采出岩心微观不同孔隙空间原油。将这一研究成果用于数字化驱油技术研究中，用于研究不同的化学驱油技术机理和驱油效果，本文介绍主要研究成果。

1　从毛细管数实验曲线创新研究成果出发深化对油藏的认识

1.1　油层岩心有着相同于实验岩心微观油水分布状况

图1绘出毛细管数实验曲线 QL，对应驱油过程中毛细管数的三个极限值——"水驱极限毛细管数 N_{cc}"、化学复合驱"极限毛细管数 N_{ct2}"和"极限毛细管数 N_{ct1}"，将实验曲线分为四部分。图2给出实验岩心微观空间油水分布特征模型，按微观孔隙半径由大到小，油层孔隙空间分为四部分，孔径高于 r_o 部分为纯油空间 V_o，V_o 空间存在一个隐形界限 r_{oc}，孔径高于 r_{oc} 部分为纯油空间 V_{o1}，孔径介于 $r_{oc} \sim r_o$ 部分为纯油空间 V_{o2}，孔径介于 $r_o \sim r_w$ 部分为纯水空间 V_w，孔径介于 $r_w \sim r_{wo}$ 部分为油水共存空间，其中包含纯油子空间 V_{ow} 和纯水子空间 V_{wo}，

两子空间相互分割交互存在,孔径小于 r_{wo} 部分或为纯水子空间,或为纯油子空间,由岩心润湿性决定。驱油过程中,随着毛细管数增大,被驱动的油水存留空间孔径缩小,水驱过程毛细管数小于临界毛细管数 N_{cc},采出的是纯油空间 V_{o1} 中原油;复合驱情况下,毛细管数由极限毛细管数 N_{cc} 逐渐增大到极限毛细管数 N_{ct2},采出的是纯油空间 V_{o2} 中原油;当毛细管数处于 N_{ct2} 和极限毛细管数 N_{ctl} 之间时,采出的是纯水空间 V_w 中水;在毛细管数高于极限毛细管数 N_{ctl} 情况下,驱替进入孔径小于 r_w 的油水共存空间中,将出现油、水被驱走情况,也会发生纯水子空间捕获流动油情况。

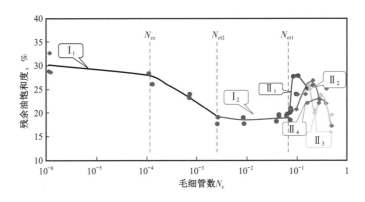

图 1 毛细管数与残余油关系实验曲线 QL

由实验岩心研究得到的微观油水分布模型应适合于地下油层油水微观分布。这是因为:实验岩心是仿油层岩心制作的,它们有着近于相同的结构和物理组成,有着相近的渗流特性参数,驱油实验采用油田油水饱和,特别需要指出,岩心油水饱和过程是参照地下油层储集过程制订,油层初始是储集纯水的,后来在地下压力变动的情况下,高的地层压力将原油运移到储集油层,在油层开发前,经历了长时间的"老化"过程。岩心相近的结构和相近的组成、相仿的原油储集历程,是确认实验岩心与油田地层油水有着相近的分布状况的依据。

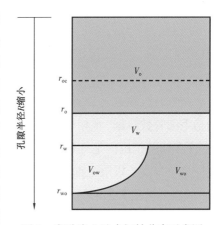

图 2 实验岩心油水初始分布示意图

1.2 从岩心微观油水分布状况出发研究驱油过程油层中油的采出情况

戚连庆等《化学复合驱矿场试验数字化研究》中通过化学复合驱试验拟合建立油层的数字化地质模型,有了油层微观油水分布模型,可以进一步丰富数字化地质模型的内容。驱油实验岩心,束缚水饱和度为 S_{wr}^L,初始含油饱和度值为 $1-S_{wr}^L$,毛细管数介于极限毛细管数 $N_{ct2} \sim N_{ctl}$ 之间对应的残余油饱和度 S_{or}^H 可测,S_{or}^H 就是油水共存空间及孔径更小空间含油量的体积百分数 v_{ow};纯油孔隙空间 V_o 初始含油量的体积百分数 $v_o=1-S_{wr}^L-S_{or}^H$,对于油藏地质模型,油层束缚水饱和度 S_{wr}^L 不难获得,油层残余油饱和度 S_{or}^H 可以通过拟合现场试验获得,v_o 值可求得。杏二西试验[2]研究是采用能够描述杏二西试验区主要地质结构特征的三维三层简化地质模型计算，表1列出添充了微观孔隙空间含油量体积百分数 v_o 和 v_{ow} 两元素后的数字化地质模型主要相关数据。

表 1　杏二西油田数字化地质模型参数表

油层	渗透率 mD	S_{wr}^L %	S_{or}^L %	v_{ow} %	v_o %	N_{cc}	N_{ct2}	N_{ct1}	T_o
上层	100	24.0	28	15.5	60.5	0.0001	0.0025	0.0712	1.25
中层	215	22.0	27	14.5	63.5	0.0001	0.0025	0.0712	5.0
下层	525	21.0	25	13.5	65.5	0.0001	0.0025	0.0712	20.0

在杏二西数字化地质模型上，运行杏二西驱油试验方案。通常采用分析网格剩余油饱和度 S_{or} 分析驱油效果，这里通过分析网格 v_o 和 v_{ow} 量变化分析研究驱油效果。

首先认识油层水驱开发前油层不同微观空间油量分布情况。据表1数据知，油层三层段 v_o 值分别为60.5%，63.5% 和 65.5%，v_{ow} 值分别为15.5%，14.5% 和 13.5%。投入水驱开发，毛细管数远低于极限毛细管数 N_{cc}，驱油过程中只有纯油空间 V_o 中的大孔径孔隙空间中的油能够被启动驱走，流动油水只能在这部分大孔径孔隙空间中流动，空间 V_o 中油量在驱油过程中发生变化，仍以 v_o 值表示空间 V_o 中油量的体积百分数，表2列出化学复合驱驱油试验开始时网格中油量 v_o 分布数据，从中看到，最小含油量为19.0%，位于高渗透层水井所在网格，最高为28.2%，位于低渗透层边角处；由于水驱过程没有触及油水共存空间，三层段网格 v_{ow} 值仍分别为15.5%，14.5% 和 13.5%。

研究转入化学复合驱后情况。表3和表4分别列出复合体系主段塞注完时刻油层平面网格毛细管数数据、水相黏度数据。由表3看到，复合体系溶液在三层段上波及范围差别明显，而在波及范围内毛细管数基本处于极限毛细管数 N_{ct2} 和 N_{ct1} 之间，仅有高渗透层水井附近网格数字高于极限毛细管数 N_{ct1}；由表4看到，对应复合体系波及部位有着高的水相黏度。由戚连庆等《实验岩心微观油水分布模型的构建》的研究中认识到，在毛细管数不超过极限毛细管数 N_{ct2} 情况下驱替，被驱走的只能是 V_o 空间的原油，被驱走的油在 V_o 空间中被开启的部分空间中流动，在毛细管数逐渐增大到极限毛细管数 N_{ct2} 时，仍然是仅有 V_o 空间的原油能被驱走，油水可流动空间为整个 V_o 空间和 V_w 空间中开启的部分，毛细管数相等于极限毛细管数 N_{ct1} 时，开启整个 V_w 空间。在毛细管数处于极限毛细管数 N_{ct2} 和 N_{ct1} 之间的情况下，启动的 V_o 空间原油流动范围扩大到 V_w 空间，这时含油量 v_o 包括了在相应网格 V_o 空间和 V_w 空间中流动的原油量；毛细管数高于极限毛细管数 N_{ct1} 之后，油水共存空间中纯油子空间 V_{ow} 中原油、纯水子空间 V_{wc} 中水被启动，启动范围随着毛细管数增大而增大，油、水流动进入油水共存空间中开启的部分，驱油过程中，有含油孔隙空间原油被水驱走，也有含水孔隙空间捕获流动油，驱油过程终止，剩余油不仅包括含油孔隙空间没有启动部分原油，也包含

表2 杏二西试验开始时刻油层网格剩余油量 v_o 分布数据 单位:%

杏二西		1	2	3	4	5	6	7	8	9
低渗透层	1	21.2	21.3	21.5	21.9	22.5	23.1	24.0	25.2	28.2
	2	21.3	21.4	21.7	22.0	22.5	23.2	24.0	25.2	28.2
	3	21.5	21.7	21.9	22.3	22.7	23.3	24.1	25.2	28.1
	4	21.9	22.0	22.3	22.6	23.0	23.5	24.2	25.2	28.1
	5	22.4	22.5	22.7	23.0	23.3	23.7	24.3	25.2	28.0
	6	23.1	23.2	23.3	23.5	23.7	24.0	24.3	25.1	27.8
	7	24.0	24.0	24.1	24.2	24.2	24.3	24.5	24.9	27.4
	8	25.1	25.1	25.2	25.1	25.1	25.1	24.9	25.0	26.5
	9	28.1	28.1	28.1	28.0	27.9	27.7	27.4	26.4	26.5
中渗透层	1	20.1	20.2	20.3	20.5	20.8	21.3	21.8	22.7	25.1
	2	20.2	20.2	20.4	20.6	20.9	21.3	21.8	22.7	25.1
	3	20.3	20.4	20.5	20.7	21.0	21.4	21.9	22.7	25.1
	4	20.5	20.6	20.7	20.9	21.2	21.5	21.9	22.7	25.0
	5	20.8	20.9	21.0	21.2	21.4	21.7	22.0	22.7	24.9
	6	21.3	21.3	21.4	21.5	21.6	21.8	22.1	22.6	24.8
	7	21.8	21.8	21.9	21.9	22.0	22.1	22.2	22.5	24.5
	8	22.7	22.7	22.7	22.7	22.7	22.6	22.5	22.6	23.8
	9	25.0	25.0	25.0	25.0	24.9	24.8	24.5	24.0	23.8
高渗透层	1	19.0	19.1	19.1	19.2	19.4	19.6	19.8	20.2	21.2
	2	19.1	19.1	19.2	19.3	19.4	19.6	19.8	20.2	21.2
	3	19.1	19.2	19.2	19.3	19.4	19.6	19.8	20.2	21.2
	4	19.2	19.3	19.3	19.4	19.5	19.7	19.8	20.2	21.2
	5	19.4	19.4	19.4	19.5	19.6	19.7	19.9	20.2	21.2
	6	19.6	19.6	19.6	19.7	19.7	19.8	19.9	20.1	21.1
	7	19.8	19.8	19.8	19.8	19.9	19.9	19.9	20.1	21.0
	8	20.2	20.2	20.2	20.2	20.1	20.1	20.1	20.1	20.8
	9	21.2	21.2	21.2	21.2	21.1	21.1	20.9	20.6	20.7

开启过的含水空间捕获的流动油。基于以上分析,驱油过程终止,可对于网格剩余油饱和度 S_{or} 进一步分解处理:若网格始终处在毛细管数不高于极限毛细管数 N_{ct1} 情况下驱替,网格油层油水共存空间中油没被启动,油量 $v_{ow}=S_{or}^H$,滞留在网格油层纯油空间 V_o 和纯水空间 V_w 中油量 $v_o=S_{or}-S_{or}^H$,在网格经历过高于极限毛细管数 N_{ct1} 情况下驱替,若 S_{or} 小于等于 S_{or}^H,则残留在网格纯油空间 V_o 和纯水空间 V_w 中油量 $v_o=0$,而在油层油水共存空间中剩余油量 $v_{ow}=S_{or}$,在 S_{or} 高于 S_{or}^H 情况要据情况做进一步分析。表5列出驱油试验终止时网格剩余油量 "$S_{or}-S_{or}^H$" 的分布数据。分析中渗透层位情况,由表3中网格毛细管数数据可知,驱油过程最大毛细管数为0.0683,小于极限毛细管数 N_{ct1},可判断该层位仅有 V_o 空间油被部分驱走,油水共存空间油被启动,流动油在整个 V_o 空间和部分 V_w 空间中流动,驱油过程终止时在这两个微观孔隙空间中剩余油总量为 $v_o=S_{or}-S_{or}^H$,网格剩余油量 v_{ow} 的分布数据没有列出,它们的值相等于对应层段的 S_{or}^H 值。表5水井网格 v_o 量为零,说明两空间中的油全被驱走,从此网格逐渐向前剩余油量 v_o 缓慢地增大,在相当大的范围内有着低的剩余油值,油井一侧边角部位、油井网格是滞留的 "油墙" 尾部,有较高的剩余油量,研究看到,中渗透油层毛细管数长时期处在极限毛细管数 N_{ct2} 和 N_{ct1} 之间的良好 " I 类" 驱动状况下,对应着残余油饱和度极限值 S_{or}^H,有着良好驱替效果。这里给出了完全在低于极限毛细管数 N_{ct1} 情况下驱替剩余油量 v_o 值 "标准" 场数据。再分析低渗透层,它的剩余油分布情况与中渗透层相同,有着水井一侧不到半个层面受到良好 " I 类" 驱动状况下,有着较低剩余油量,油井一侧大半个层面,有着高的剩余油量,那里是滞留的 "油墙" 部位。关注高渗透层位,由表3给出的复合体系主段塞注完时刻毛细管数数据看到,水井附近网格出现毛细管数高于极限毛细管数 N_{ct1} 情况,但是,它们的值不算大,范围也较小,后续过程随着段塞表面活性剂浓度降低网格上毛细管数值降低,毛细管数高于极限毛细管数 N_{ct1},"II类" 驱动状况只是在相对短时间里在小范围内出现,整个层面长时期处于驱动良好 " I 类" 驱动状况下;由表5数据看到,水井附近部分网格,剩余油量高于中渗透层对应网格,从水井网格向外,剩余油量呈逐渐减小变化,这是该部位受到短期 "II类" 驱动状况影响的结果,这些网格中数字用浅绿色标记;高渗透层段水井网格附近、纯油空间 V_o 和纯水空间 V_w 中留有相对高的剩余油量 v_o 是没有理由的,相对多的部分油只能是油水共存空间捕获的流动油,该区域是油水共存空间捕获流动油的范围,显然,这些网格在处于 "II类" 驱动状况下时刻捕获流经本网格的流动油,在后来转为 " I 类" 驱动状况下,网格上只有纯油空间 V_o 和纯水空间 V_w 中油能够被驱走,其剩余油量应小于中渗透层位对应网格量,由此可认定,浅绿色数字标记的网格中,剩余油量 v_o 的量为0,网格上数值加上 S_{or}^H 值为剩余油量 v_{ow} 值;前方红色数字标记区域没有经历过 "II类" 驱动状况,网格上数字为剩余油量 v_o 值,缓慢增加,v_{ow} 的量为 S_{or}^H;介于中间的褐色数字标记区域受到 "II类" 驱动状况波及,是剩余油值 "模糊" 区——网格上数据既有小量的剩余油量 v_o 值,又包含剩余油量 v_{ow} 值中高出 S_{or}^H 部分。高渗透层剩余油分布场可以作为局部范围、短时间 "II类" 驱动状况下驱油过程终止替剩余油量 v_o 值 "标准" 场数据。

表 3　杏二西试验复合体系主段塞注完时刻油层网格毛细管数分布数据

杏二西		1	2	3	4	5	6	7	8	9
低渗透层	1	0.0315	0.0166	0.0106	0.0071	0.0029	0.0000	0.0000	0.0000	0.0000
	2	0.0166	0.0131	0.0098	0.0071	0.0012	0.0000	0.0000	0.0000	0.0000
	3	0.0106	0.0098	0.0081	0.0054	0.0007	0.0000	0.0000	0.0000	0.0000
	4	0.0071	0.0071	0.0054	0.0004	0.0000	0.0000	0.0000	0.0000	0.0000
	5	0.0029	0.0012	0.0007	0.0000	0.0000	0.0000	0.0000	0.0000	0.0000
	6	0.0000	0.0000	0.0000	0.0000	0.0000	0.0000	0.0000	0.0000	0.0000
	7	0.0000	0.0000	0.0000	0.0000	0.0000	0.0000	0.0000	0.0000	0.0000
	8	0.0000	0.0000	0.0000	0.0000	0.0000	0.0000	0.0000	0.0000	0.0000
	9	0.0000	0.0000	0.0000	0.0000	0.0000	0.0000	0.0000	0.0000	0.0000
中渗透层	1	0.0683	0.0360	0.0232	0.0167	0.0123	0.0080	0.0033	0.0000	0.0000
	2	0.0360	0.0282	0.0213	0.0163	0.0123	0.0080	0.0019	0.0000	0.0000
	3	0.0232	0.0213	0.0181	0.0149	0.0113	0.0081	0.0021	0.0000	0.0000
	4	0.0168	0.0164	0.0149	0.0124	0.0096	0.0055	0.0002	0.0000	0.0000
	5	0.0124	0.0123	0.0115	0.0096	0.0069	0.0008	0.0000	0.0000	0.0000
	6	0.0080	0.0081	0.0086	0.0054	0.0008	0.0000	0.0000	0.0000	0.0000
	7	0.0032	0.0019	0.0024	0.0002	0.0000	0.0000	0.0000	0.0000	0.0000
	8	0.0000	0.0000	0.0000	0.0000	0.0000	0.0000	0.0000	0.0000	0.0000
	9	0.0000	0.0000	0.0000	0.0000	0.0000	0.0000	0.0000	0.0000	0.0000
高渗透层	1	0.1680	0.0884	0.0568	0.0409	0.0308	0.0227	0.0147	0.0061	0.0000
	2	0.0884	0.0690	0.0519	0.0397	0.0309	0.0234	0.0162	0.0083	0.0000
	3	0.0568	0.0519	0.0439	0.0363	0.0297	0.0236	0.0171	0.0094	0.0000
	4	0.0409	0.0398	0.0364	0.0320	0.0275	0.0228	0.0173	0.0021	0.0000
	5	0.0308	0.0309	0.0297	0.0275	0.0245	0.0202	0.0158	0.0003	0.0000
	6	0.0227	0.0234	0.0235	0.0228	0.0202	0.0159	0.0014	0.0000	0.0000
	7	0.0147	0.0162	0.0170	0.0172	0.0157	0.0018	0.0000	0.0000	0.0000
	8	0.0061	0.0083	0.0094	0.0012	0.0003	0.0000	0.0000	0.0000	0.0000
	9	0.0000	0.0000	0.0000	0.0000	0.0000	0.0000	0.0000	0.0000	0.0000

表4 杏二西试验复合体系主段塞注完时刻油层网格水相黏度分布数据 单位:mPa·s

杏二西		1	2	3	4	5	6	7	8	9
低渗透层	1	29.92	30.73	31.04	30.08	25.17	10.86	3.614	1.174	0.6827
	2	30.73	30.98	30.94	29.45	23.81	9.175	3.403	1.176	0.6824
	3	31.04	30.94	30.24	27.62	15.72	7.446	2.838	1.15	0.6829
	4	30.07	29.45	27.62	19.39	9.543	4.455	2.063	1.055	0.6797
	5	25.19	23.82	15.72	9.55	5.309	3.057	1.547	0.9642	0.6688
	6	10.88	9.192	7.449	4.46	3.059	1.853	1.238	0.8789	0.6539
	7	3.634	3.409	2.864	2.085	1.554	1.241	1.02	0.8265	0.6531
	8	1.179	1.179	1.152	1.057	0.9679	0.8825	0.8285	0.7791	0.6711
	9	0.6833	0.6832	0.6838	0.6803	0.6695	0.6535	0.6528	0.6716	0.6688
中渗透层	1	29.42	30.27	30.79	30.95	30.24	27.32	20.04	8.612	1.93
	2	30.27	30.57	30.87	30.87	29.9	26.73	19.54	8.253	1.888
	3	30.79	30.87	30.93	30.57	28.74	25.23	15.85	7.503	1.734
	4	30.94	30.87	30.57	29.33	26.85	22.97	13.45	4.936	1.535
	5	30.24	29.9	28.75	26.85	24.43	16.7	8.91	3.887	1.262
	6	27.33	26.75	25.31	23.03	16.62	10.76	6.264	2.958	1.019
	7	20.12	19.64	16.16	13.59	8.945	6.318	3.669	2.073	0.8929
	8	8.646	8.266	7.512	4.978	3.933	2.999	2.072	1.426	0.9007
	9	1.951	1.91	1.751	1.548	1.28	1.006	0.8884	0.8958	0.9026
高渗透层	1	28.89	29.66	30.27	30.66	30.83	30.49	28.72	22.26	6.715
	2	29.66	30.01	30.38	30.68	30.77	30.33	28.38	21.72	6.287
	3	30.27	30.38	30.58	30.73	30.65	29.97	27.55	20.56	4.898
	4	30.65	30.67	30.72	30.68	30.33	29.22	25.89	17.04	4.32
	5	30.81	30.76	30.63	30.31	29.54	27.39	23.29	13.51	3.219
	6	30.47	30.31	29.94	29.18	27.35	24.7	19.31	8.68	2.315
	7	28.72	28.37	27.51	25.83	23.23	19.59	12.97	5.715	1.746
	8	22.31	21.74	20.54	16.83	13.67	8.803	6.259	4.058	1.676
	9	6.869	6.474	4.963	4.432	3.291	2.455	2.052	2.091	1.725

表5 杏二西试验终止时刻油层网格剩余油量 "S_{or}–S_{or}^H" 分布数据　　　　单位:%

杏二西		1	2	3	4	5	6	7	8	9
低渗透层	1	0.2	0.3	0.5	0.7	1.3	3.5	18.7	24.1	35.1
	2	0.3	0.4	0.5	0.8	1.4	4.2	17.3	24.4	34.8
	3	0.5	0.5	0.7	1.0	1.6	5.1	17.0	25.0	34.1
	4	0.7	0.8	1.0	1.3	2.0	7.8	18.1	25.9	34.0
	5	1.3	1.4	1.6	2.0	4.3	10.9	20.4	26.9	33.7
	6	3.7	4.0	4.9	7.7	10.7	16.5	24.8	28.2	33.4
	7	18.6	17.1	16.9	18.0	20.2	24.6	28.2	28.1	33.1
	8	24.1	24.3	24.9	25.8	26.9	28.1	28.0	28.5	31.8
	9	35.0	34.8	34.2	34.0	33.7	33.3	33.1	31.8	32.3
中渗透层	1	0	0.2	0.3	0.4	0.5	0.8	1.4	5.3	20.3
	2	0.2	0.2	0.3	0.4	0.6	0.8	1.3	3.0	15.0
	3	0.3	0.3	0.4	0.5	0.6	0.8	1.3	2.4	12.3
	4	0.4	0.4	0.5	0.6	0.7	0.9	1.4	2.3	10.9
	5	0.5	0.5	0.6	0.7	0.8	1.0	1.5	2.4	8.2
	6	0.8	0.8	0.8	0.9	1.0	1.3	1.9	2.5	7.0
	7	1.4	1.3	1.3	1.3	1.6	1.9	2.4	2.6	6.8
	8	5.3	2.9	2.4	2.3	2.4	2.6	2.6	2.8	6.1
	9	20.0	14.7	12.2	10.7	8.1	7.1	6.9	6.3	24.9
高渗透层	1	2.5	2.3	1.2	0.8	0.5	0.4	0.4	0.7	3.3
	2	2.3	1.7	1.1	0.7	0.4	0.4	0.4	0.7	2.4
	3	1.3	1.1	0.7	0.4	0.3	0.4	0.5	0.7	2.6
	4	0.8	0.7	0.4	0.3	0.3	0.4	0.5	0.7	2.7
	5	0.5	0.4	0.3	0.3	0.4	0.4	0.5	0.7	2.6
	6	0.4	0.4	0.4	0.4	0.4	0.4	0.5	0.7	2.4
	7	0.4	0.4	0.5	0.5	0.5	0.5	0.5	0.6	2.1
	8	0.7	0.7	0.7	0.7	0.7	0.6	0.6	0.6	1.7
	9	3.2	2.4	2.6	2.6	2.5	2.2	1.9	1.5	1.9

　　上述研究,从驱油过程油层中毛细管数与油层微观被驱孔隙空间对应关系出发分析,清楚认识驱油过程中毛细管数基本上控制在极限毛细管数 N_{ct1} 附近驱替,驱油过程采出的原油来自于油层微观纯油孔隙空间 V_o,清晰地看出驱油过程终止不同层面微观纯油孔隙空间不同部位剩余油量分布状况,为驱油试验评价和进一步改进驱油试验方案提供重要科学依据。

研究认识数字化驱油试验终止得到的剩余油饱和度分析资料尤为重要。以往都是研究油层层面网格剩余油饱和度 S_{or} 分布,在构建油层微观油水分布模型之后,开始研究油层微观空间剩余油分布,对于"I类"驱动状况下油层,剩余油留存在纯油空间和纯水空间,剩余油量以 v_o 描述,油水共存空间没有被驱动,剩余油量相等于残余油饱和度极限值 S_{or}^H,常常省略研究。细心读者会发现这里表 5 的表头取了新的称呼"剩余油量'S_{or}-S_{or}^H'",这是深入研究的需要。总结杏二西试验终止时刻高渗透层剩余油分布看到层面网格剩余油有三种情况:浅绿色数字标记数字——为油层网格油水共存空间留存的残余油残余油饱和度值 v_{ow},值高于或等于残余油饱和度极限值 S_{or}^H,剩余油量 v_o 为零;褐色标记数字——为留存在纯油空间和纯水空间的剩余油量 v_o,数值中混有油水共存空间留存的剩余油量 v_{ow} 中高出 S_{or}^H 部分,网格剩余油量 v_o 和剩余油量 v_{ow} 两者数量单独数值量"模糊"不清;红色数字标记——为油层网格纯油空间和纯水空间剩余油量 v_o,网格的剩余油量 v_{ow} 值相等于残余油饱和度极限值 S_{or}^H。显然这里称呼层面网格"剩余油量'S_{or}-S_{or}^H'"更为准确,但是还要注意到,杏二西试验高渗透层是在水井附近局部范围经历"II类"驱动状况下,若网格长时间内经历"II类"驱动状况,将出现网格纯油空间和纯水空间油被驱空,且残余油饱和度 S_{or} 小于残余油饱和度极限值 S_{or}^H 情况,即有残余油量 v_{ow} 相等于剩余油饱和度 S_{or},这种情况相应网格剩余油量 v_{ow} 将用深绿色字标记,为便于后续研究,这里统一说明。

2　不同化学驱油方法驱油效果的比较研究

在更新的杏二西数字化地质模型上,沿着大庆油田化学驱油技术研究应用的历程,计算了不同化学驱油技术方案,对比研究驱油效果,方案主要经济技术指标列于表 6。方案注液速度按大庆油田统一要求,不同注采井距化学驱采用相同的注液强度,相等于注采井距 250m 情况下年注液 0.15PV 的注液强度,方案取杏二西试验相同注采井距,年注液 0.24PV,驱油方案在油井含水 98% 时终止。

表 6　对比方案特性参数和驱油效果数据

方案	方案注液孔隙体积 PV	化学驱体系参数		方案终止分层剩余油量 %			采收率 %	采收率提高幅度 %	试验相当聚合物用量 t	吨相当聚合物增油量 t/t
		最大黏度 mPa·s	最大毛细管数值	上层	中层	下层				
水驱方案 1	2.18	0.6	1.4×10^{-7}	46.00	41.23	35.78	47.21			
水驱方案 2	9.825	0.6	1.3×10^{-7}	39.83	36.68	33.45	52.80	5.59		
聚合物驱方案	1.40	15.96	4.1×10^{-6}	39.63	36.46	32.95	53.63	6.42	66.52	62.33
杏二试验方案	10.85	30.73	0.1682	32.22	17.96	14.32	72.45	25.25	271.2	59.89
化学复合驱方案 1	1.79	25.37	0.1197	29.79	17.96	14.28	73.59	26.38	259.8	65.58

方案	方案注液孔隙体积 PV	化学驱体系参数		方案终止分层剩余油量 %			采收率 %	采收率提高幅度 %	试验相当聚合物用量 t	吨相当聚合物增油量 t/t
		最大黏度 mPa·s	最大毛细管数值	上层	中层	下层				
聚合物—化学复合驱方案	2.48	21.42	0.0920	33.76	20.63	14.87	70.28	23.07	311.0	47.91
水驱方案3	2.12	0.6	2.4×10^{-7}	45.75	41.37	35.82	47.24			
化学复合驱方案2	2.92	32.25	0.1725	25.25	15.85	13.83	76.45	29.21	121.4	59.78

2.1 水驱方案研究

水驱可看成特殊的化学驱方法。水驱是油田开发不可缺少的初始开发阶段,在现场上人们通过水驱开发认识油藏、获取开发关键技术参数,在数字化驱油试验研究中,有必要通过水驱拟合修正地质参数,化学驱方案提高采收率指标是相对水驱方案开发采收率指标确定,研究化学驱方案必须首先研究水驱方案。计算水驱方案1,驱油过程中最大毛细管数为 1.4×10^{-7},远低于极限毛细管数 N_{cc} 值 1.0×10^{-4},驱油过程只能采出 V_o 空间中大孔径孔隙空间 V_{o1} 中原油,驱油过程终止三层段留有高的剩余油量,方案采收率为47.21%。在早期开发条件下,人们为了满足国家对于石油的需要,只要油井有足够油量采出,就不会关井停产,杏二区试验区化学复合驱试验前油井含水已达99%以上,将试验区中心井试验前水驱开采阶段取作水驱方案2,由表6列出数据看到,相对水驱方案1,方案终止时注水倍数增加7.65PV,采出程度增加5.59%,方案终止油井含水99.82%,在当时历史条件下,这样的驱油效果也是难能可贵的,三层段剩余油量分别减少6.17%,4.55% 和2.33%,表2给出的是该方案(水驱方案2)终止时刻油层网格空间剩余油量 v_o 分布数据,高的剩余油量展现出提高采收率技术应用的光明前景。

2.2 聚合物驱油技术研究应用

大庆油田自20世纪70年代就开始聚合物驱提高采收率研究,在80年代进入研究高潮。由研究看到,聚合物驱可以相对水驱较大幅度提高采收率,并适时开展矿场试验,试验取得成功,进而推广应用。大庆油田早期聚合物驱主要在采油一厂以北各厂"适宜"油层开展,这是依据当时研究成果[3,4],在油层非均质变异系数 V_k 值为0.72附近或更高些情况下采用聚合物驱,相对水驱提高采收率更高些,杏二区 V_k 值为0.59,并不在聚合物驱早期研究范围内。这里为了与复合驱对比研究,设计聚合物驱方案。由于杏二西油层相对均质,注聚过程中注入压力上升快,油层安全注入压力相对低,这里聚合物驱方案采用段塞浓度为1500mg/L,段塞体积为0.48PV,安全注入压力相同于杏二区复合驱试验。方案计算结果列于表6,表7给出方案终止时刻三层段剩余油量 v_o 分布数据。

表 7　聚合物驱方案终止时刻油层网格剩余油量 v_0 分布数据　　　单位:%

杏二西		1	2	3	4	5	6	7	8	9
低渗透层	1	21.1	21.1	21.2	21.4	21.6	21.9	22.6	24.6	**31.8**
	2	21.1	21.2	21.3	21.4	21.6	21.9	22.6	24.6	**31.6**
	3	21.2	21.3	21.4	21.5	21.7	22.0	22.7	24.6	**31.3**
	4	21.4	21.4	21.5	21.6	21.8	22.1	22.9	24.7	**30.9**
	5	21.6	21.6	21.7	21.8	22.0	22.3	23.1	24.8	**30.6**
	6	21.9	21.9	22.0	22.1	22.3	22.7	23.4	24.8	**30.2**
	7	22.6	22.6	22.7	22.8	23.1	23.4	23.7	24.6	**29.7**
	8	24.6	24.6	24.6	24.7	24.8	24.7	24.6	24.8	**27.8**
	9	**31.7**	**31.6**	**31.3**	**30.9**	**30.6**	**30.1**	**29.7**	**27.8**	28.2
中渗透层	1	20.0	20.1	20.1	20.2	20.3	20.4	20.6	21.0	23.0
	2	20.1	20.1	20.2	20.2	20.3	20.4	20.6	21.0	22.9
	3	20.1	20.2	20.2	20.3	20.3	20.4	20.6	21.0	22.9
	4	20.2	20.2	20.3	20.3	20.4	20.5	20.6	21.0	22.9
	5	20.3	20.3	20.3	20.4	20.4	20.5	20.7	21.0	22.8
	6	20.4	20.4	20.4	20.5	20.5	20.6	20.7	21.0	22.7
	7	20.6	20.6	20.6	20.6	20.7	20.7	20.8	21.0	22.6
	8	21.0	21.0	21.0	21.0	21.0	21.0	21.0	21.1	22.3
	9	23.0	22.9	22.9	22.8	22.8	22.7	22.6	22.3	22.5
高渗透层	1	19.0	19.0	19.1	19.1	19.1	19.2	19.3	19.4	20.4
	2	19.0	19.1	19.1	19.1	19.2	19.2	19.3	19.4	20.4
	3	19.1	19.1	19.1	19.1	19.2	19.2	19.3	19.4	20.4
	4	19.1	19.1	19.1	19.2	19.2	19.2	19.3	19.4	20.3
	5	19.1	19.2	19.2	19.2	19.2	19.3	19.3	19.4	20.3
	6	19.2	19.2	19.2	19.2	19.3	19.3	19.3	19.4	20.2
	7	19.3	19.3	19.3	19.3	19.3	19.3	19.4	19.4	20.2
	8	19.4	19.4	19.4	19.4	19.4	19.4	19.4	19.5	20.0
	9	20.4	20.4	20.4	20.3	20.2	20.2	20.1	19.9	20.0

　　由表 6 看到,聚合物驱方案驱油过程油层中最大毛细管数为 4.1×10^{-6},比水驱方案最大毛细管数 1.4×10^{-7} 高一个数量级,也远小于极限毛细管数 N_{cc} 值,两者残余油饱和度 S_{or} 同处在毛细管数曲线相对平直的水驱段上,相对的差值很小,依据毛细管数分析判断得出聚合物驱提高采收率效果不佳。驱油实践中人们总结出适用的定义方法,"以转注聚合物溶液油井含水下降后又回升到 98% 时采出程度定义为聚合物驱的采收率,它相对水驱油井含水

98%时采出程度的差值为聚合物驱的增采幅度,也可称提高采收率幅度"。按照这样定义方法,表6中水驱方案采收率为47.21%,聚合物驱方案采收率为53.63%,相对水驱提高6.42%。

分析研究聚合物驱提高原油采收率机理。在聚合物驱方案转注聚合物溶液时,已水驱0.66PV、油井含水87.74%,采出程度为37.31%,聚合物段塞之后注清水至油井含水98%终止,从转注聚合物溶液到终止注液0.75PV,期间采出程度为16.32%,水驱方案2在水驱0.66 PV,继续注水9.17PV,至油井含水99.98%方案终止,注水9.17PV期间采出程度为15.52%。对比看到,从同一时刻开始,聚合物驱方案实施过程注液0.75PV采出程度为16.32%,高于水驱方案2注液9.17PV采出程度15.52%。"聚合物驱可以把水驱要在较长时间里采出的油在短的时间内采出"。对比表6中聚合物驱方案和水驱方案2分层剩余油值,聚合物驱方案低、中、高三层段分别为39.63%,36.46%和32.95%,较水驱方案2分别降低0.2%,1.22%和0.5%。分析表7给出的聚合物驱方案剩余油量v_0分布数据,在高渗透层位,水井网格值最低为19.0%,边角网格值最高为20.4%,两者差值为1.4%,中渗透层位水井网格值最低为20.0%,边角网格值最高为23.0%,两者差值为3.0%,低渗透层以粗体字标出油层中被聚合物高黏溶液富集起来的"油墙"滞留部位,其后方为聚合物溶液良好驱替部位,该部位剩余油量最大最小差值为3.7%;分析表2给出的水驱方案2终止时刻三层段剩余油量v_0分布数据,在高渗透层位,水井网格值最低为19.0%,边角网格值最高为21.2%,两者差值为2.1%,中渗透层位水井网格值最低为20.1%,边角网格值最高为25.1%,最大最小差值5.0%,低渗透层剩余油量水井网格值最低为21.2%,边角网格值最高为28.2%,两者差值为7.0%。平面剩余油量分布相对均匀是高黏聚合物溶液驱替扩大平面上波及的效果。聚合物驱过程层面形成"油墙",显示了流度比改变、油相流速加快的驱油效果。聚合物驱扩大平面上波及效果,改变流度比,加快油相流速是聚合物驱提高采收率主要机理。

20世纪80年代,中国大庆等油田聚合物驱试验成功,是化学驱提高采收率的技术进步和重要成果。大庆油田聚合物驱工业化应用,这在改革开放初期的中国意义非凡,国家需要石油,还需要用石油换取迫切需要的外汇,大庆油田当年提高采收率研究的奋斗目标是:"大庆油田提高采收率1%,相当于找到一个玉门油田",聚合物驱油试验成功解决了国家的燃眉之急,大庆油田开展了大规模的聚合物驱油工业化生产,为国家做出了重大贡献。

2.3 化学复合驱油技术研究应用

大庆油田几乎在开展研究聚合物驱油技术研究应用的同时,开展了表面活性剂、碱、聚合物三元体系化学复合驱油技术研究,室内研究成功后转为现场试验,由小型先导试验到扩大试验,进而进行工业化试验及应用。矿场试验成功地证实化学复合驱是大幅度提高石油采收率的高新技术。大庆油田杏二区化学复合驱试验是一个相对早期的扩大性试验,表6中列出了方案的主要结果,相对水驱提高采收率25.15%,相对聚合物驱方案采收率提高18.73%,各层段剩余油量分别降7.7%,17.49%和18.43%,前文表5给出的试验终止时刻各层段剩余油量分布数据,从中不仅看到化学复合驱的良好驱替效果,同时看到方案终止时刻,进入低渗透层位的复合体系溶液滞留在层面中间部位,其前方是高含油的"油墙",这启示人们要进一步提高采收率就必须将滞留的复合体系段塞继续推向前方。由此计算改进方案:复合体系段塞缩小到0.3PV,后续聚合物段塞0.45PV,表6中化学复合驱方案1列出改进方案结果,对比看出它的驱油效果好于现场方案,采收率相对提高 1.23%,相对水驱提高采收率 26.16%,高出聚合物驱油方案近 20%,化学剂用量相当少用聚合物 11.4t,吨相当聚合物增油量相对现场试验增加 5.69t,三层段剩余油量值相对聚合物驱方案分别降低 8.17%,15.71% 和 22.01%。表 8 列出化学复合驱方案 1 终止时刻剩余油量 "$S_{or}-S_{or}^{H}$" 值分布数据,表 9 至表 11 分别列出不同时刻油层三层面网格毛细管数数据,以下加以研究。

表 8　化学复合驱方案 1 终止时刻油层网格剩余油量 v_o 和 v_{ow} 分布数据　　　　单位:%

杏二西		1	2	3	4	5	6	7	8	9
低渗透层	1	0.3	0.5	0.7	0.9	1.2	2.6	**14.4**	**23.8**	**34.8**
	2	0.5	0.6	0.8	0.9	1.2	2.7	**10.7**	**23.9**	**33.2**
	3	0.7	0.8	0.8	1.0	1.4	2.7	9.8	**24.2**	**32.6**
	4	0.9	0.9	1.0	1.2	1.8	4.0	**10.2**	**25.4**	**32.5**
	5	1.2	1.2	1.4	1.8	2.5	5.3	**14.9**	**27.0**	**32.3**
	6	2.6	2.6	2.7	3.8	5.4	**10.8**	**21.4**	**27.1**	**31.9**
	7	**15.0**	**10.4**	9.3	9.9	**14.6**	**21.0**	**26.0**	**27.9**	**31.8**
	8	**23.8**	**23.8**	**23.9**	**25.4**	**27.3**	**27.0**	**27.5**	**28.2**	**31.1**
	9	**35.0**	**33.6**	**32.7**	**32.5**	**32.0**	**31.6**	**31.8**	**31.1**	**31.5**
中渗透层	1	0.2	0.3	0.5	0.7	3.8	0.9	1.3	3.8	**17.7**
	2	0.3	0.4	0.5	0.7	2.5	0.9	1.3	2.5	**11.7**
	3	0.5	0.5	0.6	0.7	2.2	0.9	1.2	2.2	8.6
	4	0.6	0.7	0.7	0.8	2.2	0.9	1.2	2.2	7.4
	5	0.8	0.8	0.8	0.8	2.2	1.0	1.2	2.2	7.9
	6	0.9	0.9	0.9	0.9	2.5	1.1	1.5	2.5	7.8
	7	1.3	1.3	1.2	1.2	2.6	1.5	1.9	2.6	7.4
	8	3.7	2.4	2.1	2.2	2.8	2.5	2.6	2.8	6.1
	9	**17.6**	**11.4**	8.2	7.4	6.3	7.7	7.4	6.3	**24.2**
高渗透层	1	9.7	0.2	0.2	0.3	0.4	0.6	0.6	0.8	2.5
	2	0.2	0.2	0.3	0.4	0.5	0.6	0.6	0.7	2.3
	3	0.2	0.3	0.3	0.4	0.5	0.6	0.6	0.7	2.4
	4	0.3	0.4	0.4	0.5	0.5	0.6	0.6	0.7	2.4
	5	0.5	0.5	0.5	0.5	0.6	0.6	0.6	0.7	2.4
	6	0.6	0.6	0.6	0.6	0.6	0.5	0.5	0.7	2.4
	7	0.6	0.6	0.6	0.6	0.6	0.5	0.5	0.6	2.2
	8	0.8	0.7	0.7	0.7	0.7	0.6	0.5	0.5	1.7
	9	2.4	2.2	2.3	2.3	2.3	2.2	2.0	1.4	1.9

表 9　化学复合驱方案 1 驱油过程不同时刻高渗透油层网格毛细管数分布数据

杏二西		1	2	3	4	5	6	7	8	9
复合体系注完时刻	1	0.1197	0.0629	0.0404	0.0291	0.0217	0.0156	0.0089	0.0007	0.0000
	2	0.0629	0.0492	0.0369	0.0282	0.0216	0.0156	0.0090	0.0009	0.0000
	3	0.0404	0.0369	0.0311	0.0256	0.0204	0.0149	0.0091	0.0003	0.0000
	4	0.0291	0.0282	0.0256	0.0222	0.0184	0.0134	0.0074	0.0000	0.0000
	5	0.0217	0.0216	0.0204	0.0185	0.0157	0.0123	0.0023	0.0000	0.0000
	6	0.0156	0.0157	0.0150	0.0135	0.0123	0.0095	0.0002	0.0000	0.0000
	7	0.0090	0.0091	0.0091	0.0077	0.0028	0.0002	0.0000	0.0000	0.0000
	8	0.0008	0.0010	0.0004	0.0000	0.0000	0.0000	0.0000	0.0000	0.0000
	9	0.0000	0.0000	0.0000	0.0000	0.0000	0.0000	0.0000	0.0000	0.0000
聚合物段塞注完时刻	1	0.0000	0.0000	0.0000	0.0000	0.0000	0.0001	0.0023	0.0062	0.0032
	2	0.0000	0.0000	0.0000	0.0000	0.0000	0.0001	0.0034	0.0099	0.0066
	3	0.0000	0.0000	0.0000	0.0000	0.0000	0.0005	0.0052	0.0137	0.0099
	4	0.0000	0.0000	0.0000	0.0000	0.0001	0.0011	0.0093	0.0173	0.0133
	5	0.0000	0.0000	0.0000	0.0001	0.0006	0.0028	0.0173	0.0210	0.0172
	6	0.0001	0.0001	0.0005	0.0011	0.0027	0.0083	0.0237	0.0255	0.0225
	7	0.0024	0.0033	0.0051	0.0087	0.0158	0.0238	0.0271	0.0319	0.0309
	8	0.0064	0.0099	0.0136	0.0172	0.0212	0.0262	0.0322	0.0414	0.0486
	9	0.0032	0.0066	0.0098	0.0133	0.0180	0.0254	0.0381	0.0714	0.0714
终止时刻	1	0.0000	0.0000	0.0000	0.0000	0.0000	0.0000	0.0000	0.0000	0.0022
	2	0.0000	0.0000	0.0000	0.0000	0.0000	0.0000	0.0000	0.0000	0.0044
	3	0.0000	0.0000	0.0000	0.0000	0.0000	0.0000	0.0000	0.0000	0.0065
	4	0.0000	0.0000	0.0000	0.0000	0.0000	0.0000	0.0000	0.0001	0.0056
	5	0.0000	0.0000	0.0000	0.0000	0.0000	0.0000	0.0000	0.0002	0.0054
	6	0.0000	0.0000	0.0000	0.0000	0.0000	0.0000	0.0000	0.0003	0.0060
	7	0.0000	0.0000	0.0000	0.0000	0.0000	0.0000	0.0000	0.0004	0.0068
	8	0.0000	0.0000	0.0000	0.0001	0.0002	0.0002	0.0003	0.0008	0.0057
	9	0.0022	0.0044	0.0064	0.0057	0.0054	0.0055	0.0045	0.0029	0.0029

表 10 化学复合驱方案 1 驱油过程不同时刻中渗透油层网格毛细管数分布数据

杏二西		1	2	3	4	5	6	7	8	9
复合体系注完时刻	1	0.0486	0.0255	0.0162	0.0111	0.0067	0.0021	0.0000	0.0000	0.0000
	2	0.0255	0.0199	0.0148	0.0108	0.0069	0.0033	0.0000	0.0000	0.0000
	3	0.0162	0.0148	0.0122	0.0092	0.0061	0.0034	0.0000	0.0000	0.0000
	4	0.0111	0.0107	0.0092	0.0069	0.0039	0.0005	0.0000	0.0000	0.0000
	5	0.0067	0.0066	0.0062	0.0039	0.0012	0.0000	0.0000	0.0000	0.0000
	6	0.0028	0.0022	0.0033	0.0005	0.0000	0.0000	0.0000	0.0000	0.0000
	7	0.0000	0.0000	0.0000	0.0000	0.0000	0.0000	0.0000	0.0000	0.0000
	8	0.0000	0.0000	0.0000	0.0000	0.0000	0.0000	0.0000	0.0000	0.0000
	9	0.0000	0.0000	0.0000	0.0000	0.0000	0.0000	0.0000	0.0000	0.0000
聚合物段塞注完时刻	1	0.0000	0.0000	0.0000	0.0000	0.0002	0.0057	0.0051	0.0020	0.0003
	2	0.0000	0.0000	0.0000	0.0000	0.0004	0.0081	0.0057	0.0032	0.0004
	3	0.0000	0.0000	0.0000	0.0000	0.0012	0.0088	0.0065	0.0044	0.0005
	4	0.0000	0.0000	0.0000	0.0005	0.0071	0.0086	0.0070	0.0055	0.0004
	5	0.0002	0.0004	0.0011	0.0070	0.0091	0.0082	0.0074	0.0064	0.0005
	6	0.0057	0.0082	0.0090	0.0086	0.0081	0.0080	0.0078	0.0074	0.0007
	7	0.0056	0.0060	0.0067	0.0070	0.0073	0.0077	0.0082	0.0084	0.0018
	8	0.0031	0.0036	0.0045	0.0053	0.0061	0.0073	0.0083	0.0095	0.0023
	9	0.0005	0.0010	0.0016	0.0021	0.0024	0.0013	0.0010	0.0044	0.0001
终止时刻	1	0.0000	0.0000	0.0000	0.0000	0.0000	0.0000	0.0000	0.0008	0.0009
	2	0.0000	0.0000	0.0000	0.0000	0.0000	0.0000	0.0001	0.0013	0.0019
	3	0.0000	0.0000	0.0000	0.0000	0.0000	0.0000	0.0002	0.0018	0.0025
	4	0.0000	0.0000	0.0000	0.0000	0.0000	0.0000	0.0003	0.0019	0.0026
	5	0.0000	0.0000	0.0000	0.0000	0.0000	0.0000	0.0005	0.0025	0.0026
	6	0.0000	0.0000	0.0000	0.0000	0.0000	0.0001	0.0012	0.0034	0.0035
	7	0.0000	0.0000	0.0001	0.0002	0.0004	0.0011	0.0023	0.0037	0.0051
	8	0.0009	0.0013	0.0017	0.0018	0.0024	0.0034	0.0037	0.0020	0.0055
	9	0.0009	0.0019	0.0025	0.0026	0.0026	0.0036	0.0048	0.0057	0.0001

表 11　化学复合驱方案 1 驱油过程不同时刻低渗透油层网格毛细管数分布数据

杏二西		1	2	3	4	5	6	7	8	9
复合体系注完时刻	1	0.0222	0.0116	0.0071	0.0035	0.0007	0.0000	0.0000	0.0000	0.0000
	2	0.0116	0.0091	0.0065	0.0024	0.0004	0.0000	0.0000	0.0000	0.0000
	3	0.0071	0.0065	0.0049	0.0005	0.0000	0.0000	0.0000	0.0000	0.0000
	4	0.0035	0.0027	0.0030	0.0001	0.0000	0.0000	0.0000	0.0000	0.0000
	5	0.0007	0.0004	0.0000	0.0000	0.0000	0.0000	0.0000	0.0000	0.0000
	6	0.0000	0.0000	0.0000	0.0000	0.0000	0.0000	0.0000	0.0000	0.0000
	7	0.0000	0.0000	0.0000	0.0000	0.0000	0.0000	0.0000	0.0000	0.0000
	8	0.0000	0.0000	0.0000	0.0000	0.0000	0.0000	0.0000	0.0000	0.0000
	9	0.0000	0.0000	0.0000	0.0000	0.0000	0.0000	0.0000	0.0000	0.0000
聚合物段塞注完时刻	1	0.0000	0.0000	0.0000	0.0004	0.0049	0.0032	0.0004	0.0000	0.0000
	2	0.0000	0.0000	0.0000	0.0011	0.0053	0.0039	0.0027	0.0000	0.0000
	3	0.0000	0.0000	0.0003	0.0063	0.0049	0.0029	0.0009	0.0000	0.0000
	4	0.0004	0.0011	0.0063	0.0053	0.0045	0.0021	0.0007	0.0000	0.0000
	5	0.0050	0.0053	0.0049	0.0044	0.0038	0.0029	0.0002	0.0000	0.0000
	6	0.0034	0.0039	0.0030	0.0020	0.0029	0.0002	0.0001	0.0000	0.0000
	7	0.0012	0.0028	0.0008	0.0006	0.0002	0.0001	0.0000	0.0000	0.0000
	8	0.0000	0.0000	0.0000	0.0000	0.0000	0.0000	0.0000	0.0000	0.0000
	9	0.0000	0.0000	0.0000	0.0000	0.0000	0.0000	0.0000	0.0000	0.0000
终止时刻	1	0.0000	0.0000	0.0000	0.0000	0.0001	0.0009	0.0006	0.0001	0.0000
	2	0.0000	0.0000	0.0000	0.0000	0.0003	0.0010	0.0009	0.0003	0.0000
	3	0.0000	0.0000	0.0000	0.0000	0.0007	0.0011	0.0010	0.0004	0.0000
	4	0.0000	0.0000	0.0000	0.0004	0.0012	0.0013	0.0011	0.0004	0.0000
	5	0.0001	0.0003	0.0007	0.0012	0.0014	0.0015	0.0010	0.0003	0.0000
	6	0.0009	0.0011	0.0012	0.0013	0.0015	0.0015	0.0010	0.0003	0.0000
	7	0.0006	0.0010	0.0010	0.0011	0.0011	0.0009	0.0005	0.0002	0.0000
	8	0.0001	0.0003	0.0003	0.0003	0.0002	0.0001	0.0001	0.0001	0.0000
	9	0.0000	0.0000	0.0000	0.0000	0.0000	0.0000	0.0000	0.0000	0.0000

首先分析表 9 列出的高渗透油层数据。在复合体系注完时刻,复合体系溶液已波及大半个层面,波及部位绝大部分网格毛细管数处于 0.0025～0.0712 范围内,仅有水井网格毛细管数为 0.1183,可见油层驱油过程主要处于良好"Ⅰ类"驱动状况下,对应着残余油饱和度极限值 S_{or}^{H};在后续聚合物段塞注完时刻,段塞推进到邻近油井一侧半个层面,其前沿已突进到油井,段塞主体部位网格毛细管数仍处于 0.0025～0.0712 范围内;方案终止时刻,段塞主体部位已大部分通过油井,仅有尾部留在油层,网格毛细管数介于 0.0025～0.0712 范围内。分析看到,整个驱油过程油层平面都处于最佳驱动状况下,由戚连庆等《实验岩心微观油水分布模型的构建》研究得知,在这样驱动状下驱走的是油层 V_o 空间中的原油,由表 8 中数据看到,终止时刻,滞留在油层网格孔隙空间 V_o 和孔隙空间 V_w 中剩余油量 v_o 非常低,油井一侧边角部位剩余油量低于试验方案,注意到,水井网格,较长时期处在特高毛细管数下驱替,体系又有着较高黏度,驱替效果极佳,网格上剩余油量标记绿色数字,这种标记表示:网格上剩余油量 v_o 值为"0",网格上数字为剩余油量 v_{ow} 值。分析表 10 中渗透层位情况,复合体系注完时刻,对比看到,此刻复合体系波及部位明显小于高渗透层位,但是,其波及部位大部分网格毛细管数处于 0.0025～0.0712 范围内,在聚合物段塞注完时刻,复合体系向前推进到相当大的范围内,其网格上毛细管数大部分为 0.0025～0.0712,方案终止时刻,段塞主体部位到达油井,但仍有相对较大部分原油滞留在油层中。由表 8 中数据看到,整个层面驱替效果虽然不及高渗透层,但也较好,大部分网格剩余油量值也都较低,油井一侧边角部位高些,相比试验方案,高的剩余油值网格数量减少,剩余油值降低。分析表 11 低渗透层位数据,在复合体系注完时刻,有 14 个网格介于 0.0025～0.0712,相比现场试验方案少 3 个,要注意到,现场方案主段塞体积 0.35PV,改进方案复合体系段塞体积 0.3PV;在聚合物段塞注完时刻,段塞向前推进,波及范围扩大,主体部位有 19 个网格毛细管数处于 0.0025～0.0712,段塞主体部位经过之处有着良好驱替效果,在方案终止时刻,段塞主体进入油井一侧半个层面中,数据显示网格上毛细管数都低于极限毛细管数 N_{ct2} 值 0.0025,表明段塞已分散,驱动效果欠佳。表 8 数据表明,网格剩余油值分布情况与试验方案基本相同,驱替效果相对改善,滞留在前方部位含油量较高的"油墙"范围相对缩小,剩余油量值相对降低。

分析研究看到,优化的复合驱油方案,驱油过程中能在油层相对更大范围内、在相对更长时间里,将毛细管数控制在极限毛细管数 N_{ct2}～N_{ct1},能够将油层微观 V_o 空间中更多的原油采出,获得更高的采收率。

2.4 聚合物驱油技术应用局限性的认识

随着化学复合驱油试验的成功,人们看到,化学复合驱可以相对水驱提高采收率 20% 以上,相比较,聚合物驱最好在 10% 左右,人们更要思考聚合物驱后怎么办,可能的答案是还要采用化学复合驱,即油田开发过程为水驱—聚合物驱—化学复合驱,从毛细管数分析出发,最后实施的化学复合驱过程毛细管数等驱油要素决定总体驱油效果,在此之前实施的聚合物驱不仅仅是白搞,而且可能对后续化学复合驱留下干扰,可以判断搞两次驱替的效果不会高于直接采用化学复合驱。模拟计算聚合物—化学复合驱方案:在前述聚合物驱方案实施之后,紧接着实施化学复合驱方案 1。表 6 和表 12、表 13 中列出计算结果数据。与化学复合驱方案 1 对比分析,聚合物—化学复合驱方案最终采出程度为 70.59%,相比少采 2.79%,低、中、高三渗透层段分别少采 3.24%,2.68% 和 0.58%,相对多用聚合物 51.9t,吨相当聚合物增油仅为 48.55t,少于复合驱方案 1,也少于聚合物驱方案,足见聚合物—化学复合驱方案相对很差的驱油效果。

表 12　聚合物—化学复合驱方案转注复合体系时刻油层网格水相黏度数据　　　单位:mPa·s

杏二西		1	2	3	4	5	6	7	8	9
低渗透层	1	1.35	3.43	8.88	13.88	15.07	15.21	14.02	8.10	3.09
	2	3.43	7.57	11.66	14.34	14.98	15.03	13.82	8.19	3.32
	3	8.87	11.63	14.13	14.64	14.79	14.66	13.3	8.18	3.63
	4	13.79	14.32	14.63	14.57	14.44	14.13	12.34	8.10	3.93
	5	15.03	14.94	14.76	14.42	13.97	13.07	11.12	8.04	4.21
	6	15.2	15.00	14.63	14.09	13.01	11.56	9.93	8.02	4.52
	7	14.04	13.84	13.3	12.33	11.08	9.89	8.98	8.07	4.86
	8	8.14	8.23	8.21	8.14	8.07	8.04	8.07	7.85	6.65
	9	3.10	3.34	3.65	3.96	4.24	4.55	4.89	6.45	6.38
中渗透层	1	0.65	0.75	1.13	2.75	5.07	7.74	10.43	13.6	10.25
	2	0.75	0.86	1.33	3.25	4.90	6.18	9.52	13.34	10.42
	3	1.118	1.33	2.49	4.16	4.03	4.82	8.77	12.74	10.36
	4	2.686	3.21	4.15	3.82	3.53	4.42	8.08	11.78	10.21
	5	5.006	4.85	3.98	3.50	3.55	4.23	7.33	10.51	10.00
	6	7.688	5.95	4.72	4.30	4.14	4.36	6.02	8.95	9.69
	7	10.25	9.39	8.63	7.87	6.78	5.58	6.25	7.98	9.12
	8	13.53	13.24	12.56	11.49	10.02	8.56	7.68	7.79	8.36
	9	10.32	10.47	10.41	10.23	9.97	9.57	8.74	8.33	8.17
高渗透层	1	0.60	0.60	0.61	0.65	0.81	1.41	4.05	9.61	14.15
	2	0.60	0.60	0.61	0.66	0.82	1.44	3.82	9.21	13.81
	3	0.61	0.61	0.63	0.70	0.89	1.49	3.49	8.57	13.20
	4	0.65	0.66	0.70	0.76	1.05	1.54	3.17	7.87	12.43
	5	0.81	0.81	0.88	1.04	1.23	1.61	2.86	6.83	11.51
	6	1.37	1.41	1.46	1.50	1.57	1.83	2.66	4.77	10.32
	7	3.94	3.70	3.35	3.01	2.69	2.54	2.83	3.94	8.52
	8	9.47	9.04	8.35	7.58	5.84	4.36	3.69	4.01	7.26
	9	14.12	13.75	13.08	12.23	11.13	9.56	7.71	5.39	6.30

表 13　聚合物—化学复合驱方案终止时刻油层网格剩余油量 v_o 和 v_{ow} 分布数据　　　单位:%

杏二西		1	2	3	4	5	6	7	8	9
低渗透层	1	0.5	0.7	1.1	1.6	2.6	**13.7**	**23.0**	**24.7**	**29.5**
	2	0.7	0.9	1.2	1.6	2.9	**16.1**	**23.0**	**24.9**	**29.5**
	3	1.2	1.2	1.3	1.7	4.8	**20.5**	**23.4**	**25.1**	**29.4**
	4	1.6	1.6	1.7	2.6	9.0	**23.1**	**24.4**	**25.5**	**29.3**
	5	2.6	2.8	4.6	9.4	**19.2**	**23.6**	**24.8**	**25.7**	**29.1**
	6	**13.4**	**15.4**	**20.3**	**23.1**	**23.6**	**24.8**	**25.4**	**25.9**	**28.7**
	7	**23.0**	**23.0**	**23.4**	**24.3**	**24.8**	**25.4**	**25.8**	**26.1**	**28.2**
	8	**24.7**	**24.8**	**25.0**	**25.5**	**25.7**	**26.0**	**26.2**	**26.3**	**27.8**
	9	**29.4**	**29.5**	**29.5**	**29.4**	**29.2**	**28.6**	**28.5**	**27.9**	**28.3**
中渗透层	1	0.3	0.5	0.8	1.3	2.2	2.7	3	**14.2**	**24.7**
	2	0.5	0.6	0.9	1.4	2.4	2.9	2.9	8.3	**24.6**
	3	0.8	0.9	1.1	1.6	2.8	2.7	2.7	4.9	**24.2**
	4	1.3	1.4	1.6	2.2	3.4	2.5	2.4	4.5	**22.6**
	5	2.1	2.3	2.8	3.4	3.1	2.3	2.2	3.7	**18.2**
	6	2.8	2.9	2.8	2.5	2.3	2.2	2.3	3.5	**13.7**
	7	3.0	2.8	2.7	2.4	2.2	2.3	2.5	3.7	9.0
	8	**13.7**	7.8	4.8	4.4	3.5	3.4	3.6	4.1	7.2
	9	**24.7**	**24.5**	**24.2**	**22.3**	**18.2**	**13.8**	8.6	7.1	**25.9**
高渗透层	1	11.6	0.2	0.3	0.5	0.8	1.2	1.5	1.7	3.7
	2	0.2	0.3	0.4	0.6	0.8	1.2	1.4	1.6	3.1
	3	0.3	0.4	0.5	0.7	1.0	1.1	1.3	1.6	3.3
	4	0.5	0.6	0.7	0.9	1.2	1.1	1.2	1.5	3.3
	5	0.8	0.9	1.0	1.1	1.2	1.1	1.0	1.4	3.3
	6	1.2	1.2	1.1	1.1	1.0	0.9	0.8	1.4	3.2
	7	1.5	1.4	1.3	1.1	1.0	0.8	0.7	0.9	3.0
	8	1.8	1.6	1.6	1.5	1.4	1.3	0.8	0.7	2.2
	9	3.6	3.0	3.2	3.2	3.1	3.0	2.6	1.8	2.4

　　分析表 12 列出转注复合体系溶液时刻油层网格水相黏度数据,由表中看到,油层大部分网格水相有着较高的黏度,这是滞留的聚合物溶液所致,在高渗透层,高黏聚合物溶液已突破到油井,主流线两翼部位仍留有残余,油井一侧边角部位部分网格黏度较高;中渗透层位,高黏溶液滞留范围扩大,主流线两翼部位残余量更多些;在低渗透层位,一个大范围高黏聚合物溶液带滞留在油层中部。正是聚合物溶液的滞留,使得在复合体系注入过程中,油层压力快速上升,为保证安全注入,不得不降低注入体系黏度,导致进入低渗透层复合体系溶液量相对减少;段塞向前推进过程中,中、高渗透层主流线两旁流动阻力相对为低,驱替通道相对畅通,低渗透层阻力大,驱动受阻严重,高渗透层出现相对突进情况,致使复合驱过程提前结束,方案注液倍数相对缩短 0.0563PV。分析表 13 给出的终止时刻油层剩余油量分布数据,对比表 8 复合驱方案 1 数据,高渗透层位网格剩余油值略微偏高,中渗透层位网格上剩余油值相对偏高情况明显,特别是在油井一侧两翼边角部位有着较高的剩余油值,在低渗透层位,高含油值范围占据大半个层面。分析研究看清了聚合物—复合驱方案驱油效果差的原因。

　　历史上留下包袱,不得已再用复合驱给以挽救,留下经验教训,从保护资源出发,今后务必慎重采用聚合物驱油技术。然而,大庆聚合物驱油应用过程中的技术成果是无价之宝:高黏体系驱油改变流度比,加快油的采出速度,改善平面、垂向波及效果,大庆正是将这一宝贵经验用到复合驱油技术试验研究中,早期的杏二西试验体系的聚合物浓度高达 2300mg/L,保证了试验获得高的提高采收率效果,戚连庆等《化学复合驱矿场试验数字化研究》推荐优化驱油方案,0.3PV 复合体系段塞,后续采用 0.6PV 聚合物整体段塞,也是总结聚合物驱油技术的结果,这样的方案也可称为“复合体系段塞—聚合物溶液段塞组合驱”方案。

2.5　小井距高黏超低界面张力体系驱油效果的深化认识

　　戚连庆等《化学复合驱矿场试验数字化研究》研究优化了化学复合驱油条件,推荐采用注采井距 125m、年注液速度为 0.4PV,两级段塞,复合体系段塞体积为 0.3PV,表面活性剂浓度为 0.3%,体系界面张力取超低值 1.25×10^{-3} mN/m,后续聚合物段塞体积为 0.6PV,两级段塞取相同的聚合物浓度,浓度值根据油层注入情况允许取尽可能高值。计算结果列为表 6 中化学复合驱方案 2 和表 14、表 15。由表 6 中数据知,三层段平均剩余油量 v_o 分别为 9.75%、1.53% 和 0.33%,方案采出程度为 76.45%,相对同井距条件下水驱采收率 47.24% 提高 29.21%,吨相当聚合物增油 59.78t。

　　表 14 列出复合体系注完时刻油层网格毛细管数数据,油层每个层面 81 个网格,毛细管数处高于 0.0025 的网格,在高渗透层有 46 个,在中渗透层有 30 个,在低渗透层有 17 个,又注意到,在低渗透层水井附近有 3 个网格毛细管数高于 0.0712。表 15 中列出的方案终止时刻油层三层段剩余油量 v_o 数据。两表数据对照分析,清楚看到,在高渗透层段,水井附近网格剩余油量用绿色字标记的 v_{ow} 值,那里经历高黏高毛细管数下驱替,微观油水共存空间油

表 14 化学复合驱方案 3 转注复合体系结束时刻油层网格毛细管数数据

杏二西		1	2	3	4	5	6	7	8	9
低渗透层	1	0.1669	0.0883	0.0546	0.0308	0.0043	0.0000	0.0000	0.0000	0.0000
	2	0.0883	0.0670	0.0476	0.0267	0.0005	0.0000	0.0000	0.0000	0.0000
	3	0.0546	0.0476	0.0338	0.0115	0.0000	0.0000	0.0000	0.0000	0.0000
	4	0.0308	0.0267	0.0115	0.0001	0.0000	0.0000	0.0000	0.0000	0.0000
	5	0.0043	0.0005	0.0000	0.0000	0.0000	0.0000	0.0000	0.0000	0.0000
	6	0.0000	0.0000	0.0000	0.0000	0.0000	0.0000	0.0000	0.0000	0.0000
	7	0.0000	0.0000	0.0000	0.0000	0.0000	0.0000	0.0000	0.0000	0.0000
	8	0.0000	0.0000	0.0000	0.0000	0.0000	0.0000	0.0000	0.0000	0.0000
	9	0.0000	0.0000	0.0000	0.0000	0.0000	0.0000	0.0000	0.0000	0.0000
中渗透层	1	0.3507	0.1847	0.1198	0.0832	0.0521	0.0211	0.0001	0.0000	0.0000
	2	0.1848	0.1428	0.1083	0.0806	0.0519	0.0219	0.0000	0.0000	0.0000
	3	0.1199	0.1084	0.0898	0.0686	0.0458	0.0152	0.0000	0.0000	0.0000
	4	0.0832	0.0807	0.0686	0.0529	0.0321	0.0005	0.0000	0.0000	0.0000
	5	0.0522	0.0520	0.0459	0.0322	0.0016	0.0000	0.0000	0.0000	0.0000
	6	0.0212	0.0220	0.0154	0.0006	0.0000	0.0000	0.0000	0.0000	0.0000
	7	0.0001	0.0001	0.0000	0.0000	0.0000	0.0000	0.0000	0.0000	0.0000
	8	0.0000	0.0000	0.0000	0.0000	0.0000	0.0000	0.0000	0.0000	0.0000
	9	0.0000	0.0000	0.0000	0.0000	0.0000	0.0000	0.0000	0.0000	0.0000
高渗透层	1	0.8620	0.4506	0.2869	0.2048	0.1523	0.1077	0.0597	0.0017	0.0000
	2	0.4506	0.3506	0.2604	0.1970	0.1499	0.1074	0.0628	0.0016	0.0000
	3	0.2870	0.2605	0.2176	0.1768	0.1395	0.1010	0.0596	0.0005	0.0000
	4	0.2049	0.1971	0.1769	0.1514	0.1228	0.0875	0.0492	0.0001	0.0000
	5	0.1524	0.1501	0.1396	0.1229	0.0993	0.0727	0.0048	0.0000	0.0000
	6	0.1078	0.1076	0.1014	0.0878	0.0725	0.0335	0.0002	0.0000	0.0000
	7	0.0599	0.0630	0.0604	0.0500	0.0056	0.0002	0.0000	0.0000	0.0000
	8	0.0016	0.0016	0.0006	0.0001	0.0000	0.0000	0.0000	0.0000	0.0000
	9	0.0000	0.0000	0.0000	0.0000	0.0000	0.0000	0.0000	0.0000	0.0000

表 15 化学复合驱方案 3 终止时刻油层网格剩余油量 v_o 和 v_{ow} 分布数据 　　　单位:%

杏二西		1	2	3	4	5	6	7	8	9
低渗透层	1	0.2	0.3	0.4	0.6	0.7	1.0	3.2	**19.8**	**28.4**
	2	0.3	0.4	0.5	0.6	0.7	1.0	2.4	**15.1**	**28.9**
	3	0.4	0.5	0.5	0.6	0.7	1.0	2.0	**14.2**	**29.3**
	4	0.6	0.6	0.6	0.6	0.8	1.1	2.1	**15.1**	**29.3**
	5	0.7	0.7	0.7	0.8	1.0	1.3	2.2	**16.3**	**29.2**
	6	1.0	1.0	1.0	1.1	1.3	1.6	2.8	**17.0**	**28.6**
	7	3.3	2.4	2.0	2.1	2.2	2.8	6.9	**18.1**	**29.5**
	8	**20.1**	**15.4**	**13.9**	**14.7**	**16.2**	**17.1**	17.9	19.7	27.8
	9	**28.5**	**29.0**	**29.3**	**29.3**	**29.1**	**28.5**	29.8	28.1	27.7
中渗透层	1	0.1	0.2	0.3	0.4	0.5	0.5	0.7	1.1	8.8
	2	0.2	0.2	0.3	0.4	0.5	0.5	0.7	1.1	3.7
	3	0.3	0.3	0.4	0.4	0.5	0.5	0.7	1.1	3.9
	4	0.4	0.4	0.4	0.4	0.5	0.5	0.7	1.0	3.9
	5	0.5	0.5	0.5	0.5	0.5	0.5	0.7	1.0	3.8
	6	0.5	0.5	0.5	0.5	0.5	0.6	0.7	1.0	3.6
	7	0.7	0.7	0.7	0.6	0.7	0.7	0.7	1.1	3.4
	8	1.1	1.1	1.0	1.0	1.0	1.0	1.1	1.3	3.1
	9	8.7	3.7	3.9	3.9	3.8	3.6	3.4	3.2	**22.8**
高渗透层	1	7.4	11.7	0.2	0.2	0.3	0.3	0.4	0.5	1.1
	2	11.7	0.1	0.2	0.2	0.3	0.3	0.4	0.5	1.0
	3	0.2	0.2	0.2	0.3	0.3	0.3	0.4	0.4	1.0
	4	0.2	0.2	0.3	0.3	0.3	0.4	0.4	0.4	1.1
	5	0.3	0.3	0.3	0.3	0.3	0.4	0.4	0.4	1.1
	6	0.3	0.3	0.3	0.4	0.4	0.4	0.3	0.4	1.1
	7	0.4	0.4	0.4	0.4	0.4	0.3	0.3	0.3	1.0
	8	0.5	0.5	0.4	0.4	0.4	0.4	0.3	0.3	0.8
	9	1.1	1.0	1.0	1.0	1.1	1.0	0.9	0.6	0.9

量已减少,前方整个层面都被良好驱动,剩余油量 v_o 最大值仅为1.1%,中渗透层整个层面受到良好"Ⅰ类"驱动,边角网格剩余油量 v_o 最高值8.8%,油井网格是"油墙"尾端的余留,低渗透层大范围内受到良好"Ⅰ类"驱动状况下驱替,已在60%面积范围内达到低的剩余油量,还有部分"油墙"滞留在油层中。

研究确认,小井距高黏超低界面张力(1.25×10^{-3}mN/m)体系复合驱油,主要驱油过程毛细管处于极限毛细管数 N_{ct2} 和 N_{ct1} 之间,处于良好"Ⅰ类"驱动状况下,对应着残余油饱和度极限值 S_{or}^H,采出的原油基本来自于微观的纯油空间 V_o,在大庆油田油层条件下,相对水驱提高采收率30%左右。

2.6 美国 Oklahoma 州 Sho-Vel-Tum 油田 Warden 单元开展 ASP 驱矿场试验数字化研究

美国 Oklahoma 州 Sho-Vel-Tum 油田在1998年2月于 Warden 单元开展 ASP 驱矿场试验[5],这一试验选用了高表面活性剂浓度、高碱浓度的配方:2.2% Na₂CO₃ + 0.5% ORS-62+ 1500mg/L Alcoflood 1275A,驱油过程体系界面张力达到 2×10^{-5}mN/m 这样的特超低值,试验井组1注4采,注采井距71m,美国能源部原选择这一试验作为推广的 EOR 应用技术,由国外表面活性剂产品广告资料中查到它提高采收率幅度仅为16.22%。这里对它进行研究。

由文献[5]中分析看到,试验期间试验井组外有15口油井与试验井组油井同步见效,显然这是由于注入复合体系过程中油层压力大幅度提高,向井组外泄放所致,显示驱油过程中"Ⅱ类"驱动状况明显特征;又从资料中见到,试验井组4油井与注入井联通情况差别显著,导致油井受益情况差别明显,说明该试验是在一个平面非均质性非常严重油层条件下进行的,驱油过程中发生驱替液向高渗透方向突进,"Ⅱ类"驱动状况又加重平面上突进情况,再者,试验区油层深度仅为213.6m 左右,这样浅的油层也不可能注入高黏体系,试验条件不够理想。这里要研究的是特超低界面张力体系的驱油效果问题,舍弃在原试验条件地质模型下研究,而取前文研究中得到的杏二西复合驱数字化驱油地质平台上深入研究。

在注采井距为88m 情况下,计算两驱油方案。

方案1:复合体系段塞0.3PV,表面活性剂浓度0.5%,体系界面张力值 2×10^{-5}mN/m,聚合物浓度1200mg/L,工作黏度为12mPa·s 左右,后续聚合物段塞体积为0.2PV,聚合物浓度为1200mg/L(注:拟合驱油效果确定两级段塞聚合物浓度改用1200mg/L,内在原因是聚合物黏浓曲线等因素差异)。

方案2:将前方案复合体系段塞和后续聚合物段塞的聚合物浓度提升到3000mg/L,其他数据不变,方案体系地下最大工作黏度为50mPa·s 左右。

两方案参数和驱油效果数据列于表16,为比较表中给出了杏二西试验数据,表17给出两方案高渗透模型转注复合体系段塞228天时网格毛细管数分布、体系黏度分布和终止时刻剩余油量 v_o 和 v_{ow} 分布数据。

表16　方案参数和驱油效果数据

方案	方案实施时间 d	复合体系参数			方案终止分层剩余油 $[v_o(v_{ow})]$,%			采收率 %	采收率提高幅度 %	试验相当聚合物用量 t	吨相当聚合物增油量 t/t
		界面张力 10^{-3}mN/m	最大黏度 mPa·s	最大毛细管数值	低渗透层	中渗透层	高渗透层				
试验	1567	1.25	31.04	0.169	32.22	17.96	14.32	72.45	25.25	271.2	60.13
1	725	0.02	13.6	2.43	36.79	26.55	15.62	66.13	18.84	**77.22**	**30.31**
2	701	0.02	51.06	15.18	29.40	17.81	(10.89)	75.08	27.79	**93.23**	**37.04**
3	674	0.02	52.12	15.25	31.33	15.73	(9.65)	75.66	28.37	**67.26**	**52.35**

　　方案的注液速度为年注 1.2PV。1 号方案是参照美国 Oklahoma 州复合驱试验设计的，方案增采幅度 18.84%，因油层平面改为均质驱油效果好于矿场试验结果。还应说明，方案是在高毛细管数高残余油饱和度情况下实施，"拟合"计算研究获取了一组油层驱动状况转化参数 T_1 和 T_2，它不仅与油层性质相关，也与驱替状况有关，取此组参数对于地质模型"修正"，保证了高毛细管数下驱油方案结果有着相对高的可信性和精确度。在修正后的数字化地质模型上，运行 2 号方案。2 号方案相对 1 号方案体系黏度高出 2 倍多，增采幅度提高 8.95%，清楚表明高黏特超低界面张力体系可以使得采收率大幅度提高，特别注意到，高渗透、中渗透层中剩余油值有一定幅度降低，这是一个非常值得重视的问题，前期研究复合驱提高采收率目标是增加低渗透层中原油的采出，这里将复合驱提高采收率目标扩大到降低高渗透、中渗透层中剩余油饱和度。基于两方案高渗透层中驱油效果的显著差别，这里仅对于两方案高渗透层驱动情况进行分析研究。分析表 17 数据，两方案在转注复合体系溶液 228 天时复合体系段塞注完，而且聚合物段塞也已注完，表中看到，此刻两方案网格上都有着大片毛细管数高于极限毛细管数 N_{ct1} "Ⅱ类"驱动状况驱动区域，表明之前两方案都处于 "Ⅱ类"驱动状况驱动下，比较看到，低黏体系方案"红色字"标记区域位置有所超前，对应位置上数字明显为小，清楚显示低黏体系"Ⅱ类"驱动状况下水相突进情况，高黏体系"Ⅱ类"驱动状况下驱动水相突进受到抑制；分析转注复合体系 228 天网格体系地下工作黏度分布，此时低黏体系方案仅有不到 57% 网格体系黏度处于 5～10mPa·s，而高黏体系有 65% 网格体系黏度处于 10～30mPa·s，由毛细管数实验曲线 QL 看到，在毛细管数 N_c 高于极限毛细管数 N_{ct1} 情况下驱替，只有在毛细管数 N_c 充分大且体系有较高的黏度情况下，才可能使得剩余油降到残余油饱和度极限值 S_{or}^H 以下，显然，高黏体系方案更满足这样条件；分析方案终止时刻剩余油饱和度分布，绿色字网格剩余油降到残余油饱和度极限值 S_{or}^H 以下，这是残留于油水共存空间的剩余油，由表 17 中数据看到，绿色数字标记网格，高黏体系方案 58 个，占网格总数 71%，低黏体系方案有 38 个，占网格总数 71%，网格数字是残留在油水共存空间的剩余油量 v_{ow}，高黏体系方案网格数据大幅度低于低黏体系方案对应网格剩余油量 v_{ow} 数据；非绿色数字标记网格数字值 "$S_{or}-S_{or}^H$"，高黏体系方案有 23 个，与这 23 个网格对应的低黏体系方案网格同样用绿色数字标记，这样一来，对应的网格数值可以进行比较，比较看到，也同样是

高黏体系方案网格数据值大幅度低于低黏体系方案对应网格数据值。分析研究看清高黏体系方案有着相对低的剩余油饱和度。

表 17　低黏和高黏体系驱动网格高渗透模型同一时刻毛细管数、体系黏度和终止时刻剩余油分布数据

项目	行列	1	2	3	4	5	6	7	8	9
低黏体系方案转注228d毛细管数值	1	0.0000	0.0000	0.0000	0.0000	0.0000	0.0012	0.0887	0.1729	0.0866
	2	0.0000	0.0000	0.0000	0.0000	0.0000	0.0015	0.1192	0.1797	0.1710
	3	0.0000	0.0000	0.0000	0.0000	0.0001	0.0027	0.1588	0.2662	0.2749
	4	0.0000	0.0000	0.0000	0.0000	0.0004	0.0083	0.2267	0.3555	0.3956
	5	0.0000	0.0000	0.0001	0.0004	0.0024	0.0494	0.4883	0.5088	0.5341
	6	0.0011	0.0014	0.0024	0.0071	0.0405	0.5402	0.6439	0.7016	0.7185
	7	0.3607	0.1222	0.1639	0.2348	0.5104	0.6527	0.7850	0.9395	1.0018
	8	0.1215	0.1815	0.2691	0.3781	0.5425	0.7361	0.9495	1.2370	1.5460
	9	0.0895	0.1709	0.2657	0.3867	0.5405	0.7785	1.2171	2.2422	2.2422
高黏体系方案转注228d毛细管数值	1	0.0000	0.0000	0.0000	0.0000	0.0002	0.0067	0.4394	0.6082	0.4338
	2	0.0000	0.0000	0.0000	0.0000	0.0003	0.0120	0.5744	0.9310	0.9299
	3	0.0000	0.0000	0.0000	0.0000	0.0008	0.0544	0.8456	1.4390	1.5499
	4	0.0000	0.0000	0.0000	0.0003	0.0058	0.8953	1.5169	2.0174	2.2573
	5	0.0002	0.0003	0.0007	0.0056	0.0215	1.1786	2.2922	2.6752	3.1060
	6	0.0063	0.0111	0.0480	0.9096	1.1876	2.2527	3.0023	3.5027	4.1122
	7	0.4413	0.5831	0.8514	1.4130	2.2876	3.0373	3.7044	4.7196	5.5736
	8	0.6148	1.1504	1.4665	2.1050	2.7583	3.5797	4.6970	6.1893	8.2203
	9	0.4558	0.9626	1.6126	2.3814	3.3678	4.6468	6.8300	11.714	11.714
低黏体系转注228d地下体系黏度 mPa·s	1	0.62	0.64	0.73	1.02	1.72	3.47	3.16	8.43	7.93
	2	0.64	0.66	0.78	1.10	1.78	3.50	6.16	8.39	7.79
	3	0.73	0.78	0.97	1.37	2.16	3.74	6.15	8.34	7.67
	4	1.02	1.11	1.37	2.03	3.04	4.26	5.60	8.43	7.64
	5	1.72	1.80	2.17	3.03	3.94	4.89	7.45	8.48	7.64
	6	3.48	3.52	3.76	4.25	4.85	6.33	7.87	8.50	7.68
	7	6.18	6.18	6.16	6.73	7.39	7.82	8.31	8.54	7.73
	8	8.49	8.47	8.44	8.46	8.46	8.46	8.53	8.43	7.80
	9	8.01	7.88	7.82	7.76	7.77	7.83	7.89	7.89	7.79

项目	行列	1	2	3	4	5	6	7	8	9
高黏体系转注228d地下体系黏度 mPa·s	1	0.67	0.76	1.07	1.90	3.79	8.90	16.90	26.83	31.30
	2	0.76	0.87	1.21	2.16	3.95	9.23	16.83	26.91	30.96
	3	1.07	1.21	1.69	2.88	4.94	10.32	17.14	26.36	30.41
	4	1.88	2.15	2.87	4.22	6.78	11.77	18.59	26.85	29.99
	5	3.76	3.92	4.88	6.74	10.81	15.21	21.21	27.83	29.61
	6	8.69	9.07	10.10	11.62	18.04	18.95	24.24	28.81	29.34
	7	16.69	16.58	16.83	18.13	20.81	23.94	27.18	29.86	29.10
	8	26.26	26.12	25.96	26.34	27.19	28.26	29.37	30.33	28.83
	9	31.33	30.94	30.31	29.84	29.43	29.14	28.84	28.52	28.36
低黏体系方案终止剩余油量 (v_o, v_{ow}) %	1	8.91	10.06	11.13	11.66	11.68	0.13	3.00	6.63	13.29
	2	10.06	11.10	11.11	11.36	11.70	13.37	2.40	5.11	14.34
	3	11.12	11.11	11.13	11.03	11.86	13.17	1.49	4.81	12.64
	4	11.65	11.35	11.07	11.58	12.34	13.09	0.73	4.75	12.23
	5	11.66	11.70	11.88	12.46	12.65	12.99	0.23	4.80	11.05
	6	0.12	13.39	13.20	13.24	13.03	12.95	13.23	4.25	7.03
	7	2.99	2.37	1.49	0.75	0.19	13.24	12.93	2.20	7.83
	8	6.33	4.94	4.86	4.99	4.81	4.34	1.02	13.50	13.31
	9	13.18	13.45	13.00	11.53	11.32	6.41	5.89	10.89	12.92
高黏体系方案终止剩余油量 (v_o, v_{ow}) %	1	6.97	7.25	8.13	7.34	7.96	8.52	9.28	4.74	7.11
	2	7.25	7.95	7.39	7.37	7.89	8.38	9.06	4.20	6.32
	3	8.13	7.39	7.27	7.51	7.96	8.33	9.04	1.51	6.47
	4	7.34	7.37	7.50	7.79	8.01	8.31	8.94	0.55	6.70
	5	7.96	7.89	7.96	8.02	8.04	8.20	8.66	12.48	6.54
	6	8.51	8.37	8.31	8.29	8.15	8.03	8.22	10.85	6.20
	7	9.27	9.04	9.04	8.95	8.57	8.11	7.86	9.85	5.81
	8	4.71	3.01	1.04	13.10	11.65	10.50	9.00	9.27	5.51
	9	7.03	6.53	6.58	6.69	6.48	6.08	5.51	12.39	2.13

为比较研究,表16中加入的试验方案为大庆油田杏二西试验方案,对比杏二西试验和高黏特超低体系方案结果看到,高黏特超低体系方案采收率提高2.63%,剩余油值低渗透层降低2.82%,中渗透层降低0.15%,高渗透层降低3.43%,取表面活性剂价格为聚合物价格2.5倍计算,高黏特超低体系方案吨相当聚合物增油降到37.04t,若表面活性剂价格降为聚合物价格1.5倍,计算得吨相当聚合物增油增到52.24 t。有一个问题值得探讨,美国Oklahoma州Sho-Vel-Tum油田Warden单元ASP驱矿场试验是美国能源部准备推广项目,它为何选择质量分数0.5%的ORS-62,而之前美国开展的复合驱试验都采用表面活性剂浓度(质量分数)为0.3%,分析可能有两个原因,可能表面活性剂ORS-62在地下油层中吸附量较大,为保证驱油体系地下界面张力为2×10^{-5}mN/m这样的特超低值,而选择了表面活性剂高浓度,另一种可能是方案的设计者注重了"高浓度表面活性剂体系有扩大波及效果"。这两种设计思想都不可取。高吸附量表面活性剂试验风险大,一定不要用到高代价试验中,复合体系段塞和后续聚合物段塞有着相对高的黏度是扩大复合体系地下波及效果的有效措施。基于这样认识设计方案3,方案3是在方案2基础上体系中表面活性剂浓度降为质量分数0.3%,驱油过程中油层最大平均压力与前两方案基本相同,据此确定段塞中聚合物浓度。由表14中看到,对比方案2,驱油过程中油层驱替液最大黏度相对方案2略有提高,各层段剩余油值,低渗透层相对增加1.93%,中渗透层相对减少2.08%,高渗透层相对减少1.24%,方案增采幅度相对增加0.58%,方案3表面活性剂用量减少10.65t,聚合物用量增加4.95 t,吨相当聚合物增油52.35t,相对方案2增加15.31t。

研究看到高黏特超低界面张力体系驱油已驱替到油层微观油水共层空间,难度加大,效果改善,值得重视。

3 结论

(1)研究确认实验岩心微观油水分布模型适用于油藏岩心。

(2)从岩心微观油水分布模型出发,分析研究数字化驱油试验效果,清晰看到对应于毛细管数曲线不同分区范围,驱油过程采出油层微观不同孔隙空间原油,深化了对于化学驱油技术的研究和认识,提升了数字化驱油技术研究水平。

(3)研究看到,复合驱是高效的提高采收率驱油技术,采用高黏超低界面张力体系驱油,采出的油主要来源于原存于油层微观纯油空间V_o中的原油,有着较高采收率,应广泛推广应用,在应用过程中,要进一步从多方面采取优化措施,获得最佳驱油效果。

(4)采用高黏特超低界面张力体系驱油,驱油范围扩大到油层微观油水共存空间中,采收率有一定幅度提高,然而其难度加大,代价提升,值得关注。

(5)聚合物驱油仅驱走油层微观空间V_o中孔径较大的子空间V_{o1}中部分原油,采出程度大幅度低于化学复合驱,空间V_o中孔径较小V_{o2}空间中原油没有动用残留地下,进一步要采出这些残余油有着高的难度和代价,从保护人类宝贵地下资源角度出发,今后务必慎重采用聚合物驱油技术。

符 号 说 明

μ_w——驱替相相黏度，$mPa \cdot s$；

σ_{ow}——驱替相与被驱替相间的界面张力，mN/m；

N_c——毛细管数值；

N_{cc}——水驱后残余油开始流动时的极限毛细管数；

N_{ct1}——化学复合驱油过程中驱动状况发生转化时的极限毛细管数；

N_{ct2}——处于"Ⅰ类"驱动状况下化学复合驱油过程对应的残余油值不再减小变化时的极限毛细管数；

"Ⅰ类"驱动状况——毛细管数小于或等于极限毛细管数 N_{ct1} 情况下驱替；

"Ⅱ类"驱动状况——毛细管数高于极限毛细管数 N_{ct1} 情况下驱替；

S_{or}——与毛细管数值 N_c 相对应的残余油饱和度；

S_{wr}^L——束缚水饱和度；

S_w——水相饱和度；

S_o——油相饱和度；

S_{or}^L——低毛细管数条件下，即毛细管数 $N_c \leqslant N_{cc}$ 情况下驱动极限残余油饱和度；

S_{or}^H——处于"Ⅰ类"驱动状况下化学复合驱油过程最低的残余油饱和度，即处于极限毛细管数 N_{ct2} 和 N_{ct1} 之间毛细管数对应的残余油饱和度；

V_o, r_o——V_o 是油层微观孔隙半径高于 r_o 的空间，初始状况下为纯油空间；

V_{o1}——"纯油"孔隙空间 V_o 中孔隙半径高于 r_{oc} 部分空间；

V_{o2}——"纯油"孔隙空间 V_o 中孔隙半径小于 r_{oc} 部分空间；

V_w, r_w——V_w 是油层微观孔隙半径介于 $r_o \sim r_w$ 间的孔隙空间，初始状况下为纯水空间；

r_{oc}——毛细管数处于极限毛细管数 N_{cc} 情况下，纯油空间 V_o 中孔隙半径高于 r_{oc} 空间原油被采空；

v_o——纯油空间 V_o 中初始含油量标记，油层层面或网格处于驱动状况下或终止状况下，为存于纯油空间 V_o 和纯水空间 V_w 中存油量标记；

V_{ow}, V_{wo}——油层微观孔隙半径小于 r_w 空间，其中初始纯含油子空间总体以 V_{ow} 标记，初始纯含水子空间总体以 V_{wo} 标记；

v_{ow}——油水共存空间中纯油子空间 V_{ow} 中初始含油量标记，油层层面或网格处于驱动状况下或终止状况下，为存于油水共存空间中油量标记；

PV——油层孔隙体积倍数；

T_1, T_2——驱动状况转化影响参数，可通过矿场试验或室内实验拟合求得；

V_k——油层非均质变异系数。

参 考 文 献

［1］Qi L Q, Liu Z Z, Yang C Z, et al. Supplement and Optimization of Classical Namber Experimental Curve for Enhanced Oil Recovery by Combination Flooding ［J］. Sci.China Tec.Sci.,2014, 57: 2190–2203.

［2］Wang Demin, Cheng Jiecheng, Wu Junzheng, et al. Summary of ASP Pilots in Daqing Oil Field ［C］. SPE 57288, 1999.

［3］Wang Zhiwu, Zhang Jingcun, Jiang Yanli, et al. Evaluation of Polymer Flooding in Daqing Oil Field and Analysis of Its Favourable Conditions ［C］. SPE 17848, 1988.

［4］戚连庆. 聚合物驱油工程数值模拟研究［M］.北京:石油工业出版社,1998.

［5］Felber B J.Selected U.S. Department of Energy's EOR Technology Applications ［C］.SPE 84904, 2003:1–11.

再论化学复合驱矿场试验数字化研究

戚连庆[1]　武　毅[2]　柏明星[3]　李宜强[4]　石　勇[5]　翁大丽[5]　朱洪庆[5]　魏　俊[5]

（1. 中国石油大庆油田有限责任公司勘探开发研究院；2. 中国石油辽河油田
勘探开发研究院；3. 东北石油大学；4. 中国石油大学采收率研究院；
5. 中海油能源发展股份有限公司工程技术分公司）

摘　要：实验做出毛细管数实验曲线 QL，对经典毛细管数实验曲线的补充和完善；实验岩心微观油水分布平台建立，深化了对毛细管数实验曲线的认识，更对于油层微观空间结构和油水分布有了清晰的认识。采用化学复合驱油机理描述更为完善的软件，基于矿场试验，建立包含油藏主要地质信息和化学复合驱信息的数字化地质模型平台，在此平台上对矿场试验进行深入研究，创建数字化驱油试验研究方法。应用数字化驱油实验方法，研究了大庆油田工业性矿场试验，对驱油方案段塞结构、化学剂浓度等要素进行敏感性研究，提出优化方案，高黏超低界面张力体系优化方案开采目标是现存于油层微观纯油空间 V_o 和纯水空间 V_w 中原油，采收率可提高30%～34%，高黏特超低界面张力体系优化方案开采目标扩大到采出油层微观油水共存空间原油，采收率可提高33%～37%，寄希望大庆油田研究采用高黏超低界面张力体系优化方案，希望大庆油田完成少数、小型高黏特超低界面张力体系矿场试验，研究高黏特超低界面张力体系复合驱在大庆油田应用的可行性。

关键词：等效拟合；数字化驱油实验；注入压力界限；降速保黏；数字化地质模型

20世纪50年代美国学者研究提出毛细管数实验曲线，开启了化学驱油技术研究新时代，经过30余年精心研究，80年代开始投向矿场试验研究，取得成功，中国石油工作者跟随美国学者之后，积极投入化学驱油技术研究中，80年代末期首先成功取得聚合物驱油矿场试验成功，自90年代开始，三元复合驱矿场试验首先在先导性试验取得成功，进而扩大试验取得成功，之后工业性应用试验成功，开始转向工业性应用。深入研究总结复合驱油技术研究成果，扩大复合驱油技术现场应用效果。

1　经典毛细管数理论的重要发展

1.1　经典毛细管数实验曲线补充和完善

美国学者 Moore 等[1]，Taber[2] 和 Foster[3] 为了研究和描述驱油过程中"被捕集的残余油投入流动的水动力学力与毛细管滞留力之间的关系"，先后提出了水动力学力与毛细管力比值的概念，称其为毛细管数，其定义式为：

$$N_c = \frac{v\mu_w}{\sigma_{ow}}$$

式中:N_c 是毛细管数;v 是驱替速度,m/s;μ_w 是驱替相黏度,mPa·s;σ_{ow} 是驱替相与被驱替相间界面张力,mN/m。进一步由实验给出了毛细管数与残余油之间的对应关系曲线,通常简称为"毛细管数曲线",学者们从不同角度出发研究得到了不同形态的曲线,图 1 是由 Moore 和 Slobod 完成的实验曲线。

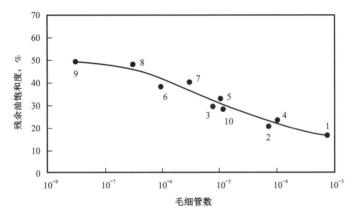

图 1　残余油饱和度与毛细管数的关系曲线

这一重要研究成果问世已半个多世纪,它开启了化学驱油技术理论研究和应用,至今仍为被人们认为化学复合驱油技术的理论基础。

笔者正是在学习、研究美国学者研究成果基础上,进入了化学驱研究领域,经多年潜心计算研究和实验研究,完成文献《复合驱提高石油采收率经典毛细管数实验曲线补充和完善》[4],实验做出了图 2 所示"毛细管数实验曲线 QL",两图比较,若将"毛细管数实验曲线 QL"以极限毛细管数 N_{ct2} 点为界分割为两部分,其左半部分与图 1 所示"经典毛细管数实验曲线"在形态上相似,相应的关键毛细管数值相近,而其右半部分,在极限毛细管数 N_{ct2}、N_{ct1} 间对应着不变的残余油饱和度值 S_{or}^H,而在毛细管数高于极限毛细管数 N_{ct1} 情况下,对应着多条毛细管数曲线,它们有规律地变化,这正是对于经典毛细管数曲线的"补充和完善"。

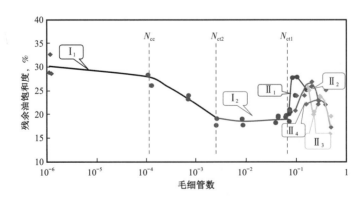

图 2　毛细管数与残余油关系实验曲线 QL

1.2 岩心微观油水分布平台建立——深化了对于毛细管数实验曲线认识

文献［4］在《中国科学：技术科学》发表,引起同行关心和重视。在推广介绍毛细管数实验曲线 QL 的同时,继续研究认识毛细管数实验曲线 QL 的复杂形态。

戚连庆等《实验岩心微观油水分布模型的构建》介绍了最新研究成果:依据热力学定律和渗流机理,分析实验资料,创建岩心微观油水分布模型。图 3 给出模型示意图,实验岩心微观空间油水分布特征模型:以孔径由大到小排序,依次为"纯油"空间、"纯水"空间、"油水共存"空间,最细小的或为"纯油"空间、或为"纯水"空间,由岩心润湿性决定;"纯油"空间 V_o 驱替,对应的毛细管数曲线水驱段及水驱延长段,以毛细管数 N_{cc} 为转折进入残余油饱和度急剧下降段,在极限毛细管数 N_{ct2} 转入"纯水"空间 V_w 驱替,毛细管数曲线成平直变化,在毛细管数高于极限毛细管数 N_{ct1} 之后,进入"油水共存"空间驱替,残余油饱和度为毛细管数 N_c、驱替速度 v、体系黏度 μ_w、驱替液与被驱替液间界面张力 σ_{ow} 的复合函数,对应无数条有规律变化毛细管数曲线。实验岩心微观空间油水分布模型,为正确认识毛细管数曲线创建技术平台,清楚认识毛细管数实验曲线复杂形态的内在原因。

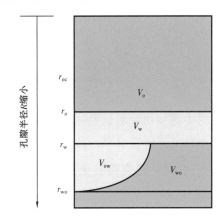

图 3　实验岩心驱油实验前油水分布示意图

实验岩心微观空间油水分布模型可以进一步推广用于驱油试验结果分析研究中,使得对于驱油试验的研究认识更加深刻。

1.3 化学复合驱相渗透率曲线

随着毛细管数与残余油关系实验曲线 QL 的做出,对于毛细管数与残余油之间关系有了更为清晰的认识;然而,只认识到残余油饱和度的变化还是不够的,还应该进一步认识化学复合驱油过程中相渗透率曲线的变化。在毛细管数实验曲线 QL 研究的基础上,研究化学复合驱相对渗透率曲线,文献［4］给出化学复合驱油过程相对渗透率曲线的数学描述式和实验测定关键参数方法。

须要特别指出相对渗透率曲线中残余油饱和度的不同范围与毛细管数实验曲线 QL 中残余油饱和度是对应的,以下算式描述了这一对应关系:

$$S_{or} = \begin{cases} S_{or}^L & (N_c < N_{cc}) \\ S_{or}^L - \dfrac{N_c - N_{cc}}{N_{ct2} - N_{cc}}(S_{or}^L - S_{or}^H) & (N_{cc} \leqslant N_c < N_{ct2}) \\ S_{or}^H & (N_{ct2} \leqslant N_c < N_{ct1}) \\ \dfrac{S_{or}^L + T_2 N_c S_{or}^H}{1 + T_1 N_c} & (N_c \geqslant N_{ct1}) \end{cases}$$

构建了实验岩心微观油水分布模型,更加清楚驱油过程毛细管数不同,油水流动孔隙空间不同,且对应着不同的相渗透率曲线,更为准确地描述油层中油水相对流动关系。

1.4 软件研发及应用

依据相对渗透率曲线 QL 和对应的毛细管数实验曲线 QL 研制出复合驱软件 IMCFS (Improved Mechanism of Compound Flooding Simulation)。在深刻认识毛细管数理论的基础上,使用机理更加完善的软件,用于化学复合驱矿场试验研究和室内实验研究,考核检验了理论研究的新成果。

毛细管数实验曲线 QL 的研发,实验岩心微观油水分布模型的构建,化学复合驱相对渗透率曲线描述式写出及相关参数测定,是经典毛细管数理论的重要发展。

2 化学复合驱数字化驱油试验研究方法

对中美油田矿场试验进行多年深入研究,戚连庆等《化学复合驱矿场试验数字化研究》较全面总结了研究成果,特别指出,文中提出了"数字化驱油试验"研究方法。

2.1 矿场试验研究需要更加科学、高效研究方法

文献[5]介绍了大庆油田矿场试验主要成果,目前大庆油田一类和二类油层正在进行强碱三元复合驱工业化推广应用。工业化生产应具备基本条件:对于化学复合驱油技术基本理论有着深刻的认识,对于工业化生产油层条件有着全面的认识,对于化学复合驱矿场生产方案的优化设计有着成熟的方法。大庆油田走到今天,是基于"前导"性试验、"扩大"性试验、"工业"试验多级别及各种"专题"性试验。

矿场试验是化学复合驱技术研究必要的研究方法,矿场试验的重要性和成果是不能被替代的,然而,矿场试验成本代价是巨大的,采用高水平数值模拟研究方法——数字化驱油试验研究方法是深刻认识矿场试验、提升矿场试验研究水平、提高试验效果的必要研究方法。在总结认识矿场试验基础上,进一步优化驱油方案,再投入现场试验,定将取得"1+1 大于 2"的效果,矿场试验研究与试验数字化研究紧密配合是复合驱油技术高水平应用科学、高效的研究方法。

由"数值模拟研究"转化到"矿场试验数字化研究",加重了"数值模拟工作者"的责任,更提升了对"矿场试验主导者"的要求,必须"懂数字化试验",要把"数字化矿场试验"研究看成"矿场试验组成部分",充分发挥"数字化驱油试验"作用,获得驱油试验圆满成功。

2.2 成功的范例之一 ——大庆杏二西化学复合驱矿场试验的数字化研究

大庆杏二西化学复合驱矿场试验开始于 1996 年,由文献[6]得到大庆杏北油田二区西部化学复合驱矿场试验技术资料,井位如图 4 所示。采用软件 IMCFS 对于矿场试验研究,戚连庆等《化学复合驱矿场试验数字化研究》对该试验进行了较为详细研究。

试验为五点法井网,四口注入井,九口采油井,其中一口中心采油井,资料标定油层非均质变异系数 0.65。文献[7]提出描述不同非均质变异系数油层的简化地质结构模型:油层

平面均质,纵向非均质三层结构,油层非均质变异系数不同,对应层段有着相应的渗透率,层段渗透率的不同排列组合取决于油层不同的沉积类型,图 5 绘出地质模型结构示意图,多年研究证实这一模型适合于化学驱油技术计算研究。

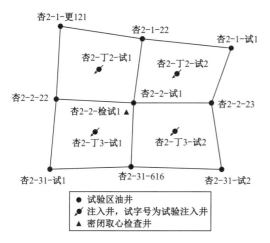

图 4　杏二区西部三元复合驱试验区布井方案图

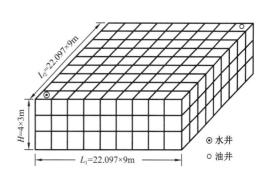

图 5　地质模型结构示意图

　　由于构建了岩心微观油水分布模型,对于模拟研究中的地质模型认识深化。"简化地质结构模型"是基于 Dykstra 和 Parsons 多级别渗透率样品统计方法建立的,它与油田非均质油层有着相同的油层非均质变异系数,"简化地质结构模型"的三个层段与非均质油层的层段无任何直接联系,而是低、中、高三个级别渗透率的均质岩心,"简化地质结构模型"驱替效果等效于非均质油层。基于构建岩心微观油水分布模型,可将研究视野深入"结构模型"微观空间中,研究驱油过程各层段微观各级空间油水流动变化情况。在戚连庆等《微观油水分布模型在数字化驱油研究中应用》已经采用了这种研究方法,这里给予深入解释。模拟计算采用的三层段结构模型与复合驱软件 IMCFS 相配套,保证了现场试验拟合计算结果的高精度。依据拟合计算结果,构建了"油层微观模型"平台,由表 1 中给出数据看到,平台中不仅包含有与水驱相关数据,且包含与化学复合驱相关的极限毛细管数参数 N_{cc},N_{ct2} 和 N_{ct1},驱动状况转换参数 T_1 和 T_2 及初始纯油孔隙空间含油量 v_o、油水共存孔隙空间含油量 v_{ow},v_{ow} 值相等于残余油饱和度极限值 S_{or}^H,可谓对于复合驱油技术研究提供了"精细"参数。

表 1　大庆油田杏二西试验数字化地质模型参数表

油层三层段	渗透率,mD		水、油饱和度,%				毛细管数参数				
	拟合前	拟合后	S_{wr}^L	S_{or}^L	v_o	v_{ow}	N_{cc}	N_{ct2}	N_{ct1}	T_1	T_2
低渗透	100	100	24	36.5	60.5	15.5	0.0001	0.0025	0.0712	12	0
中渗透	250	215	22	34.5	63.5	14.5	0.0001	0.0025	0.0712	15	0
高渗透	725	525	21	32.5	65.5	13.5	0.0001	0.0025	0.0712	15	0

由文献［7］中可以看到,当年拟合大庆北一区断西聚合物试验中心井含水、产油量变化曲线,耗费了精力和时间,作了大量研究,深感拟合场试验是一个"艰苦"的工作。而这次拟合杏二西驱油试验另有感受,该试验是在特高含水条件下进行的。首先拟合水驱过程,微调油层三层段的渗透率、相对渗透率曲线相关数据——水驱残余油饱和度 S_{or}^{L},拟合水驱采收率指标,调至油井产出液含水 98% 时采出程度为 47.20%,与现场生产数据吻合,确定油藏基本物性参数,三层段渗透率修正为 100mD,215mD 和 525mD;继续注水至油井含水 99.82%、采出程度达 52.80% 时转注聚合物前置段塞,化学复合驱油过程开始,对三层段残余油饱和度参数 S_{or}^{H}、聚合物溶液黏浓曲线剪切率做出修正,拟合化学复合驱过程油井含水变化和增采幅度变化曲线,图 6 给出现场驱油试验、拟合计算的油井含水变化曲线及采出程度变化曲线,两者高度吻合,驱油试验拟合取得精度较高的满意结果。可以告知,整个拟合计算过程仅耗费数小时。拟合计算确定了油层地质数据和复合驱相对应的信息数据,建立了油层化学复合驱数据数字化地质模型平台;在数字化地质模型平台上运行驱油方案,即为数字化驱油试验。

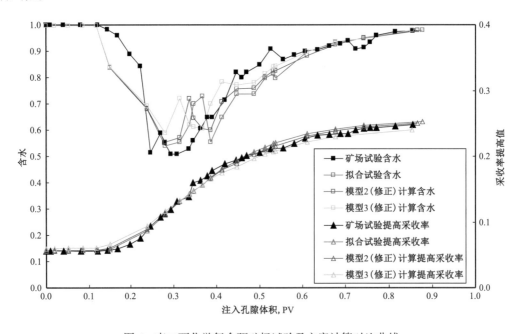

图 6　杏二西化学复合驱矿场试验及方案计算对比曲线

2.3　驱油试验数字化研究深化了对于矿场试验认识

数字化驱油试验提供丰富的驱油试验地面和地下数据信息,依据数字化驱油试验得到的数据信息可以更清楚认识驱油试验,深化数字化驱油试验研究,获取高效可行驱油方案,推动复合驱油技术研究应用。

在拟合杏二西矿场试验建立的数字化地质模型平台上,对于杏二西矿场试验进行深入研究。

杏二西试验油层中体系界面张力最低为 1.25×10^{-3} mN/m，体系黏度最高在 30mPa·s 左右。表 2 中 1 栏给出试验过程中 A 时刻——转注复合体系 0.345PV——油层高渗透层网格毛细管数数据，看到水井网格附近局部范围毛细管数高于极限毛细管数 N_{ct1} 值 0.0712，最大值达到 0.1687，那里处于"Ⅱ类"驱动状况下，对应着相对高的残余油饱和度，驱替状况发生转化，然而注意到，在邻近的较大区域内，网格毛细管数处在 0.0025～0.0712 范围，那里处于"Ⅰ类"驱动最佳状况，对应着残余油饱和度极限值 S_{or}^{H} 驱替，不难认识，正是由于局部范围"超限"，才有更大范围效果"最佳"；2 栏给出 B 时刻——转注复合体系 0.460PV 高渗透层网格毛细管数数据，看到整个层面已没有超过极限毛细管数 N_{ct1} 值 0.0712 的网格，表明"Ⅱ类"驱动状况是相对短时间的驱替过程，整个层面绝大部分网格毛细管数处在 0.0025～0.0712 之间范围，处于"Ⅰ类"驱动最佳状况。有了微观空间油水分布的概念，就可以通过分析微观纯油空间 V_o 中油量 v_o、油水共存空间 V_{ow} 中油量 v_{ow} 的流动变化研究剩余油的变化。

表 2 杏二西试验方案不同时刻油层网格毛细管数、剩余油饱和度分布、表面活性剂浓度分布数据表

项目	行列	1	2	3	4	5	6	7	8	9
方案 A 时刻高渗透层毛细管数值	1	0.1683	0.0883	0.0565	0.0403	0.0295	0.0195	0.0075	0	0
	2	0.0883	0.0686	0.0512	0.0386	0.0288	0.0192	0.0067	0	0
	3	0.0565	0.0512	0.0427	0.0343	0.0265	0.0176	0.0011	0	0
	4	0.0404	0.0386	0.0344	0.029	0.0223	0.0131	0	0	0
	5	0.0295	0.0289	0.0265	0.0223	0.0174	0.0005	0	0	0
	6	0.0196	0.0193	0.0177	0.0132	0.0005	0	0	0	0
	7	0.0076	0.007	0.0012	0	0	0	0	0	0
	8	0	0	0	0	0	0	0	0	0
	9	0	0	0	0	0	0	0	0	0
方案 B 时刻高渗透层毛细管数值	1	0.0024	0.0279	0.039	0.0309	0.0253	0.0214	0.0158	0.0088	0.0011
	2	0.028	0.0425	0.0372	0.0305	0.0261	0.0224	0.0172	0.0111	0.0016
	3	0.0391	0.0373	0.0329	0.0291	0.0265	0.0233	0.0187	0.0136	0.0015
	4	0.031	0.0305	0.0291	0.0281	0.0265	0.0236	0.0199	0.0155	0.0009
	5	0.0254	0.0261	0.0266	0.0265	0.0254	0.0233	0.0208	0.0169	0.0003
	6	0.0214	0.0225	0.0234	0.0237	0.0233	0.0226	0.0208	0.0195	0.0001
	7	0.0159	0.0172	0.0187	0.0199	0.0207	0.0208	0.0213	0.0097	0
	8	0.0088	0.0111	0.0136	0.0154	0.0165	0.0203	0.0119	0.0025	0
	9	0.0011	0.0016	0.0016	0.0009	0.0003	0.0001	0	0.0001	0.0001

续表

项目	行列	1	2	3	4	5	6	7	8	9
方案终止时刻高渗透层剩余 $S_{or}-S_{or}^H$ 油量 %	1	2.5	2.3	1.2	0.8	0.5	0.4	0.4	0.7	3.3
	2	2.3	1.7	1.1	0.7	0.4	0.4	0.4	0.7	2.4
	3	1.3	1.1	0.7	0.4	0.3	0.4	0.5	0.7	2.6
	4	0.8	0.7	0.4	0.3	0.3	0.4	0.5	0.7	2.7
	5	0.5	0.4	0.3	0.4	0.4	0.4	0.5	0.7	2.6
	6	0.4	0.4	0.4	0.4	0.4	0.4	0.5	0.7	2.4
	7	0.4	0.4	0.5	0.5	0.5	0.5	0.5	0.6	2.1
	8	0.7	0.7	0.7	0.7	0.7	0.6	0.6	0.6	1.7
	9	3.2	2.4	2.6	2.6	2.5	2.2	1.9	1.5	1.9
方案终止时刻低渗透层剩余油量 v_o %	1	0.2	0.3	0.5	0.7	1.3	3.5	18.7	24.1	35.1
	2	0.3	0.4	0.5	0.8	1.4	4.2	17.3	24.4	34.8
	3	0.5	0.5	0.7	1.0	1.6	5.1	17.0	25.0	34.1
	4	0.7	0.8	1.0	1.3	2.0	7.8	18.1	25.9	34.0
	5	1.3	1.4	1.6	2.0	4.3	10.9	20.4	26.9	33.7
	6	3.7	4.0	4.9	7.7	10.7	16.5	24.8	28.2	33.4
	7	18.6	17.1	16.9	18.0	20.2	24.6	28.2	28.1	33.1
	8	24.1	24.3	24.9	25.8	26.9	28.1	28.0	28.5	31.8
	9	35.0	34.8	34.2	34.0	33.7	33.3	33.1	31.8	32.3
方案终止时刻低渗透层表面活性剂浓度 %	1	0.001	0.002	0.01	0.03	0.063	0.115	0.131	0.113	0.037
	2	0.002	0.005	0.017	0.032	0.073	0.116	0.132	0.117	0.053
	3	0.01	0.018	0.031	0.043	0.089	0.122	0.133	0.121	0.061
	4	0.031	0.032	0.045	0.079	0.099	0.116	0.125	0.123	0.066
	5	0.06	0.073	0.087	0.1	0.098	0.09	0.113	0.125	0.071
	6	0.11	0.117	0.119	0.115	0.088	0.085	0.103	0.124	0.079
	7	0.131	0.132	0.128	0.12	0.107	0.098	0.112	0.122	0.08
	8	0.114	0.118	0.12	0.123	0.124	0.12	0.119	0.116	0.082
	9	0.038	0.056	0.064	0.071	0.074	0.079	0.082	0.081	0.065

首先分析低渗透层情况。驱油过程中低渗透层网格的毛细管数 N_c 始终没有超过极限毛细管数 N_{ct1} 值，V_{ow} 中原油没有被驱动，含油量 v_{ow} 没有变化，仍保持初始值 15.5%，它相等于残余油饱和度极限值 S_{or}^H，驱油过程终止，采出的油都来自原存于空间 V_o 中原油，网格剩余油饱和度 S_{or} 值包含没有被驱动的 V_{ow} 中油量 v_{ow}，和滞留于空间 V_o 中和空间 V_w 中剩余油量，这部分油量仍以 v_o 标记，有 $v_o=S_{or}-v_{ow}$。表 2 中 4 栏给出试验终止时刻低渗透层网格剩余油量，由于空间 V_{ow} 中剩余油量 v_{ow} 仍保持为常数 15.5% 而省略给出，网格上用红色数字给出 v_o 值分布。分析 v_o 值的分布数据，可以看到，仅在左上角水井一方近半个层面上，有着相对低的数值，前方大范围内网格上有着高的数值，那里是由后方驱来的原油在此汇集的"油墙"，这一结果告知人们进一步挖潜的首要目标——低渗透层网格的剩余油 v_o。表 2 中 5 栏给出驱油过程终止时刻低渗透层网格表活剂浓度分布数据，清楚看到"油墙"部位对应着高的表面活性剂浓度，复合体系段塞主体最后滞留在这里，这又告知人们增采应采取的措施——将进入低渗透模型的复合体系溶液进一步向前推进，要实现这一目标，主体段塞后方的聚合物段塞黏度不能低于主体段塞的黏度，而且聚合物段塞必须有足够大的长度，只有这样才能抑制高渗透层中水相突进，保持和延续低渗透层良好驱动势头，使得低渗透层有更多的油被采出，网格剩余油 v_o 值降低，从而获得更好的驱替效果。

再回头研究高渗层网格剩余油量分布。取 $v_o=S_{or}-v_{ow}$，计算得到网格剩余油量 v_o 数据，列于表 2 中 3 栏。对比 4 栏数据看出，3 栏水井网格有着相对大的数值，由水井向外数值逐渐减小，达到相对最小值之后，向前又转为逐渐增大变化，这里有两个问题：一是数值的变化规律不同，再者 3 栏水井附近网格有着相对较大的数值。出现问题的原因是清楚的，高渗透模型驱动过程中经历过毛细管数高于极限毛细管数 N_{ct1} 值"Ⅱ类"驱动状况，油水共存空间被驱动，波及部位出现水相流速加快油相流速减慢情况，影响原油的采出，更要害的是出现油水共存空间捕获"流动油"转化为"束缚油"情况，加大了剩余油量 v_{ow} 值。水井附近由浅绿色数字标记的区域是"Ⅱ类"驱动状况的直接影响范围，网格上相对较大的剩余油量数值是油层微观油水共存空间剩余油量 v_{ow} 高出残余油饱和度极限值 S_{or}^H 的部分，橙色数字标记区域"Ⅱ类"驱动状况的波及范围，数值相等于剩余油饱和度 S_{or} 与残余油饱和度极限值 S_{or}^H 的差值，它含有网格微观纯油空间和纯水空间留存的剩余油量 v_o 值和微观油水共存空间剩余油量 v_{ow} 高出残余油饱和度极限值 S_{or}^H 部分的数值，再前方网格数据为存在于空间 V_o 和空间 V_w 中剩余油量 v_o。

分析试验主要的技术和经济效果。低渗透、中渗透层段驱油过程没有经过"Ⅱ类"驱动状况驱替，两层段的油水共存空间油量 v_{ow} 驱动后保留初始值，分别为 15.5% 和 14.5%，原存于纯油空间 V_o 中原油驱动后有部分被采出，残留部分留存在空间 V_o 和空间 V_w 中，低渗层原始含油量 v_o 值为 60.5%，采出 43.78%，占总量的 72.36%，残存 16.72%，占总量的 27.64%；中渗透层原始含油量 v_o 值为 63.5%，采出 59.64%，占总量的 93.92%，残存 3.86%，占总量的 6.08%；高渗透层驱油过程在短时间、局部范围内经过"Ⅱ类"驱动状况驱替，波及影响范围内油水共存空间剩余油量 v_{ow} 相对增大，层内采出油量全部来自原存于纯油空间 V_o 中，空间 V_o 中初始含油量 v_o 值为 65.5%，采出 64.68%，占总量的 98.75%，残存 0.82%，占总量的 1.25%。

然而注意到,计算得到的残存 0.82% 包含有油水共存空间捕获的流动油量。分析看到,驱油过程终止,原存于三层段油层微观纯油空间原油分别采出 72.36%,93.92% 和 98.75%,保证了试验有着相对高的采收率和高的提高采收率幅度。

3 大庆油田化学复合驱工业性应用方案优化研究

为配合大庆油田复合区工业化应用,对几个重要问题做了深入研究。

3.1 矿场试验驱油方案进一步优化

大庆油田采油一厂北一区断东工业性试验取得巨大成功,由油田得到消息,总体提高采收率 25% 以上,高采井组提高采收率达到 30%。这里以断东试验方案为基础,进一步对驱油方案做进一步优化改进。

北一区断东工业性试验采用五点法井网、注采井距 125m,试验效果验证这是值得推广应用的井网井距。对于现场方案逐步改进计算不同可比方案,表 3 列出北一区断东化学复合驱工业性矿场试验方案和逐步改进的数字化驱油方案,表 4 列出相对应驱油方案计算结果。

表 3 北一区断东化学复合驱工业性试验方案进一步优化

方案	前置段塞		复合体系主段塞			复合体系副段塞 1			复合体系副段塞 2			聚合物段塞	
	聚合物浓度 mg/L	体积 PV	表面活性剂浓度 %	聚合物浓度 mg/L	体积 PV	表面活性剂浓度 %	聚合物浓度 mg/L	体积 PV	表面活性剂浓度 %	聚合物浓度 mg/L	体积 PV	聚合物浓度 mg/L	体积 PV
试验方案	1300	0.054	0.2	1900	0.351	0.2	1900	0.078	0.2	1650	0.15	1000	0.20
调整方案 1	1300	0.054	0.2	1900	0.351	0.2	1900	0.078		1000	0.15	1000	0.20
调整方案 2	1300	0.054	0.2	1900	0.351	0.2	1900	0.078		1900	0.15	1900	0.20
调整方案 3	1300	0.054	0.2	1900	0.3		1900	0.129		1900	0.15	1900	0.20
调整方案 4	1300	0.054	0.3	1900	0.3		1900	0.129		1900	0.15	1900	0.20
调整方案 5	1300	0.054	0.3	1900	0.3		1900	0.129		1900	0.15	1900	0.20
调整方案 6	1300	0.054	0.3	2400	0.3		2400	0.129		2400	0.15	2400	0.20
调整方案 7			0.3	2400	0.3		2400	0.172		2400	0.15	2400	0.20

续表

方案	前置段塞		复合体系主段塞			复合体系副段塞1			复合体系副段塞2			聚合物段塞	
	聚合物浓度 mg/L	体积 PV	表面活性剂浓度 %	聚合物浓度 mg/L	体积 PV	表面活性剂浓度 %	聚合物浓度 mg/L	体积 PV	表面活性剂浓度 %	聚合物浓度 mg/L	体积 PV	聚合物浓度 mg/L	体积 PV
调整方案8			0.3	2325	0.30		2325	0.25		2325	0.15	2325	0.20
调整方案9	1300	0.054	0.3	2325	0.30		2325	0.196		2325	0.15	2325	0.20

表4　大庆油田采油一厂北一区断东化学复合驱工业性试验方案进一步优化驱油效果表

方案	方案实施时间 d	油层最大平均压力比值	段塞聚合物浓度 mg/L	驱替相最大黏度 mPa·s	采出程度 %	增采幅度 %	分层剩余油 v_o %			表面活性剂用量 t	试验相当聚合物用量 t	吨相当聚合物增油量 t/t
							低渗透	中渗透	高渗透			
试验方案	619	0.9617	1900	23.26	69.91	26.24	20.99	5.31	0.86	224.6	602.5	55.63
调整方案1	647	0.9617	1900	23.18	69.34	25.67	21.26	6.15	1.08	166.3	488.9	67.07
调整方案2	675	0.9617	1900	24.18	70.61	26.94	20.69	4.17	0.67	166.3	549.9	62.58
调整方案3	630	0.9650	1900	23.95	69.82	26.15	21.48	5.13	0.75	116.5	475.2	70.30
调整方案4	653	0.9315	1900	23.98	71.07	27.40	20.18	3.59	0.71	174.7	562.5	62.22
调整方案5	970	0.7332	1900	24.63	71.34	27.67	19.04	3.98	0.78	174.8	562.7	62.81
调整方案6	980	0.9951	2400	34.57	74.12	30.45	15.22	1.80	0.30	174.8	638.1	60.96
调整方案7	1010	0.9883	2400	34.50	74.32	30.65	14.71	1.72	0.34	174.8	637.8	61.39
调整方案8	1042	0.9936	2325	33.07	74.86	31.19	13.58	1.60	0.35	174.8	668.1	59.64
调整方案9	1043	1.0052	2325	33.11	74.67	31.00	14.08	1.65	0.31	174.8	667.1	59.36

试验方案：0.054PV 聚合物前置调剖段塞，0.351PV 三元复合体系主段塞，碱 NaOH 浓度为 1.2%，之后两级复合体系副段塞，碱浓度为 1.0%，表面活性剂浓度皆取 0.2%，最后为 0.2PV 浓度 1000mg/L 聚合物保护段塞，方案注液速度为 0.60PV/a。由表4看到，最终采出程度为 69.91%，相对水驱提高采收率 26.24%，吨相当聚合物增油 55.63t。

调整方案 1：通常认为，化学复合驱的驱油方案理应要有足够大的复合体系段塞，正如本区试验方案，而数字化驱油试验研究优化方案复合体系段塞体积为 0.3PV 左右。这里初试：将复合体系副段塞 2 改为聚合物段塞。计算结果表明，方案采出程度为 69.34%，增采幅度为 25.67%，略微低于试验方案，方案相对试验方案表面活性剂用量减少 58.9t，方案的吨相当聚合物增油提高到 67.07t，高于试验方案 11.44t。

调整方案 2：复合体系段塞后续的聚合物段塞通常被称为复合体系段塞的保护段塞，它隔离后续的清水段塞，防止水相突进，保护复合体系段塞向前推进。这是一种被动保护方式。积极的方式是后续的聚合物段塞黏度不低于复合体系段塞，且有足够大的体积，这样，才能继续起到扩大波及效果，将相对更多量的复合体系溶液驱替到低渗透部位、驱替到主流线两翼部位，达到更好的驱替效果。在调整方案 1 基础上，将复合体系段塞后聚合物段塞浓度提升为 1900mg/L。计算结果看到，驱油过程终止，三层段剩余油量 v_o 值都低于试验方案对应值，方案的采出程度为 70.61%，高于试验方案，相对试验方案少用了表面活性剂，多耗用了聚合物，但化学剂总费用降低，吨相当聚合物增油量相对试验方案提高 6.95t。

调整方案 3：将复合体系主段塞体积改为 0.3PV，后续为 0.479PV、浓度为 1900mg/L 的聚合物段塞。计算结果表明，方案表面活性剂用量相对试验方案相对减少近一半，聚合物用量增加约为 1/5，化学剂总费用减少 1/4，最终采出程度相对试验方案低 0.09%，吨相当聚合物增油 70.30t。特别注意到，驱油过程终止，高渗透、中渗透层剩余油量 v_o 值都相近于试验方案，低渗透层剩余油量 v_o 值略高于试验方案。

调整方案 4：将调整方案 3 复合体系段塞表面活性剂浓度提升到 0.3%。方案采出程度提高到 71.07%，相对试验方案增加 1.16%，三层段剩余油量 v_o 值分别降到 0.71%，3.59% 和 20.18%，相对试验方案对应降低 0.15%，1.72% 和 0.81%，表面活性剂用量相对减少 30%，吨相当聚合物增油 62.22t。研究表面活性剂浓度场变化看到，高浓度表面活性剂浓度体系在油层中有着相对好的扩散效果，有利于增大波及范围增强驱替效果。

调整方案 5：在戚连庆等《化学复合驱矿场试验数字化研究》中看到，渗流速度与体系黏度在驱油过程中的贡献不同，渗流速度的贡献仅有驱替作用，而体系黏度提高不仅能够抑制驱替液突进扩大波及，改善油层平面主流线两翼部位和低渗透微观模型的驱替效果，而且能够改善油水流度比，有利于油的流动和产出，对于驱油效果提高有着突出贡献。据此提出"降速保黏"措施，在注采井距在 125m 情况下，推荐采用注液速度为 0.40PV/a。将调整方案 4 复合体系段塞及之后各段塞采用降速注入，体系黏度暂不调整。相对前一方案，化学剂用量基本相同，地下体系最大黏度略有提高，这与剪切降解作用减弱有关；各层段剩余油量，低渗透层相对降低，与体系黏度相对增大有关，高渗透、中渗透层相对提高，这与注液速度降低有关。相对调整方案 4 方案的采出程度提高 0.27%，吨相当聚合物增油量升高 0.59t。特别要关注,油层最大平均压力相对大幅度降低,这为进一步调整——提升体系黏度创造条件。

调整方案6:将调整方案5中复合体系段塞和后续聚合物段塞中聚合物浓度提升为2324mg/L。聚合物用量增加约25%,最终采出程度提高2.26%,吨相当聚合物增油量为60.96t。对比调整方案4,清楚看到"降速保黏"措施显著效果。

调整方案7:大庆油田杏二西试验后的试验复合体系段塞前都加设置聚合物前置段塞,目的是"聚合物前置段塞有着'调剖'效果,增加低渗透层复合体系进入,改善驱油效果",而在美国就不见这样的段塞结构设计。将调整方案6中"前置段塞"除掉,将省下的聚合物用到后续的"保护"段塞中,计算调整方案。表中看到,两可比方案化学剂用量相同,后一方案采出效果微微好于前一方案,低渗透、中渗透层剩余油略微降低、高渗透层微微升高。研究看到聚合物前置段塞调剖效果并不明显。

调整方案8:大体积高浓度聚合物后续段塞,有利于纵向上改善低渗模型驱替、扩大平面上主流线两翼部位波及,有着明显"调剖"作用,改善驱油效果。取戚连庆等《化学复合驱矿场试验数字化研究》中推荐后续聚合物段塞体积0.6PV计算方案。方案计算结果看到,油层最大的平均压力与杏二西试验持平,满足注入条件要求,方案实施时间1042天,满足稳定性要求,吨相当聚合物增油量59.64t,可以认为满足经济指标要求。方案的最终采出程度为74.86%,相对水驱提高31.19%,相对试验方案提高4.95%。

调整方案9:为进一步考核前置段塞效果,在调整方案8基础上,减小后续聚合物段塞体积,增设前置段塞计算方案。可比两方案化学剂用量情况相同,后一方案采出程度低0.19%,再次验证设置前置段塞没有必要。

方案的逐步调整确定了优化的驱油方案,建立了由现场方案逐步优化的调整方法。

3.2 体系界面张力变化对驱油效果影响

化学复合驱油技术当年在美国首先投入矿场试验是采用弱碱体系,由文献[5]中见到,大庆油田在研究应用中十分重视体系中碱的选择,1993年一厂PO区试验选用弱碱 Na_2CO_3 体系,试验相对水驱提高采收率21.4%,1994年四厂杏五区试验选用强碱 NaOH 体系,采收率相对提高25%,自此之后,试验多采用强碱 NaOH 体系,也不放弃弱碱 Na_2CO_3 体系试验研究,在四区块工业性应用试验中,四厂杏二中、二厂南五区、一厂北一断东试验皆取强碱体系,三厂北三西试验选用弱碱体系。矿场试验总结得出,弱碱体系的"伤害"作用相对为小,三厂弱碱体系也获得良好驱油效果,但是,在大庆油水条件下,在相同试验条件下,强碱体系可达到更低的油水界面张力,有着更好的驱油效果,有了好的技术经济效果,可以更大投资用于减少碱的"伤害"。

从毛细管数曲线研究出发,渗流速度、体系界面张力、体系黏度是决定毛细管数大小的三项要素。在一定的渗流速度、相对高的体系黏度条件下,体系油水界面张力越低,驱油过程中毛细管数越大,驱油效果越好。采用采油一厂北一区断东数字化地质模型,采用表4优化方案,取体系界面张力为 1.25×10^{-3} mN/m 方案的注入过程中油层最大平均压力为控制条件,计算体系界面张力不同驱油试验方案,结果列于表5。

表5　北一区断东化学复合驱工业性试验方案不同界面张力体系驱油效果表

方案	最低界面张力 10^{-3}mN/m	方案实施时间 d	油层最大平均压力比值	驱替相最大黏度 mPa·s	驱油过程中最大毛细管数	采出程度 %	增采幅度 %	分层剩余油量[v_o(v_{ow})] %			试验相当聚合物用量 t	吨相当聚合物增油量 t/t
								低渗透层	中渗透层	高渗透层		
1	25.0	911	1.00	34.44	0.015	62.96	19.26	21.9	15.4	5.9	678.2	36.28
2	10.0	977	0.99	32.67	0.036	69.32	25.62	19.1	8.0	1.3	661.6	49.47
3	7.50	999	1.00	32.36	0.048	70.94	27.24	18.3	5.4	0.9	658.1	52.87
4	5.00	1025	0.99	32.43	0.072	72.53	28.83	16.9	3.3	0.7	658.1	55.96
5	2.50	1038	0.98	32.60	0.146	74.13	30.43	14.7	2.0	0.5	661.6	58.75
6	1.25	1045	1.00	33.03	0.297	74.88	31.18	13.5	1.6	0.3	665.8	59.82
7	0.75	1043	1.00	32.74	0.499	75.06	31.36	13.2	1.5	0.4	667.7	59.99
8	0.50	1042	1.01	33.27	0.75	75.29	31.59	13.02	1.52	13.2	667.7	60.42
9	0.25	1044	1.01	33.13	1.49	75.99	32.29	12.85	1.87	11.8	667.7	61.77
10	0.02	1117	1.01	36.21	18.94	78.00	34.30	13.0	13.34	8.47	852	51.42

表5中数据清楚显示,所有驱油方案实施时间都在三年之内,满足稳定性要求;随着体系界面张力降低,方案驱油过程网格最大毛细管数值增大,方案的采出程度逐渐提高。可将方案分为四组分析。

方案1为高界面张力方案,体系界面张力为 2.5×10^{-2} mN/m。方案驱油过程网格最大毛细管数为0.015,方案的采出程度为62.96%,提高采收率幅度为19.26%,吨相当聚合物增油量为36.28t,技术经济效果极差。

方案2至方案4,方案体系界面张力范围在 $5 \times 10^{-3} \sim 10 \times 10^{-3}$ mN/m,相当于弱碱体系。由计算结果看到,方案驱油过程中网格最大毛细管数范围都在0.072以下,各方案处于"Ⅰ类"状况下驱替,表5中给出3方案各层段剩余油量 v_o 数据,表明各层段油水共存空间中原油都没有被启动,方案2高渗透层中剩余油量值 v_o 为1.3%,中渗透层中剩余油量值 v_o 为8.0%,低渗透层中剩余油量值 v_o 为19.1%,随着体系界面张力降低,各层段中剩余油量值 v_o 都降低,明显看到方案4体系界面张力最低,驱油效果最好,采出程度为72.53%,提高采收率幅度28.83%,吨相当聚合物增油量55.96t。表6给出方案4终止时刻1/4井组网格上高渗透层中剩余油量分布数据,网格数据值为"$S_{or} - S_{or}^H$",全为正值,这些数值为试验终止留存于空间 V_o 和空间 V_w 中剩余油量 v_o 值,数值都相对较小,在两翼边角处最大值为6.39%,层面没有出现绿色字标记的 v_{ow} 值,更清楚显示没有网格经历"Ⅱ"类驱动状况。

　　方案 5 至方案 8 体系界面张力范围在 $5 \times 10^{-4} \sim 25 \times 10^{-4} \mathrm{mN/m}$，为强碱体系。先分析方案 6，体系界面张力为 $1.25 \times 10^{-3} \mathrm{mN/m}$，为方案 4 的 1/4，水井网格最大毛细管数达到 0.297，为方案 4 的 4 倍，显然驱油过程驱经历过"Ⅱ类"驱动状况。从表 6 列出的驱油过程终止高渗透层剩余油分布数据看到，受到"Ⅱ类"驱动状况直接影响范围有限，又从计算结果数据查到，处于"Ⅱ类"驱动状况时间相对短，驱动状况相近于前文分析的杏二西试验情况，正是由于局部范围"超限"，才有更大范围效果"最佳"，驱油效果相对方案 4 有较大程度改善，从表 5 看到，低渗透、中渗透、高渗透三层段剩余油量分别降低 3.4%，1.7% 和 0.4%，从表 6 看到层面主流线两翼边角部位剩余油饱和度又相对较大幅度降低，"难采"部位效果的改善保证了驱油效果提高，采收率提高值为 31.18%，相对方案 4 提高 2.35%。再回头分析方案 5，体系界面张力为 $2.5 \times 10^{-3} \mathrm{mN/m}$，相对方案 4 降低 1 倍，驱油过程网格水井网格最大毛细管数为 0.146，相对方案 4 增大一倍，为方案 6 的 1/2，驱油过程受"Ⅱ类"驱动状况影响相对方案 6 为小，由表 5 数据看到，低渗透、中渗透、高渗透三层段剩余油 v_o 值相对方案 4 别减少 2.2%，1.3% 和 0.2%，相对方案 6 分别增加 1.2%，0.4% 和 0.2%，采收率提高值为 30.43%，相对方案 4 高 1.6%，相对方案 6 少 0.75，吨相当聚合物增油 58.75t，相对方案 4 增加 2.79t，相对方案 6 减少 1.07t。分析方案 7，体系界面张力为 $7.5 \times 10^{-4} \mathrm{mN/m}$，驱油过程网格最大毛细管数值为 0.499，由表 6 看到，驱油过程受"Ⅱ类"驱动状况影响范围和程度都相对加大，对比方案 6 剩余油分布，几乎所有红色字标记网格数字都相对较大，这是油水共存空间捕获油量相对大的结果，又从表 5 看到，三层段剩余油值，低渗透层相对减少 0.3%，中渗透层相对减少 0.1%，高渗透层相对增加 0.1%，采收率提高 0.18%。方案 8 体系界面张力为 $5.0 \times 10^{-4} \mathrm{mN/m}$，驱油过程网格最大毛细管数为 0.75，由表 6 方案终止时刻高渗透层网格剩余油量分布数据中看到，在水井和油井附近区域，受到高黏高毛细管数下"Ⅱ类"驱动状况影响，网格上剩余油量 v_o 值降到"0"，剩余油量 v_{ow} 值也有不同程度降低，红色字绝大部分网格数字高于方案 7 对应网格值，又由表 5 看到，相对方案 7，低渗透、中渗透、高渗透三层段剩余油 v_o 分别减少 0.18%，0.02% 和 0.4%，方案采收率提高 0.23%。总体评价四驱油方案，体系界面张力逐渐降低，驱油过程毛细管数逐渐增大，采出程度逐渐提高，然而在"Ⅱ类"驱动状况下，毛细管数增大与残余油饱和度下降有着特殊的对应关系，方案采出程度递增的速率与毛细管数递增速率不匹配，方案 5 相对方案 4 采出程度递增 1.06%，方案 6 相对方案 5 递增 0.75%，方案 7 相对方案 6 递增 0.18%，方案 8 相对方案 7 递增 0.23%，显然，方案 7 和方案 8 递增幅度极小，表面活性剂的品质——在地下体系界面张力降低值要与经济投入相关，两方案选用的超低体系表面活性剂不可取，方案 5 和方案 6 采出的原油基本上都是原存于各层段的纯油空间 V_o 中原油，相对容易采出，增采幅度都在 30% 以上，吨相当聚合物增油 58t 以上，经济效益可观，推荐采用地下体系界面张力在 $1.25 \times 10^{-3} \sim 2.50 \times 10^{-3} \mathrm{mN/m}$ 的表面活性剂。

表6 不同方案终止时刻高渗透层网格剩余油分布　　　单位:%

项目	行列	1	2	3	4	5	6	7	8	9
方案4	1	0.04	0.07	0.13	0.19	0.25	0.32	0.4	0.55	6.39
	2	0.07	0.1	0.15	0.2	0.25	0.32	0.39	0.51	1.49
	3	0.13	0.15	0.18	0.23	0.26	0.32	0.39	0.47	1.47
	4	0.19	0.2	0.23	0.25	0.28	0.35	0.37	0.46	1.62
	5	0.25	0.25	0.26	0.28	0.33	0.35	0.37	0.41	1.62
	6	0.32	0.32	0.32	0.34	0.35	0.37	0.37	0.41	1.56
	7	0.39	0.39	0.38	0.37	0.37	0.36	0.32	0.37	1.46
	8	0.53	0.5	0.46	0.46	0.42	0.41	0.35	0.29	1.09
	9	6.01	1.41	1.45	1.60	1.58	1.48	1.33	0.88	1.30
方案6	1	7.465	12.04	0.18	0.22	0.27	0.33	0.39	0.48	1.15
	2	12.04	0.55	0.32	0.27	0.29	0.33	0.38	0.46	1.11
	3	0.18	0.33	0.29	0.29	0.30	0.33	0.38	0.44	1.16
	4	0.22	0.27	0.29	0.30	0.31	0.34	0.38	0.43	1.18
	5	0.27	0.29	0.30	0.31	0.33	0.34	0.36	0.40	1.15
	6	0.33	0.33	0.33	0.34	0.34	0.34	0.33	0.36	1.11
	7	0.39	0.38	0.38	0.37	0.36	0.32	0.29	0.31	1.05
	8	0.48	0.46	0.44	0.43	0.41	0.36	0.29	0.26	0.83
	9	1.12	1.08	1.12	1.15	1.13	1.05	0.94	0.66	1.00
方案7	1	9.47	11.30	12.98	0.65	0.57	0.52	0.49	0.53	1.13
	2	11.30	12.29	0.06	0.61	0.55	0.51	0.49	0.51	1.13
	3	12.97	0.06	0.64	0.59	0.53	0.49	0.48	0.49	1.16
	4	0.65	0.61	0.59	0.54	0.50	0.48	0.46	0.47	1.19
	5	0.57	0.55	0.52	0.51	0.50	0.46	0.44	0.45	1.16
	6	0.52	0.51	0.49	0.49	0.46	0.45	0.39	0.38	1.12
	7	0.49	0.48	0.48	0.46	0.44	0.39	0.35	0.34	1.06
	8	0.53	0.51	0.49	0.47	0.46	0.38	0.32	0.27	0.76
	9	1.11	1.09	1.13	1.16	1.14	1.05	0.89	0.39	12.54

项目	行列	1	2	3	4	5	6	7	8	9
方案8	1	8.72	10.24	11.63	12.90	0.82	0.61	0.55	0.57	1.13
	2	10.24	11.09	11.87	12.98	0.78	0.59	0.54	0.55	1.14
	3	11.63	11.87	12.58	0.20	0.76	0.67	0.54	0.52	1.17
	4	12.88	12.98	0.19	0.64	0.76	0.78	0.55	0.51	1.30
	5	0.81	0.77	0.77	0.77	0.77	0.71	0.57	0.51	1.37
	6	0.60	0.59	0.76	0.79	0.70	0.60	0.52	0.46	0.85
	7	0.55	0.55	0.55	0.56	0.58	0.51	0.43	13.11	12.77
	8	0.57	0.54	0.51	0.51	0.51	0.42	13.01	11.49	12.28
	9	1.11	1.11	1.14	1.27	1.25	0.42	12.29	11.79	11.81
方案9	1	8.00	9.44	10.23	10.96	11.90	12.92	0.96	0.76	1.23
	2	9.44	10.15	10.08	10.82	11.74	12.59	0.47	0.94	1.38
	3	10.22	10.08	10.51	11.09	11.68	12.29	13.10	0.56	0.99
	4	10.92	10.80	11.08	11.40	11.68	12.05	12.44	12.58	13.16
	5	11.90	11.74	11.65	11.66	11.74	11.78	11.83	11.81	12.59
	6	12.88	12.57	12.26	12.01	11.76	11.54	11.25	11.01	11.90
	7	0.94	0.43	13.05	12.38	11.77	11.23	10.73	10.30	11.33
	8	0.75	0.93	0.50	12.52	11.74	10.92	10.25	9.55	11.00
	9	1.21	1.35	0.83	13.02	12.42	11.64	11.18	10.86	10.77
方案10	1	7.08	8.23	8.09	7.81	7.94	8.08	8.32	9.03	10.96
	2	8.23	8.63	7.96	7.68	7.83	7.96	8.17	8.55	9.88
	3	8.10	7.98	7.59	7.54	7.68	7.87	7.95	8.22	9.64
	4	7.82	7.67	7.54	7.58	7.57	7.67	7.77	8.00	9.63
	5	7.94	7.83	7.68	7.56	7.63	7.61	7.65	7.83	9.59
	6	8.06	7.96	7.86	7.71	7.61	7.56	7.55	7.64	9.30
	7	8.33	8.17	7.94	7.76	7.64	7.54	7.49	7.48	9.05
	8	9.02	8.53	8.21	7.99	7.81	7.63	7.50	7.43	8.84
	9	10.89	9.82	9.57	9.54	9.52	9.30	9.05	9.30	9.23

研究分析方案9,体系界面张力2.5×10^{-4}mN/m,为特超低界面张力体系。由表6看到,几乎全层面网格都用绿色字标记,表明这些网格部位剩余油都留存于油水共存空间,仅有边角部位少数网格的空间V_o和空间V_w中还留有少量的剩余油,又由表5看到,方案终止,三层段剩余油量v_o值分别为12.85%,1.87%和"0",又由计算结果查到,剩余油量v_{ow}值分别为15.5%、14.4%和11.8%,相对方案8,剩余油量低渗透层相对减少0.17%,中渗透层相对增加0.35%,高渗透层相对减少1.8%,方案9增采幅度32.29%,相对方案8增加0.7%。方案10是在体系表面活性剂浓度为0.3%情况下体系界面张力达到驱替要求的2.0×10^{-5}mN/m情况下计算的,由表6看到,驱油过程终止,高渗透层仅在油水共存空间留有剩余油,最大值为10.96%,由表5和计算结果看到,方案终止,三层段剩余油量v_o值分别为13.0%,"0"和"0",剩余油量v_{ow}值分别为15.5%、13.34%和8.47%,相对方案8,剩余油量低渗透层相对增加0.15%,中渗透层相对减少2.93%,高渗透层相对减少3.33%,方案10增采幅度34.30%,相对方案8增加2.01%。对比分析方案6,方案10剩余油量低渗透层相对减少0.15%,中渗透层相对减少2.66%,高渗透层相对减少5.03%,增采幅度相对增加3.12%,方案的吨相当聚合物增油51.42t,是在表面活性剂价格为聚合物价格2.5倍条件下计算的,若取表面活性剂价格为聚合物价格1.5倍,则有吨相当聚合物增油64.62t。采用高黏特超低界面张力体系复合驱值得重视,值得研究。

优选了驱油体系地下界面张力之后,还要认识界面张力达标情况下,体系表面活性剂浓度变化对于驱油效果的影响。前文研究确定推荐体系地下界面张力为1.25×10^{-3}mN/m,表5方案6达标体系中表面活性剂浓度下限在0.075%,也就是说体系表面活性剂浓度在0.075%之上,在地下都能满足体系地下界面张力为1.25×10^{-3}mN/m要求。地下界面张力达标体系中表面活性剂浓度下限不同,导致驱油效果不同,导致吨相当聚合物增油量不同。取5个不同表面活性剂浓度下限计算,方案结果列于表7。

表7 驱油体系界面张力达标表面活性剂浓度下限不同方案驱油效果表

方案	最低界面张力达标表面活性剂浓度下限%	方案实施时间d	油层最大平均压力比值	驱替相最大黏度mPa·s	驱油过程中最大毛细管数	采出程度%	增采幅度%	分层剩余油量(v_o)%			试验相当聚合物用量t	吨相当聚合物增油量t/t
								低渗透层	中渗透层	高渗透层		
1	0.075	1045	1.00	33.03	0.2966	74.88	31.18	13.5	1.60	0.3	665.8	59.82
2	0.10	1034	0.99	32.56	0.2966	74.56	30.86	14.0	1.77	0.47	665.8	59.20
3	0.15	1028	1.01	32.56	0.2965	74.08	30.38	14.75	2.07	0.49	665.8	58.28
4	0.20	1027	1.01	32.56	0.2965	73.83	30.13	15.12	2.27	0.52	665.8	57.80
5	0.25	1028	1.01	32.57	0.2965	73.68	29.98	15.33	2.38	0.53	**665.8**	**57.51**

由表中数据清楚看到,表面活性剂浓度下限值逐渐升高,油层三层段剩余油值v_o逐渐升高,方案的增采幅度逐渐降低,最大最小差1.2%,吨相当聚合物增油量逐渐降低,最大最小差2.31t。研究结果告诉人们,要尽力选择浓度下限低的表面活性剂,也告诉人们,在选不到浓度下限很低的表面活性剂情况下,选择相对最低者,要认识选择结果对于驱油效果的影

响,比如选到表面活性剂浓度下限为0.15%,表中看到,方案增采幅度为30.38%,相对表7中1号方案降低0.80%,吨相当聚合物增油量58.28t,相对1号方案降低1.54t,可以"心中有数"。

3.3 油层非均质性对于驱油效果影响

大庆长垣由南向北油层非均质性逐渐加重,这是大庆油田油层地质基本特征。在对于戚连庆等《微观油水分布模型在数字化驱油研究中应用》中给出四采油厂工业化驱油试验研究基础上,建立数字化地质模型,模型基本数据由表8给出。

由表8地质数据看到,由南部杏二区逐渐向北到北三西,油层非均质性逐渐增强,与复合驱效果相关复合驱残余油饱和度 S_{or}^H 值也呈规律变化,随着油层渗透率增高残余油饱和度降低,这与文献[4]中岩心实验结果是一致的。应注意到,表8中没有单独列出油层微观纯油空间初始油量 v_o 值,油水共存空间初始油量 v_{ow} 值,这两个重要参数不难算得,初始油量 v_{ow} 相同于残余油饱和度值 S_{or}^H,初始油量 v_o 相等于 $1-S_{wr}^L-S_{or}^H$。

表8 大庆油田四采油厂化学复合驱工业性试验数字化地质模型关键数据

方案	三级模型渗透率 K mD			束缚水饱和度 S_{wr}^L %			水驱剩余油饱和度 S_{or}^L %			化学复合驱残余油饱和度 S_{or}^H (v_{ow}), %		
	低渗透	中渗透	高渗透	低渗透	中渗透	高渗透	低渗透	中渗透	高渗透	低渗透	中渗透	高渗透
杏二区	100	215	525	24.0	22.0	21.0	36.5	34.5	32.5	15.50	14.50	13.50
南五区	100	230	600	24.0	22.0	21.0	37.0	36.0	34.5	15.50	14.45	13.35
北一断东	100	250	750	24.0	22.0	21.0	38.0	37.0	36.0	15.50	14.40	13.20
北三西	100	275	825	24.0	22.0	21.0	38.5	38.0	37.0	15.50	14.35	13.05

在采油四厂杏二区地质模型上计算优化驱油方案:复合体系段塞0.3PV,表面活性剂浓度0.3%,体系界面张力为 1.25×10^{-3} mN/m,后续聚合物段塞0.6PV,注采井距125m,段塞注入速度0.4PV/a,以拟合现场试验得到的压力界限为基准,调整段塞中聚合物浓度计算方案1,得到优化的段塞聚合物浓度2030 mg/L,方案油层最大平均压力与基准压力比值小于1。由表9列出方案结果看到,方案的提高采收率幅度为28.31%,吨相当聚合物增油量58.90t。现场得到,油层非均质性加重注入能力提高,各厂采用相同于杏二区计算方案段塞浓度设计可比方案无疑是可行的。在各厂相应区块上,计算段塞浓度同为2030 mg/L方案,结果列于表9中"化学复合驱方案1"。各厂采收率提高值都在28%以上,由南向北逐渐提高,吨相当聚合物增油量都在60t左右。取采油四厂杏二西现场试验方案油层最大平均压力为共同的注入压力界限,分别提高体系黏度计算各区块相应方案"化学复合驱方案2"。由表11中看到,由南向北,方案段塞聚合物浓度提高幅度逐渐加大,方案的提高采收率幅度逐渐增大,二厂南五区提高采收率可达29.49%,一厂北一区断东提高采收率可达31.18%,三厂北三西提高采收率可达32.36%。计算结果看到,研究确定油层压力界限,对于提高化学复合驱采收率有着重要意义。

在前组方案基础上,取复合体系段塞表面活性剂浓度0.3%、体系界面张力 2×10^{-5} mN/m,计算相应高黏特超低界面张力体系驱油方案"化学复合驱方案3"。由表9中数据看到,相对"化学复合驱方案2"方案,采收率相对提高值,四厂杏二区为1.08%,二厂南五区为2.98%,一厂北一段东为3.09%,三厂北三西为3.39%;吨相当聚合物增油量杏二区为47.44t,南五区为51.12吨,北一段东为51.16t,北三西为52.82t,较"化学复合驱方案2"方案都有较大幅度降低,这是由于表面活性剂价格取聚合物价格2.5倍所致。

表9 大庆油田四采油厂化学复合驱工业性试验优化方案结果数据(注采井距125m)

试验区	方案	方案实施时间 d	油层最大平均压力比值	段塞聚合物浓度 mg/L	驱替相最大黏度 mPa·s	采出程度 %	增采幅度 %	分层剩余油 S_{or} %			表面活性剂用量 t	试验相当聚合物用量 t	吨相当聚合物增油量 t/t
								低渗透	中渗透	高渗透			
采油四厂杏二区	水驱方案				0.6	47.36		45.58	41.24	26.06			
	化学复合驱方案1,2	1055	0.9894	2030	27.26	75.70	28.34	26.13	16.39	15.10	174.1	614.6	58.90
	化学复合驱方案2-1	1573	1.0053	2850	46.45	78.02	30.66	22.44	15.31	13.42	174.1	678.0	57.77
	化学复合驱方案3	1042	0.9939	2050	28.30	76.74	29.42	29.38	15.55	9.28	**174.1**	**792.2**	**47.44**
	化学复合驱方案3-1	1532	0.9967	2850	47.70	80.28	32.92	24.47	13.36	8.15	**174.1**	**852.1**	**49.35**
采油二厂南五区	水驱方案				0.6	45.56		46.67	42.68	37.50			
	化学复合驱方案1	1054	0.9068	2030	27.24	74.50	28.94	28.78	16.53	14.15	174.1	614.6	60.15
	化学复合驱方案2	1056	0.9570	2104	28.66	75.05	29.49	27.85	16.28	14.09	174.1	627.5	60.03
	化学复合驱方案2-1	1567	0.9970	2950	50.58	77.54	31.98	23.44	15.21	13.70	174.1	692.6	58.98
	化学复合驱方案3	1032	0.9930	2160	30.41	78.03	32.47	27.50	14.63	9.07	**174.1**	**811.4**	**51.12**
	化学复合驱方案3-1	1559	1.0055	2975	51.93	80.20	34.64	24.94	13.23	7.99	**174.1**	**870.4**	**50.84**

4444444444

4444444

444

续表

试验区	方案	方案实施时间 d	油层最大平均压力比值	段塞聚合物浓度 mg/L	驱替相最大黏度 mPa·s	采出程度 %	增采幅度 %	分层剩余油 S_{or} % 低渗透	中渗透	高渗透	表面活性剂用量 t	试验相当聚合物用量 t	吨相当聚合物增油量 t/t
采油一厂北一区断东	水驱方案				0.6	43.70		48.54	43.95	38.68			
	化学复合驱方案1	1028	0.8079	2030	27.39	73.16	29.46	31.75	16.98	13.81	174.1	614.6	61.23
	化学复合驱方案2	1045	0.9955	2324	33.48	74.88	31.18	29.01	15.98	13.54	174.1	665.8	59.82
	化学复合驱方案2-1	1539	1.0073	3175	58.16	77.09	33.39	25.38	15.09	12.92	174.1	725.5	58.79
	化学复合驱方案3	1073	0.9918	2375	34.46	77.96	34.26	28.47	14.47	8.48	**174.1**	**848.8**	**51.56**
	化学复合驱方案3-1	1552	0.9997	3225	60.87	79.28	35.58	26.91	13.52	7.87	**174.1**	**907.0**	**50.11**
采油三厂北三西	水驱方案				0.6	42.42		49.85	44.75	39.56			
	化学复合驱方案1	1020	0.7664	2030	27.28	71.90	29.48	34.88	17.01	13.78	174.1	614.6	61.27
	化学复合驱方案2	1043	0.9727	2395	34.35	74.80	32.38	29.50	15.80	13.58	174.1	678.2	60.99
	化学复合驱方案2-1	1565	0.9990	3280	61.50	76.77	34.35	25.50	14.96	13.35	174.1	758.9	57.82
	化学复合驱方案3	1094	0.9911	2468	36.18	78.19	35.77	28.61	14.03	8.27	174.1	865.0	52.82
	化学复合驱方案3-1	1646	0.9911	3280	61.65	79.50	37.08	26.99	13.05	7.77	174.1	944.5	50.15

研究看到,油层非均质性逐渐增强,化学复合驱提高采收率幅度呈增加趋势,机理是非常清楚的:非均质性相对严重的油层,高渗部位有着相对大的孔隙空间,并有着相对低的残余油饱和度极限值 S_{or}^H,初始那里充满着原油,驱油过程中,油层可以承受相对高的注入压力,驱油体系中可以有着相对高的聚合物浓度,且高黏低张力驱油体系主要采出油层中高渗透部位原油,自然,油层非均质相对严重油层是更适宜采用化学复合驱油层。在总结大庆非均质油层化学复合驱成果时,不能不提到大庆采油六厂喇嘛甸油层,当年因非均质相对严重,被排除复合驱行列,现在应重视它而深入研究。

3.4 方案注液速度再优化

3.2 节研究提出"降速保黏"措施,在注采井距 125m 情况下,推荐采用注液速度为 0.4PV/a,这里对不同段塞的体积、注液速度做进一步优化研究。

表 9 中化学复合驱方案 2 的注液速度为 0.4PV/a,复合体系段塞 0.3PV,后续聚合物段塞 0.6PV;在方案 2 基础上,研究得到再优化方案:复合体系段塞体积不变,聚合物段塞体积降为 0.5PV,两级段塞注液速度降为 0.2PV/a,后续转注清水仍取注液速度 0.4PV/a。表 9 中方案 2-1 为各厂再优化方案计算结果。分析再优化方案:方案实施时间最长为 1573 天,略微超过表面活性剂稳定性要求时间界限 1570 天,可以认为满足表面活性剂稳定性要求,且使得表面活性剂的稳定性时间与驱油过程时间基本一致,充分发挥了表面活性剂稳定性作用;注液期间井底最大压力与压力界限偏差绝对值小于 1%,满足工程要求和体系黏度剪切降解要求。再分别研究各厂方案经济技术效果:采油四厂方案 2-1 相对方案 2 采出程度提高 2.32%,低渗透层剩余油量降低 3.69%,中渗透层剩余油量降低 1.08%,高渗透层剩余油量降低 0.64%,吨相当聚合物增油 57.77t;采油二厂方案 2-1 采出程度相对提高 2.49%,剩余油量低渗透层相对降低 4.41%,中渗透层相对降低 1.07%,高渗透层相对降低 0.39%,吨相当聚合物增油 58.98t;采油一厂方案 2-1 采出程度相对提高 2.21%,剩余油量低渗透层相对降低 3.63%,中渗透层相对降低 0.89%,高渗透层相对降低 0.62%,吨相当聚合物增油 58.79t;采油三厂方案 2-1 采出程度相对提高 1.97%,剩余油量低渗层相对降低 4.0%,中渗透层相对降低 0.84%,高渗透层相对降低 0.23%,吨相当聚合物增油量为 57.82t。

表 10 和表 11 给出了四个采油厂方案 2-1 终止时刻油层各层段网格剩余油量分布数据。研究两表数据看到,低渗层剩余油量 v_o 值在 1% 以下网格占网格总数的百分数,杏二区占 39.5%,南五区占 38.27%,北一断东占 34.57%,北三西占 32.10%,值在 1%~5% 网格,杏二区占 14.81%,南五区占 12.35%,北一断东、北三西占 8.64%,值在 5%~10% 网格,杏二区占 2.47%,南五区占 3.70%,北一断东占 7.41%,北三西占 4.94%,值在 10%~20% 网格,杏二区占 6.17%,南五区占 4.94%,北一断东占 6.17%,北三西占 8.64%,值在 20% 以上网格,杏二区占 37.04%,南五区占 40.74%,北一断东占 43.21%,北三西占 45.68%,可以看出,由南向北,残余油饱和度低值范围渐减少,高值范围逐渐增大,驱替效果逐渐变差;中渗透层剩余油量 v_o 值在 1% 以下网格,杏二区、南五区占 77.78%,北一断东、北三西占 79.01%,值在 1%~5% 网格,杏二区、南五区占 18.52%,北一断东、北三西占 19.75%,值在 5%~10% 网格,杏二区、南五区占 2.47%,北一断东占 7.41%,北三西占 4.94%,值在 10%~20% 网格,杏二区、南五区、北一断东、北三西都没有,值在 20% 以上网格,杏二区、南五区、北一断东、北三西都仅

有油井网格,剩余油量 v_o 值,杏二区为20.82%,南五区为22.00%,北一断东为22.60%,北三西为22.98%,比较看到,由南向北驱替效果相对改善;高渗透层剩余油量 v_o 值在1%以下网格,杏二区、南五区占90.12%,北一断东、北三西占79.01%,其余网格剩余油值皆为绿色数字标记的剩余油 v_{ow} 数据,各区的最小值,杏二区为7.79%,南五区为7.43%,北一断东为6.29%,北三西为5.86%,由南向北,驱油效果进一步改善。研究看到,采用高黏超低界面张力体系,采出的主要目标是留存于油层微观纯油空间 V_o 和纯水空间 V_w 中的原油,这部分原油相对容易开采,采用研究提出的优化驱油方案,可以获得良好的技术和经济效果。

表10 四厂杏二西试验区、二厂南五区优化方案终止各层段网格剩余油 "S_{or}–S_{or}^H" 分布 单位:%

试验区	层段	行列	1	2	3	4	5	6	7	8	9
四厂杏二区	低渗透层	1	0.08	0.14	0.23	0.29	0.41	0.76	2.64	22.55	29.18
		2	0.14	0.19	0.24	0.29	0.42	0.76	2.28	20.38	29.48
		3	0.23	0.24	0.25	0.32	0.47	0.83	2.22	19.98	29.59
		4	0.29	0.29	0.32	0.40	0.59	1.00	2.70	20.89	29.75
		5	0.41	0.42	0.47	0.59	0.82	1.32	6.68	23.07	29.75
		6	0.76	0.76	0.83	0.99	1.32	2.55	13.37	24.67	29.52
		7	2.61	2.25	2.23	2.67	6.65	13.41	19.88	25.39	29.67
		8	22.56	20.39	19.91	20.87	23.09	24.72	25.64	27.30	28.91
		9	29.23	29.52	29.62	29.77	29.77	29.52	29.65	28.92	29.63
	中渗透层	1	0.05	0.08	0.14	0.19	0.24	0.29	0.43	0.85	6.13
		2	0.08	0.11	0.15	0.19	0.24	0.29	0.42	0.84	3.44
		3	0.14	0.15	0.18	0.20	0.23	0.30	0.43	0.83	3.66
		4	0.19	0.19	0.20	0.21	0.25	0.32	0.46	0.85	3.60
		5	0.24	0.24	0.23	0.25	0.30	0.36	0.53	0.90	3.48
		6	0.29	0.29	0.30	0.32	0.36	0.45	0.61	0.94	3.32
		7	0.43	0.42	0.42	0.46	0.53	0.60	0.69	0.94	3.12
		8	0.85	0.83	0.83	0.85	0.89	0.93	0.93	1.16	2.76
		9	6.04	3.47	3.69	3.64	3.52	3.34	3.16	2.81	20.82
	高渗透层	1	8.24	12.84	0.11	0.13	0.15	0.17	0.19	0.27	0.97
		2	12.84	0.10	0.12	0.13	0.15	0.17	0.18	0.26	0.96
		3	0.11	0.12	0.13	0.15	0.16	0.17	0.18	0.26	0.96
		4	0.13	0.13	0.15	0.15	0.16	0.15	0.18	0.25	0.96
		5	0.15	0.15	0.16	0.16	0.15	0.16	0.19	0.26	0.95

试验区	层段	行列	1	2	3	4	5	6	7	8	9
四厂杏二区	高渗透层	6	0.17	0.17	0.17	0.15	0.16	0.17	0.19	0.26	0.88
		7	0.19	0.18	0.18	0.18	0.18	0.19	0.21	0.20	0.11
		8	0.27	0.26	0.26	0.25	0.26	0.25	0.19	11.72	9.89
		9	0.95	0.94	0.94	0.93	0.91	0.80	11.98	7.79	8.11
二厂南五区	低渗透层	1	0.08	0.13	0.21	0.27	0.41	0.81	4.46	24.65	29.70
		2	0.13	0.17	0.22	0.28	0.42	0.81	3.02	23.11	**30.03**
		3	0.21	0.22	0.24	0.31	0.48	0.89	3.04	23.16	**30.24**
		4	0.27	0.28	0.31	0.41	0.61	1.13	7.81	24.21	**30.24**
		5	0.40	0.42	0.48	0.61	0.88	1.70	11.18	25.36	**30.16**
		6	0.81	0.81	0.89	1.13	1.69	5.25	18.69	26.11	29.71
		7	4.58	3.00	2.99	7.71	11.18	18.79	23.43	26.63	29.76
		8	24.54	22.96	23.04	24.18	25.38	26.15	26.72	28.20	29.07
		9	29.77	**30.06**	**30.28**	**30.28**	**30.20**	29.76	29.79	29.09	29.88
二厂南五区	中渗透层	1	0.04	0.07	0.12	0.17	0.22	0.27	0.40	0.80	5.82
		2	0.07	0.10	0.13	0.17	0.21	0.27	0.40	0.79	3.29
		3	0.12	0.13	0.15	0.18	0.21	0.28	0.40	0.79	3.50
		4	0.17	0.17	0.18	0.19	0.23	0.30	0.44	0.81	3.44
		5	0.22	0.21	0.21	0.23	0.27	0.34	0.50	0.86	3.31
		6	0.26	0.27	0.28	0.30	0.34	0.43	0.57	0.89	3.14
		7	0.40	0.40	0.40	0.43	0.50	0.57	0.66	0.89	2.96
		8	0.80	0.79	0.79	0.81	0.85	0.89	0.89	1.13	2.66
		9	5.69	3.28	3.50	3.44	3.30	3.12	2.96	2.68	22.00
二厂南五区	高渗透层	1	7.84	12.47	0.09	0.11	0.13	0.15	0.16	0.24	0.83
		2	12.47	0.09	0.10	0.11	0.13	0.15	0.16	0.23	0.83
		3	0.09	0.10	0.11	0.12	0.13	0.14	0.16	0.22	0.82
		4	0.11	0.11	0.12	0.13	0.14	0.13	0.16	0.22	0.82
		5	0.13	0.13	0.13	0.14	0.13	0.13	0.16	0.23	0.81
		6	0.15	0.15	0.14	0.13	0.13	0.15	0.16	0.23	0.74
		7	0.16	0.15	0.16	0.16	0.16	0.16	0.18	0.20	0.02
		8	0.23	0.22	0.22	0.22	0.22	0.22	0.18	11.69	9.61
		9	0.82	0.81	0.80	0.80	0.77	0.74	11.79	7.43	7.81

表11 一厂北一区断东、三厂北三西优化方案终止各层段网格剩余油 "$S_{or}-S_{or}^H$" 分布   单位:%

试验区	层段	行列	1	2	3	4	5	6	7	8	9
一厂北一断东	低渗透层	1	0.07	0.11	0.18	0.25	0.40	0.90	8.17	25.46	**30.53**
		2	0.11	0.15	0.19	0.25	0.41	0.94	7.52	26.62	**30.89**
		3	0.18	0.19	0.22	0.29	0.47	1.08	9.22	26.30	**30.84**
		4	0.25	0.25	0.29	0.40	0.63	1.41	12.77	26.29	**30.56**
		5	0.40	0.41	0.47	0.63	1.02	3.66	19.35	27.01	**30.30**
		6	0.90	0.94	1.09	1.41	3.51	14.54	23.03	27.36	29.85
		7	8.25	7.62	9.25	12.84	19.34	23.17	25.91	27.81	29.52
		8	25.45	26.52	26.23	26.24	26.98	27.37	27.82	28.17	**31.02**
		9	**30.73**	**31.01**	**30.97**	**30.74**	**30.48**	29.95	29.92	29.30	29.87
	中渗透层	1	0.03	0.06	0.10	0.14	0.18	0.23	0.34	0.70	4.72
		2	0.06	0.08	0.11	0.15	0.17	0.23	0.34	0.70	2.96
		3	0.10	0.11	0.13	0.15	0.18	0.24	0.35	0.70	3.20
		4	0.14	0.15	0.15	0.16	0.20	0.26	0.38	0.72	3.13
		5	0.18	0.17	0.18	0.20	0.24	0.29	0.43	0.75	2.90
		6	0.23	0.23	0.24	0.26	0.29	0.37	0.50	0.78	2.67
		7	0.34	0.34	0.35	0.38	0.43	0.50	0.57	0.78	2.49
		8	0.70	0.69	0.69	0.71	0.75	0.77	0.78	0.88	2.05
		9	4.24	2.82	3.10	3.08	2.95	2.75	2.54	2.28	22.60
	高渗透层	1	6.932	11.31	0.08	0.08	0.09	0.11	0.12	0.17	0.62
		2	11.31	0.10	0.10	0.10	0.10	0.11	0.11	0.16	0.61
		3	0.08	0.10	0.10	0.11	0.11	0.11	0.12	0.16	0.61
		4	0.08	0.10	0.11	0.11	0.11	0.10	0.12	0.16	0.61
		5	0.09	0.10	0.11	0.11	0.10	0.11	0.12	0.17	0.59
		6	0.11	0.11	0.11	0.10	0.11	0.12	0.14	0.22	0.61
		7	0.12	0.11	0.12	0.12	0.13	0.13	0.17	12.50	11.57
		8	0.17	0.16	0.16	0.16	0.17	0.19	12.45	10.23	8.20
		9	0.61	0.60	0.60	0.59	0.63	0.59	9.96	6.29	6.58

试验区	层段	行列	1	2	3	4	5	6	7	8	9
三厂北三西区	低渗透层	1	0.07	0.11	0.18	0.25	0.41	0.98	12.53	25.65	**31.09**
		2	0.11	0.15	0.19	0.26	0.42	1.01	9.27	26.00	**31.36**
		3	0.18	0.19	0.22	0.30	0.49	1.16	12.12	27.88	**31.35**
		4	0.25	0.26	0.30	0.41	0.65	1.71	16.93	27.56	**31.09**
		5	0.41	0.42	0.49	0.65	1.14	7.44	21.96	27.78	**30.69**
		6	0.97	1.00	1.16	1.71	7.46	17.74	24.14	28.01	**30.14**
		7	12.41	9.09	12.14	16.98	21.95	24.14	27.04	28.55	**30.07**
		8	25.65	26.00	27.85	27.56	27.80	28.02	28.58	29.49	29.60
		9	31.13	31.37	31.35	31.08	30.67	30.14	30.07	29.60	**30.42**
	中渗透层	1	0.15	0.11	0.12	0.14	0.17	0.21	0.31	0.62	3.64
		2	0.11	0.12	0.12	0.14	0.17	0.22	0.32	0.62	2.61
		3	0.12	0.12	0.13	0.14	0.17	0.22	0.32	0.62	2.84
		4	0.14	0.14	0.14	0.16	0.19	0.24	0.35	0.64	2.83
		5	0.17	0.17	0.17	0.19	0.22	0.27	0.39	0.67	2.74
		6	0.21	0.22	0.22	0.24	0.27	0.33	0.44	0.69	2.57
		7	0.31	0.31	0.32	0.35	0.39	0.44	0.50	0.69	2.37
		8	0.61	0.61	0.62	0.63	0.66	0.68	0.69	0.94	2.15
		9	3.59	2.62	2.84	2.83	2.73	2.56	2.38	2.17	22.98
	高渗透层	1	6.77	11.14	0.26	0.16	0.12	0.11	0.11	0.16	0.56
		2	11.14	0.10	0.18	0.13	0.11	0.11	0.11	0.15	0.55
		3	0.27	0.18	0.12	0.11	0.11	0.11	0.11	0.15	0.55
		4	0.16	0.13	0.11	0.10	0.11	0.09	0.11	0.15	0.55
		5	0.12	0.11	0.11	0.11	0.09	0.10	0.12	0.19	0.59
		6	0.11	0.11	0.11	0.09	0.10	0.11	0.14	0.22	0.80
		7	0.11	0.11	0.11	0.11	0.12	0.13	0.16	12.04	11.76
		8	0.16	0.15	0.15	0.15	0.20	0.19	11.97	9.77	7.69
		9	0.55	0.54	0.54	0.53	0.64	0.60	9.35	5.86	6.11

对于高黏特超低界面张力体系复合驱方案 3 采取同样优化措施,复合体系段塞体积 0.3PV,聚合物段塞体积 0.5PV,两级段塞注液速度降为 0.2PV/a,后续转注清水注液速度 0.4PV/a。复驱方案 3-1 为再优化方案计算结果,方案实施时间最长为 1646 天,超限不到 5%,可以认为满足表面活性剂稳定性要求,注液期间井底最大压力与压力界限偏差绝对值小于 1.0%,满足工程要求和体系黏度剪切降解要求。由表 9 中看到,杏二区油层,方案 3-1 相对方案 2-1,采出程度提高 2.26%,吨相当聚合物增油减少 8.42t(注:方案 3-1 采用高价表面活性剂);方案 3-1 相对方案 3,采出程度提高 3.50%,吨相当聚合物增油减少 1.91t;方案 3-1 相对方案 2-1,采出程度提高 2.66%,吨相当聚合物增油减少 8.14t;南五区油层方案 3-1 相对方案 3,采出程度提高 2.17%,吨相当聚合物增油减少 0.28t。北一断东油层,方案 3-1 相对方案 2-1,采出程度提高 2.19%,吨相当聚合物增油减少 8.68t;方案 3-1 相对方案 3,采出程度提高 1.32%,吨相当聚合物增油减少 1.45t。北三区油层,方案 3-1 相对方案 2-1,采出程度提高 2.73%,吨相当聚合物增油减少 7.67t;方案 3-1 相对方案 3,采出程度提高 1.31%,吨相当聚合物增油减少 2.67t。

为了更深入、更准确地认识高黏特超低体系驱油技术效果,这里分析研究表 12 列出的北一断东、北三西两试验方案终止时刻各层段网格剩余油量 v_o 和 v_{ow} 分布数据。

研究北一断东方案 3-1 数据。首先看低渗透层情况,水井附近 8 个网格用绿色字标记,剩余油量 v_{ow} 值低于残余油饱和度极限值 S_{or}^H 15.50%,最大值为 15.39%;前方 11 个网格数字用浅绿色字标记的剩余油量 v_{ow},最大值为 21.76%,数值中包含有网格油层油水共存空间捕获的油量,14 个网格橙色字标记的区域是剩余油饱和度的"模糊"区,最大值为 11.09%,网格数字中包括有网格剩余油量 v_o 值和网格剩余油量 v_{ow} 值中高出残余油饱和度极限值 S_{or}^H 的部分,再前方红色字标记的数值为网格的剩余油饱和度 v_o 值,最大值 30.85 在边角处,油井网格值为 29.94%。对比表 11 方案 2-1 情况,低渗透层面全为红色字标记的剩余油饱和度 v_o 值,特超低体系驱替,绿色字区域剩余油饱和度 v_o 值为零,显然驱替效果好,但注意到,浅绿色字、橙色字区域剩余油饱和度 $S_{or}-S_{or}^H$ 值高于超低体系驱替对应网格剩余油饱和度 v_o 值,这是网格油层微观油水共存空间捕获流动油的结果,前方较大范围红色字标记区域,特超低体系驱替在大部分网格上有着相对低的剩余油饱和度 v_o 值,在边角处网格有相对高的富集油饱和度。研究中渗透层情况,水井一方有 57 个绿色字网格,最低值 8.22%,6 个浅绿色字网格,最高值 16.73%,17 个橙色字网格,最大值 10.63%,高渗透层有 79 个绿字网格,最低值 6.77%,2 个浅绿色字网格,最高值 14.62%,与超低体系驱替情况相比,两层面所有网格都有着相对低得多的剩余油饱和度。研究看到,高黏特超低体系驱替低渗透层面剩余油分布复杂情况,也看清了驱替效果好于高黏超低体系驱替的原因。

研究表中北三西方案 3-1 数据看到,三层段有着与北一断东相近的剩余油分布情况。

有了对层面剩余油量值的清晰认识,再对于四个采油厂驱油方案分层剩余油情况分析研究。由表 9 中看到,杏二区油层,方案 3-1 三层段剩余油值分别为 24.47%、13.36% 和 8.15%,低渗透层采出油主要来自纯油空间,中渗透层纯油空间原油近于采空,高渗透层纯油空间原油采空,且采出部分油水共存空间原油,相对方案 2-1,低渗透层剩余油量值相对减少 2.03%,

表 12 一厂北一区断东、三厂北三西高黏特超低体系方案方案终止时刻各层段网格剩余油 "S_{or}–S_{or}^H" 分布

单位:%

试验区	层段	行列	1	2	3	4	5	6	7	8	9
一厂北一断东	低渗透层	1	13.89	14.77	15.11	16.77	20.16	11.09	7.36	26.10	**30.80**
		2	14.77	15.18	15.38	17.08	21.70	10.54	6.77	25.02	**30.62**
		3	15.11	15.39	16.56	19.14	11.50	7.75	5.39	24.15	**30.39**
		4	16.78	17.08	19.14	12.24	8.56	4.833	7.93	24.21	**30.06**
		5	20.24	21.76	11.54	8.54	5.28	2.56	14.03	24.52	29.39
		6	10.14	10.50	7.72	4.72	2.48	8.13	19.92	24.71	**30.04**
		7	7.22	6.66	5.37	8.17	14.39	20.46	23.36	25.06	29.14
		8	26.07	25.09	24.33	24.47	24.86	25.17	25.54	25.84	28.31
		9	**30.85**	**30.69**	**30.45**	**30.07**	29.40	28.93	28.57	29.03	29.04
	中渗透层	1	8.22	9.86	9.46	10.37	11.25	12.17	13.18	16.73	4.51
		2	9.86	10.36	9.67	10.46	11.18	11.97	12.75	15.27	4.48
		3	9.46	9.67	10.22	10.76	11.19	11.39	12.27	14.27	4.59
		4	10.36	10.46	10.76	10.96	11.22	11.04	11.78	13.93	6.13
		5	11.24	11.18	11.19	11.21	10.76	10.92	11.49	14.10	9.11
		6	12.15	11.96	11.39	11.03	10.92	10.93	11.43	14.31	8.30
		7	13.15	12.72	12.26	11.76	11.48	11.44	12.35	15.08	9.14
		8	16.73	15.32	14.32	13.72	13.78	14.20	15.36	3.15	6.81
		9	4.52	4.49	4.59	6.96	8.96	8.34	7.55	7.10	19.27
	高渗透层	1	5.76	8.18	7.45	7.36	7.41	7.50	7.60	8.10	9.78
		2	8.18	8.54	7.65	7.24	7.35	7.44	7.53	7.84	9.18
		3	7.46	7.65	7.24	7.28	7.29	7.37	7.45	7.59	9.01
		4	7.34	7.24	7.28	7.26	7.23	7.28	7.38	7.41	8.89
		5	7.41	7.35	7.30	7.21	7.25	7.27	7.26	7.30	8.88
		6	7.50	7.43	7.37	7.28	7.26	7.25	7.16	7.40	8.85
		7	7.60	7.52	7.44	7.38	7.26	7.16	7.09	7.16	9.50
		8	8.08	7.83	7.57	7.40	7.32	7.27	7.29	7.17	10.53
		9	9.70	9.11	8.91	8.79	8.80	9.71	10.62	13.85	14.62

续表

试验区	层段	行列	1	2	3	4	5	6	7	8	9
三厂北三西区	低渗透层	1	14.01	15.06	15.26	16.88	21.29	11.48	8.37	26.98	**31.39**
		2	15.06	15.20	15.57	17.33	23.75	9.69	6.66	26.24	**31.31**
		3	15.26	15.58	16.76	20.07	15.07	5.71	7.33	25.92	**30.92**
		4	16.87	17.32	20.07	15.41	6.54	1.71	10.96	26.13	29.95
		5	21.25	23.79	15.05	6.54	2.06	2.87	18.16	26.42	29.46
		6	11.37	9.67	5.69	1.71	2.61	12.61	22.97	27.03	**30.20**
		7	8.46	6.72	7.36	11.62	18.40	22.98	25.65	27.38	29.18
		8	27.02	26.33	26.03	26.35	26.66	27.16	27.42	27.84	28.90
		9	**31.39**	**31.30**	**30.81**	29.86	29.40	29.30	29.23	30.36	29.95
	中渗透层	1	8.17	9.77	9.39	10.21	11.14	12.07	13.13	16.73	5.01
		2	9.77	10.36	9.55	10.29	11.08	11.91	12.63	14.18	5.34
		3	9.39	9.55	10.14	10.65	11.09	11.33	12.12	14.31	10.53
		4	10.21	10.30	10.66	10.86	11.23	10.96	11.68	13.92	17.04
		5	11.11	11.08	11.09	11.23	10.70	10.85	11.32	14.18	7.97
		6	12.04	11.91	11.33	10.96	10.84	10.82	11.21	13.77	11.85
		7	13.08	12.60	12.13	11.68	11.32	11.22	12.05	14.68	10.63
		8	16.71	15.20	14.40	13.72	14.07	13.85	14.83	3.26	6.75
		9	4.97	5.28	10.78	16.38	9.13	9.40	9.02	6.09	20.15
	高渗透层	1	6.77	8.12	7.23	7.27	7.30	7.40	7.51	7.99	10.54
		2	8.12	8.51	7.66	7.17	7.25	7.33	7.43	7.73	9.99
		3	7.24	7.67	7.15	7.17	7.20	7.27	7.35	7.49	9.87
		4	7.24	7.17	7.17	7.16	7.14	7.19	7.29	7.34	9.90
		5	7.30	7.24	7.19	7.14	7.15	7.17	7.18	7.22	9.88
		6	7.39	7.33	7.26	7.18	7.17	7.16	7.08	6.78	10.00
		7	7.50	7.42	7.34	7.28	7.18	7.07	7.01	7.04	9.85
		8	7.98	7.72	7.49	7.35	7.32	7.67	7.10	6.94	9.18
		9	10.29	9.85	9.66	9.63	9.80	9.68	9.40	8.52	9.68

中渗透层相对减少1.95%,高渗透层相对减少5.27%,相对方案3,低渗透层剩余油量值相对减少4.91%,中渗透层相对减少2.19%,高渗透层对减少1.13%;南五区油层,方案3-1三层段剩余油值分别为24.94%,13.23%和7.99%,相对方案2-1,低渗透层剩余油量值相对增加1.95%,中渗透层相对减少1.98%,高渗透层相对减少5.71%,相对方案3,低渗透层剩余油量值相对减少2.56%,中渗透层相对减少1.40%,高渗透层相对减少1.08%;北一断东油层,方案3-1三层段剩余油值分别为26.99%,13.05%和7.77%,相对方案2-1,低渗透层剩余油量值减少1.53%,中渗透层相对减少1.57%,高渗透层相对减少5.05%,相对方案3,低渗透层剩余油量值相对减少1.56%,中渗透层相对减少0.95%,高渗透层相对减少0.61%;北三西油层,方案3-1三层段剩余油值分别为26.91%,13.52%和7.87%,相对方案2-1,低渗透层剩余油量值相对增加1.49%,中渗透层相对减少1.91%,高渗透层相对减少5.58%,相对方案3,低渗透层剩余油量值相对减少1.62%,中渗透层相对减少0.98%,高渗透层对减少0.50%。比较研究看到,高黏特超低界面张力体系复合驱,再优化方案3-1相对方案3各层段剩余油量都有所减少,且以低渗透层减少相对为多,南部区域区油层减少相对为多;方案3-1相对方案2-1,低渗透层剩余油量个别区块有所增加,中渗透层剩余油量明显降低,高渗透层降低幅度突出。

高黏特超低界面张力体系复合驱目标深入到微观孔隙半径更为细小的油水共存空间,开采难度更大,采用优化的驱油方案,可以将采收率幅度相对再提高2%,值得重视研究。

4 寄希望大庆油田创造出更大的业绩

经典毛细管数实验曲线是复合驱油技术理论基础,毛细管数实验曲线 QL 的做出,完善了毛细管数理论,构建油层微观油水分布模型不仅深化了对于毛细管数曲线认识,更认识了油层微观空间的构成和油水分布状况,在两项理论创新成果的基础上,吸取国外研究成果,写出新的化学复合驱相渗透率曲线,并由实验获取化学复合驱相渗透率曲线的关键参数,配合国内著名软件专家研制出化学复合驱软件 IMCFS (Improved Mechanism of Compound Flooding Simulation),使用不断更新的软件,取相配套的地质模型,研究大庆油田矿场试验创建"数字化驱油试验"研究方法,经过成千上万次数字化驱油试验,对大庆油田驱油方案中要素进行了"敏感性"研究,研究确定优化的复合体系段塞体积为0.3PV,表面活性剂浓度为0.3%,为保证复合体系段塞在地下充分发挥作用,后续聚合物段塞为整体段塞,复合体系段塞、聚合物段塞要有相同的聚合物浓度,浓度值以安全注入选择确定,优化方案聚合物段塞体积为0.5PV。

作为大庆油田石油人,把开发好大庆油田当成自己的生命。寄希望于大庆油田。

希望之一:把油田化学复合驱工业性应用提高采收率幅度达到30%以上,吨相当聚合物增油在60t左右,表9各厂优化方案2-1是方案的设计基础。这一优化方案的开采目标清楚,将现存于油层微观纯油空间 V_o 和纯水空间 V_w 中的原油尽可能多地采出,方案实施几乎没有难度,只需将目前应用方案再优化,将段塞结构、段塞中表面活性剂、聚合物浓度做以调整,把好体系界面张力选择关。还要说明,深入研究看到,化学复合驱油技术是"高质量"的驱油技术,大庆油田是实施化学复合驱油技术的"宝地",那些目前正在实施和准备实施聚合物驱的区块应尽快转向化学复合驱。中国石油新闻中心 2017 年 1 月 19 日报道,三次采油已广泛用于大庆油田一类、二类油层,提高采收率10%,2016年聚合物驱产油 850 余万吨,吨聚合物增油 47.3t,化学复合驱采油突破 400×10^4t,提高采收率20%。要正确认识化学复合驱油技术的成果和代价,采出的原油是成果,而付出的代价不仅包括开发过程中的投入,还应包括剩在地下原油的价值,这部分原油可能永远"废弃"在地下,花最小的代价获得最大的效益,这是方案研究、制订和决策者首先必须考虑的要害问题,这是我们的职责。容易计算,化学复合驱提高采收率20%,每增产 2000×10^4t 油,相对化学复合驱提高采收率30%,多埋在地下 1000×10^4t 油,账这样一算,能不激起人们的责任感吗!前两年回大庆向老院长王启民汇报,他激动地说:这才是化学复合驱应有的增采效果。

希望之二:高黏特超低界面张力体系化学复合驱目标深入微观孔隙半径更为细小的油水共存空间,开采难度更大,采用优化的驱油方案,可能将采收率幅度再提高2%。希望采油三厂、采油一厂各开展一个小型试验,获取实践经验,认识驱油效果,为数字化研究提供试验基础,这样的试验实施不太困难,仅需从国内外选择到在大庆油田油水条件下,在复合体系段塞表面活性剂浓度为 0.3% 情况下,地下体系界面张力能达到 $2 \times 10^{-5}mN/m$,试验风险也不太大,试验结果达到如期要求效果试验成功,可以肯定,即使试验没有达到方案 3-1 如期效果,有了试验结果就可以进行深入的数字化深入研究。搞少量小型试验,是重视、慎重、花相对小的代价可能再抱"两个金娃娃",而不搞试验,则是彻底埋葬了"金娃娃"。

大庆油田化学复合驱油矿场应用技术是可贵的财富,实现油田"高效"开发,与研究团队的创新研究成果相融合,实现"高质量"开发,创建完美的"中国技术";应用"中国技术",开发好大庆油田,开发好辽河油田、新疆油田等国内油田,服务于海外油田开发,开启化学复合驱油技术研究应用新篇章!

5 结论

(1)毛细管数实验曲线 QL 的研发,岩心微观油水分布平台的建立,两项重要理论研究成果为数字化驱油试验研究奠定了基础;高水平软件的研发为数字化驱油试验研究创造了有效研究工具。

(2)矿场试验是数字化驱油试验研究的必要条件。采用化学复合驱油机理描述更为准确的数值模拟软件,采用与软件配套的地质结构模型拟合矿场实验将矿场试验数字化,建立描述油层主要地质特征和复合驱相关信息的复合驱数字化地质模型,在配套的数字化地质模型上,计算驱油方案——数字化驱油试验。"数字化驱油试验"是对矿场试验深入研究、优化驱油方案的有效研究方法。

(3)大庆油田化学复合驱油技术矿场应用取得重大成果,采用数字化驱油试验研究方法,对大庆油田化学复合驱工业性试验应用方案进行细致优化研究,研究获取驱油方案的多项优化指标,优化驱油方案可进一步提高化学复合驱矿场技术和经济指标。

（4）寄希望于大庆油田,在当前应用的表面活性剂体系下,确保驱油过程地下界面张力低于 1.25×10^{-3} mN/m,优化方案可使采收率提高 30% 以上,吨相当聚合物增油 50t 以上;寄希望于大庆油田,从国内外选择高品质表活剂,在大庆油田地下有水条件下,地下体系高黏度界面张力达 2×10^{-5} mN/m,开展 1～2 个小型矿场试验,获得高黏特超低界面张力体系驱油效果的认识,为数字化矿场试验研究提供矿场试验基础,进一步研究确定高黏特超低界面张力体系在大庆油田应用的可行性。

符号说明

v——驱替速度,m/s;

μ_w——驱替相相黏度,mPa·s;

σ_{ow}——驱替相与被驱替相间的界面张力,mN/m;

N_c——毛细管数值;

N_{cc}——水驱后残余油开始流动时的极限毛细管数;

N_{ct1}——化学复合驱油过程中驱动状况发生转化时的极限毛细管数;

N_{ct2}——处于"Ⅰ类"驱动状况下化学复合驱油过程对应的残余油值不再减小变化时的极限毛细管数;

T_1，T_2——驱动状况转化影响参数,可通过矿场试验或室内实验拟合求得;

"Ⅰ类"驱动状况——毛细管数小于或等于极限毛细管数 N_{ct1} 情况下驱替;

"Ⅱ类"驱动状况——毛细管数高于极限毛细管数 N_{ct1} 情况下驱替;

S_w——水相饱和度;

S_{wr}^L——束缚水饱和度;

S_o——油相饱和度;

S_{or}——与毛细管数值 N_c 相对应的残余油饱和度;

S_{or}^L——低毛细管数条件下,即毛细管数 $N_c \leqslant N_{cc}$ 情况下驱动残余油饱和度极限值;

S_{or}^H——处于"Ⅰ类"驱动状况下化学复合驱油过程最低的残余油饱和度,即处于极限毛细管数 N_{ct2} 和 N_{ct1} 之间毛细管数对应的残余油饱和度;

V_o——微观孔隙半径在 r_o 以上孔隙空间,初始为"纯油"孔隙空间;

r_{oc}——"纯油"孔隙空间 V_o 中子空间 V_{o1}、V_{o2} 之间界面孔隙半径;

V_{o1}——"纯油"孔隙空间 V_o 中孔隙半径高于 r_{oc} 部分空间,水驱、聚合物驱极限情况下采出整体 V_{o1} 空间中原油;

V_{o2}——"纯油"孔隙空间 V_o 中孔隙半径小于 r_{oc} 部分空间,在毛细管数达到极限毛细管数 N_{ct2} 情况下,采空原存于空间 V_{o1} 和 V_{o2} 中,即孔隙空间 V_o 中原油;

r_o——微观"纯油"孔隙空间 v_o 与微观"纯水"孔隙空间 v_w 间界面孔隙半径;

V_w——孔隙半径 r 处于 r_o～r_w 范围内,为"纯水"孔隙空间;

r_w——"纯水"孔隙空间 V_w 与"油水共存"空间界面的孔隙半径;

V_{ow}——孔隙半径 r 处于小于 r_w 的范围内，为"纯油"孔隙空间；

V_{wo}——孔隙半径 r 处于小于 r_w 的范围内，为"纯水"孔隙空间；

v_o——微观孔隙空间 V_o 初始含油量的孔隙体积百分数(注：简略称"含油量的孔隙体积百分数"为"含油量")，油层开发后，v_o 的量包括留存在空间 V_o 和空间 V_w 中的油量；

v_{o1}——微观孔隙空间 V_{o1} 初始含油量的孔隙体积百分数；

v_{o2}——微观孔隙空间 V_{o2} 初始含油量的孔隙体积百分数；

v_{ow}——微观孔隙空间 V_{ow} 初始含油量的孔隙体积百分数，油层开发后，v_{ow} 的量包括留存在空间 V_{ow} 和空间 V_{wo} 中的油量；

V_k——油层非均质变异系数。

参 考 文 献

[1] Moore T F, Slobod R C. The Effect of Viscosity and Capillarity on the Displacement of Oil by Water [J]. Producers Monthly. 1956,20:20–30.

[2] Taber J J. Dynamic and Static Forces Required To Remove a Discontinuous Oil Phase from Porous Media Containing Both Oil and Water [J]. Soc. Pet. Eng.J.,1969,9（1）:3–12.

[3] Foster W R. A Low Tension Waterflooding Process Empoling a Petroleum Sulfonate, Inorganic Salts, and a Biopolymer [J].SPE 3803,1972.

[4] Qi L Q, Liu Z Z, Yang C Z, et al. Supplement and Optimization of Classical Namber Experimental Curve for Enhanced Oil Recovery by Combination Flooding [J].Sci.China Tec.Sci.,2014,57:2190–2203.

[5] 王凤兰,伍晓林,陈广宇,等.大庆油田三元复合技术进展[J].大庆石油地质与开发,2009,28（5）:154–162.

[6] Wang Demin, Cheng Jiecheng, Wu Junzheng, et al. Summary of ASP Pilots in Daqing Oil Field [C].SPE 57288,1999.

[7] 戚连庆.聚合物驱油工程数值模拟研究[M].北京:石油工业出版社,1998.

后　记

　　同行朋友研读本书后,相信会有所收获,也相信有些朋友会提出问题,这是作者欢迎之事,在研究历程中,深有体会,"实验岩心微观油水分布模型"的建立,正是在大庆油田朋友们实验做出与作者设计实验不同结果启发下得到,有交流、有争论、有思考才有发展。

　　相信能够对于化学驱油技术从理论到技术应用有了更深刻的认识,相信能够认识化学复合驱技术是高效开发油田的高新技术,相信能够认识聚合物驱、弱效化学复合驱的"高代价"与"低收益",不要急功近利。当前国际油价正处于低价时期,国家可以低价从国外买油,此时对于油田生产压力不大,正好是攻关研究的大好时机。抓住机遇,补齐短板,研究设计复合驱油优化方案,在合适的时机投入油田开发应用,将地下宝贵的资源尽可能多地高效采出。共同努力,开启化学复合驱油技术研究应用新篇章。

　　感谢王德民、韩大匡、程耿东三位院士及沈平平教授、杨承志教授、朱友益总工程师、大庆油田新时代"铁人"王启民及伍晓林两位总工程师,胜利油田软件专家戴家林、曹伟东等对于研究工作给予的关心和支持。